裂隙砂岩力学特性及其破裂演化规律

郝瑞卿　著

北　京
冶　金　工　业　出　版　社
2025

内 容 提 要

本书通过室内试验、数值模拟及理论分析，介绍了干燥和饱水状态下，含单裂隙砂岩和交叉裂隙砂岩的力学特性、断裂破坏机理及其变形特征，水及裂隙对砂岩力学特性及断裂破坏模式的影响规律。从能量的角度出发，分析并获得了含裂隙砂岩在单轴加载条件下，总能量、弹性应变能和耗散能之间的关系及含裂隙砂岩变形破坏过程的损伤机制。

本书适合从事矿业工程、土木工程、地下工程设计与施工的科研人员和工程技术人员阅读，也可作为高校相关专业师生的参考书。

图书在版编目(CIP)数据

裂隙砂岩力学特性及其破裂演化规律 / 郝瑞卿著. 北京：冶金工业出版社，2025. 8. -- ISBN 978-7-5240-0305-2

Ⅰ. TE357

中国国家版本馆 CIP 数据核字第 2025EQ3167 号

裂隙砂岩力学特性及其破裂演化规律

出版发行 冶金工业出版社　　**电　话** (010)64027926

地　址 北京市东城区嵩祝院北巷 39 号　　**邮　编** 100009

网　址 www. mip1953. com　　**电子信箱** service@ mip1953. com

责任编辑 王梦梦　美术编辑 吕欣童　版式设计 郑小利

责任校对 葛新霞　责任印制 范天娇

北京印刷集团有限责任公司印刷

2025 年 8 月第 1 版，2025 年 8 月第 1 次印刷

710mm×1000mm 1/16；11. 25 印张；216 千字；169 页

定价 80. 00 元

投稿电话 (010)64027932　投稿信箱 tougao@cnmip. com. cn

营销中心电话 (010)64044283

冶金工业出版社天猫旗舰店 yjgycbs. tmall. com

(本书如有印装质量问题，本社营销中心负责退换)

前　　言

漫长的地质活动，使岩体在形成过程中产生了各种各样的缺陷，如微裂纹、孔隙、节理、断层等，这些缺陷构成了岩体内部的不连续面，使岩体力学参数被弱化。不连续面的存在也为地下水的贮存提供了可能，从而改变岩体的微观结构及物理力学特性，影响岩体强度及稳定性。目前，随着水利工程、石油开采、矿石开采、地下隧洞开挖等大型岩土工程的不断建设，不可避免地会遇到节理裂隙岩体这种复杂的工程介质。为保证这些大型岩土工程的稳定性，对含水条件下裂隙岩体的强度变化，裂纹成核、起裂、扩展、贯通及裂隙岩体最终断裂破坏模式进行研究十分重要。

本书是在作者团队长期从事岩体力学研究积累的丰富经验的基础上撰写的。本书基于室内试验、数值模拟及理论分析，对干燥和饱水状态下含单裂隙砂岩和交叉裂隙砂岩的力学特性、断裂破坏机理及其变形特征进行了研究，并介绍了地下水及裂隙对砂岩力学特性及断裂破坏模式的影响规律。此外，从能量的角度出发，获得了单轴加载条件下，含裂隙砂岩的总能量、弹性应变能和耗散能之间的关系及含裂隙砂岩变形破坏过程的损伤机制。

本书结构严谨，逻辑清晰，书中内容具有较高的学术和工程运用价值，可为水利工程、矿山开采、隧道开挖等岩土工程施工过程中岩体的稳定性控制提供理论依据和技术支撑。

本书相关的研究工作得到了中国博士后科学基金（2020M670697）等的资助和太原理工大学的支持，在此表示衷心感谢！本书撰写过程中，参考了相关领域的文献资料，在此向文献资料的作者表示感谢。

希望本书的出版能够为从事岩体力学及围岩稳定性控制研究的学者与工程技术人员提供有益的指导与启发，共同推动围岩稳定性控制技术的发展。

由于作者水平所限，书中不妥之处，敬请广大读者批评指正。

太原理工大学 郝瑞卿

2025 年 2 月

于太原

目　　录

1 绪　论

1.1 概　述

近几十年来，随着社会的不断发展，为满足人们的基本生活需求，越来越多的大型岩土工程开始被修建。在这些岩土工程修建的过程中，岩土工程师及相关学者们遇到了各种各样的复杂地质情况。这使得学者及工程师们开始意识到，基于等效连续介质模型的传统力学理论虽然能解决大部分的岩土工程问题，但在分析复杂地质条件，如富含节理、裂隙等缺陷的岩体、含有大断层等地质情况时，传统力学理论的计算结果与工程实际往往存在着较大的偏差。因此，开发与研究能较好分析上述复杂岩土工程问题的新方法及计算理论显得尤为重要，这些新方法及新理论也将会成为未来岩土工程领域发展的新方向。

自 1920 年 Griffith[1]通过研究玻璃与陶瓷等脆性材料的断裂问题，提出第一个基于能量理论的断裂问题解后，断裂力学开始逐渐进入各国学者及工程师的视野。由于纯脆性工程材料不多见等，Griffith 理论仅局限于学术界的认可。为使该断裂理论应用于工程实际，Orowan[2]和 Irwin[3]等学者对 Griffith 理论进行了修正。其中，Irwin 通过引入裂纹能量释放率 G，给出了裂纹临界扩展的新判据，这标志着线弹性断裂力学的诞生。之后，在线弹性断裂力学的基础上，弹塑性断裂力学及断裂动力学也得到了相应的发展。虽然断裂力学是一门年轻的学科，但是由于其能较好地解释玻璃、陶瓷及金属等材料的破坏问题，因此目前已广泛地运用于航空、机械、造船等诸多工程领域。

自 1966 年 Price[4]第一次将试验研究与断裂力学理论相结合，分析构造运动中岩体的脆性断裂及断层和节理的扩展现象，断裂力学被成功地引入岩石力学领域。之后，一些学者分析研究了许多脆性变形的微观力学模型。其中，Brace、Bombolakis[5]提出的低孔隙率脆性固体的滑移开裂模型能较好地解释大部分宏观观测到的裂纹，因此，其成为后续岩石断裂力学研究的基础。此外，Horii 和 Nemat-Nasser[6]对弹性边界条件下，已有裂纹尖端的裂纹扩展模型进行了研究；其认为在轴向压力作用下，拉伸裂纹在已有裂纹尖端成核，并且随着压应力的增加而扩展，最终形成与远场压应力方向相平行的裂纹。Kachanov[7]和 Krajcinovic[8]则在滑移开裂模型的基础上，对压缩载荷作用下裂纹产生的应力应变关系进行了分析。至此，断裂力学用于分析岩石材料裂纹扩展的理论基本形成，其为后续岩石断裂力学的发展奠定了基础。

在已有岩石断裂力学理论的基础上，面对越来越复杂的岩土工程地质情况，岩土工程师们和相关学者开始运用岩石断裂力学的相关理论分析岩土工程问题。根据已有研究成果可知，岩石断裂力学能较好地解释含有节理、裂隙、断层等缺陷岩体的破坏行为。而漫长的地质活动，使岩体在形成过程中产生了各种各样的缺陷，例如，微裂纹、孔隙、节理、断层等，这些缺陷构成了岩体内部的不连续面，使岩体整体的力学参数被弱化。这些不连续面往往影响并决定着岩体的物理力学特性，并最终影响整个岩体结构的稳定性。目前，随着水利工程、石油开采、矿石开采、地下隧洞开挖等大型岩土工程的不断建设，不可避免地将遇到节理裂隙岩体这种复杂的工程介质。为保证这些大型岩土工程的稳定性，对裂隙岩体中裂纹的成核、起裂、扩展、贯通及裂隙岩体最终破坏模式的研究显得极为重要。

同时，上述不连续面的存在为地下水的贮存提供了可能性。这些地下水除了以渗透水压的形式作用于裂隙面外，还可能与岩体中的矿物成分发生化学反应，从而改变岩体的物理力学特性；或者与岩体微观缺陷中的充填物产生相互作用，改变岩体本身的微观结构，最终影响岩体的实际强度。据统计[9]，90%以上岩体边坡的失稳和破坏与地下水有关，60%的矿井事故与地下水作用有关，30%~40%的水电大坝失事是水的作用引起的。基于此，研究饱水状态下裂隙岩体的强度变化，裂纹的起裂、扩展、贯通及裂隙岩体最终的破坏形式显得十分重要。

因此，从干燥和饱水状态下裂隙岩体中裂纹的起裂、扩展、贯通及岩体破坏形式入手，运用岩石断裂力学理论，研究裂隙岩体的变形破坏特征及强度变化规律，对岩土工程的稳定性分析具有十分重要的理论意义和应用价值。

1.2 国内外研究现状及进展

1.2.1 裂隙岩体断裂破坏机制研究现状

由于岩体材料的不均匀性和各项异性等特征，以及岩体材料所处应力环境通常为压应力或剪切应力等因素，原本能较好应用于金属等材料的以拉应力为主的传统断裂力学不能很好地解释岩体材料在加载过程中的断裂破坏特性，这就需要新的且能适用于岩体材料破坏机理分析的断裂力学理论。因此，在过去的几十年中，众多学者从试验研究、理论分析和数值模拟等方面对裂隙岩体材料在加载过程中裂纹起裂、扩展和贯通等破坏机制进行了大量的研究。

1.2.1.1 裂隙岩体断裂破坏试验

自从 Bombolakis[10] 于 1963 年观察到预制倾斜裂隙在单轴加载过程中拉伸翼

裂纹的扩展现象后，众多学者对预制裂隙在加载过程中的裂纹扩展及贯通模式进行了大量的试验研究。这些试验主要采用了类岩石脆性/半脆性材料（如玻璃[11-12]、树脂[5,10,13-14]、熟石膏[15-16]、生石膏[17-25]、水泥[26-30]等）和岩石材料（如砂岩[31-36]、花岗闪长岩[37]、花岗岩[38-40]和大理岩[25,38,41-49]等），试验模型尺寸从 50 mm×32 mm×5 mm[31]到 635 mm×279 mm×203 mm[32]不等，同时在模型材料中预制了一条或两条及其以上，长度为 10~50 mm、宽度为 0~3 mm 的预制裂纹。通过这些试验研究，不同的裂纹扩展类型及贯通模式被学者观察到并进行了总结。

Lajtai[50]对含张开型单裂隙熟石膏试样进行了单轴压缩试验，试验中裂纹扩展形式如图 1-1 所示。Lajtai 认为，该裂纹扩展模式不仅存在于他的试验结果中，更是对一系列含不同倾角单裂隙试样单轴加载情况下裂纹扩展形式的总结。从图 1-1 中可以看出，裂纹的扩展顺序是首先生成拉伸型裂纹，之后生成正剪切型裂纹，最后生成斜剪切型裂纹。同时，Lajtai 在结论中也指出，原有裂隙尖端剪切带的发展将会促进正剪切型裂纹及拉伸型裂纹的进一步发展。

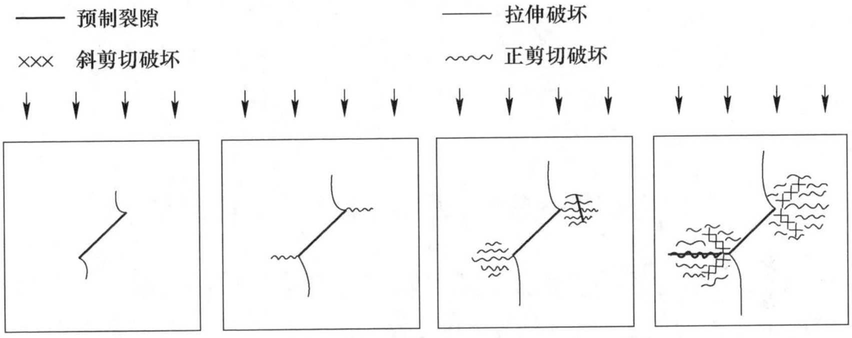

图 1-1 张开型单裂隙断裂扩展图[50]

Ingraffea 和 Heuze[37]通过研究当时已有试验结论发现，材料的类型将影响单轴压缩条件下试验模型的破坏形态，拉伸型翼裂纹可以在玻璃、PMMA、树脂和岩石等多种脆性材料中产生，但是次生裂纹（剪切型裂纹）只能在岩石材料中被观察到。此外，Ingraffea 和 Heuze[37]对含单裂隙石灰岩试样进行了单轴压缩试验，以便分析加载过程中裂纹的起裂和扩展情况，试验结果表明，次生裂纹并不起裂于预制裂隙尖端部位，而是从与预制裂隙尖端有少许距离的地方起裂，向预制裂隙尖端部位及试样上下边界扩展。

Petit 和 Barquins[31]对含单裂隙低孔隙率和高孔隙率的砂岩试样进行了压缩试验，试验结果显示，预制裂隙的分支裂纹及剪切带都有较好的发育，且剪切带不仅平行于预制裂隙，有些还垂直于预制裂隙。

Huang 等人[41]对含单裂隙大理石岩样进行了单轴压缩试验，并对裂纹扩展阶段的应变情况进行了描述和定义。试验结果表明，当试验加载到一定阶段时，试样的应变将集中在一个相对狭小的带状区域中，且试样的破坏步骤大体可分为 5 个阶段（见图 1-2）：(1) 初始拉伸裂纹的起裂和扩展；(2) 次生拉伸裂纹的起裂和扩展；(3) 剪切带的萌生及扩展；(4) 反拉伸裂纹的起裂和扩展；(5) 最终的破坏。

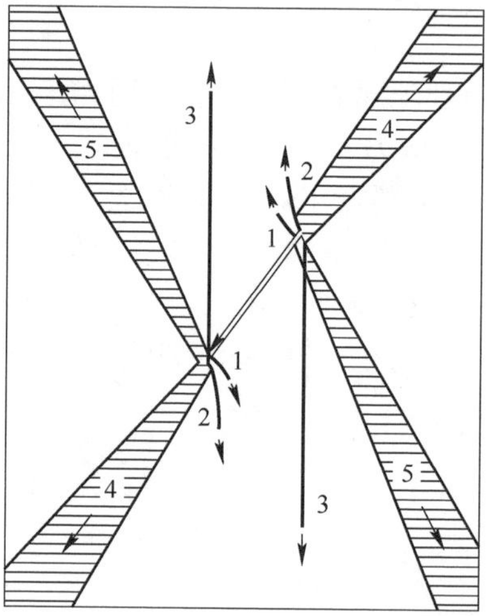

图 1-2 含张开型单裂隙大理岩试样裂纹扩展阶段示意图[41]

Chen 等人[42]也对含单裂隙大理岩试样进行了单轴压缩试验，并对加载过程中裂纹扩展阶段进行了定义，试验结果表明，初始裂纹首先沿垂直于预制裂隙方向起裂，之后次生裂纹沿最大主应力的方向扩展，最后当生成的裂纹形成 X 形带状后试样产生最终破坏。此外，加载过程中，次生裂纹扩展的速度和长度均大于初始裂纹，且无论初始裂纹还是次生裂纹的扩展均是稳定且有限长度的。在 Chen 等人的试验中，也发现了次生裂纹的存在，但与 Ingraffea 和 Heuze[37]的试验结果并不完全相同。Ingraffea 和 Heuze[37]试验中的次生裂纹呈弯曲形状，而 Chen 等人试验中观察到的次生裂纹更倾向于直线状，并且 Ingraffea 和 Heuze 试验中次生裂纹并不是从预制裂纹尖端起裂。这说明在此时刻，学者们虽然发现了次生裂纹的存在，但并没有得到关于次生裂纹形态的普遍规律。

2005 年 Li 等学者[43]再次对含单裂隙大理岩进行了单轴压缩试验，在试验中也观察到了翼裂纹和次生准共面裂纹，并且在裂纹起裂前首先会观察到应力白斑。Li 等学者认为这些应力白斑是由于加载力使大理石试样中晶粒的偏离与破坏产生的，但是其并没有给出后续的试验证明。

除此之外，很多学者[51-53]对含三维表面单裂隙岩样进行了压缩试验。在试验结果中，他们发现了反翼形裂纹的存在，并给出了反翼形裂纹扩展的不同阶段。

通过上述学者的试验研究可以发现，在所有被测试的含单裂隙试样压缩过程中均会观察到拉伸型翼裂纹首先起裂于裂纹尖端，但是剪切型裂纹从未最先起裂。然而，对试样的持续加载可以导致次生裂纹的起裂，并且在很多时候学者不能明确判断生成于拉伸翼裂纹之后的裂纹类型，故统称这些裂纹为次生裂纹。除此之外，试样中剪切带的存在及其会导致试样的失稳破坏亦得到了较一致的共识。

除对含单裂隙试样进行加载外，众多学者也对含两条及其以上裂隙岩体试样进行了加载试验。Brace 和 Bombolakis[5]最先对含平行多裂隙试样进行了加载试验，试验结果显示，拉伸裂纹起裂于原有裂隙尖端，并且垂直于加载方向扩展，但是在试验中并没有观察到次生裂纹及裂纹之间的贯通现象。在 Brace 和 Bombolakis 之后，一系列含有不同裂隙参数的岩石及类岩石材料被进行了试验研究。虽然在实际岩土工程中，裂隙分布情况极为复杂，但是为更好地研究多裂隙岩体的断裂破坏特性，学者们对试验过程中的多裂隙情况进行了简化。通常情况下，这些多裂隙通过裂隙长度、裂隙倾角、岩桥长度和岩桥倾角被定义。

在 Brace 和 Bombolakis 之后，Horii 和 Nemat-Nasser[14]对含有两种不同长短裂隙的树脂材料进行了压缩试验，试验结果显示裂纹长度随着加载力的增加而增加，并最终平行于远场最大压应力方向。当水平压应力存在时，裂纹会稳定扩展并在有限长度内停止扩展，否则裂纹将进行不稳定扩展。此外，对于不同形式的裂纹形态，其裂纹间的贯通形式亦不相同，其中主要的裂纹贯通形式为拉伸裂纹贯通，此外还有拉伸和剪切裂纹共同贯通、拉伸和拉伸裂纹共同贯通等形式。

Chen 等学者[42]在对压缩条件下含单裂隙试样裂纹扩展形态研究的同时，也对含多裂隙的大理岩压缩条件下裂纹贯通模式进行了研究。研究结果表明，已有裂隙间的贯通模式有两条次生裂纹贯通、一条次生裂纹贯通、一条初始起裂裂纹贯通等，且不同的裂纹贯通模式与裂纹的几何参数有很大关系。此外，Chen 等学者给出了大理岩多裂隙间裂纹贯通的一般阶段：首先，初始起裂裂纹在靠近原有裂隙尖端起裂，并垂直于已有裂隙扩展；其次，次生裂纹在原有裂隙尖端起裂和扩展；然后，随着初始起裂裂纹及次生裂纹的扩展，已有裂隙之间形成贯通；最后，当最外侧原有裂隙形成 X 形裂纹，并且其与试样边界贯通后，试样形成最终的破坏。

Reyes 等人[17-18]对含有两条平行张开型裂隙的生石膏试样进行了单轴压缩试验，试验结果表明，如果两条裂隙在垂直方向上重叠，这两条裂隙将由拉伸型翼裂纹起裂并贯通；如果这两条裂隙在垂直方向上没有重叠，则两条裂隙间由次生裂纹产生贯通。

同样的，Shen 等人[20]通过含两条张开型或闭合型裂纹的生石灰试样对已有裂隙之间的贯通模式进行了研究，研究结果显示，当保持岩桥长度不变而改变岩桥倾角时，如果岩桥倾角较小或为负数，则已有裂隙间主要通过剪切型裂纹贯通；当岩桥倾角为中等大小时，已有裂隙间的贯通模式为剪切裂纹和拉伸裂纹共同贯通；当岩桥倾角较大时，已有裂隙间主要通过拉伸型裂纹进行贯通。此外，从 Shen 等学者的研究结果中亦可以发现，当剪切裂纹为主要贯通模式时，该贯通裂纹起裂于裂隙尖端，并向岩桥中部扩展；当拉伸和剪切裂纹共同形成贯通模式时，该贯通裂纹通常起裂于岩桥的中间部位并向已有裂隙尖端扩展。

Bobet 等人[21-22]对含有张开型和闭合型裂隙的生石灰试样进行了单轴和双轴压缩试验，以期分析不同加载条件下岩样中裂纹的贯通模式。该试验结果表明，拉伸翼裂纹是加载过程中最先萌生的裂纹，且该裂纹从原有裂隙尖端部位开始起裂；次生裂纹的产生后于拉伸翼裂纹，其从与原有裂隙共面的方向开始起裂。同时通过裂纹面形态等因素判断，次生裂纹为剪切型裂纹。此外，Bobet 通过试验总结出单轴压缩情况下裂纹贯通的五种类型：第一种贯通类型发生在两条共面裂隙的内尖端部位，其贯通裂纹为次生裂纹（剪切型裂纹）；第二种贯通类型存在于含有 3 条裂隙的试样中，此时的贯通模式为两条独立起裂于原有裂隙内尖端的次生裂纹形成贯通；第三种贯通类型是两条原有裂隙中一条尖端部位形成次生裂纹，另一条尖端部位形成翼裂纹（拉伸型裂纹），且这两条裂纹连接形成最终的贯通模式；第四种贯通类型是一条翼裂纹从一条原有裂隙尖端起裂并扩展至另一条原有裂隙尖端的贯通模式；第五种贯通类型是一条曲线形的次生裂纹贯通两条原有裂隙同一侧的尖端位置，从而形成最终的贯通模式。

Martinez[38]对 Bobet 的工作进行了延伸，用实际岩石代替了类岩石材料，并用高速摄像机记录了试验过程中的裂纹扩展和贯通形式。从其试验结果可知，当试样尺寸及裂隙参数一致时，岩石材料的裂隙贯通类型与类岩石材料基本相同。由于采用了高速摄像机，Martinez 发现了一种新的裂纹贯通类型，其称为 IVB 型，即独立于两条原有裂隙内部尖端的拉伸型裂纹贯通模式。

此外，Sagong 和 Bobet[24]对含有 3 条和 16 条平行裂隙的生石灰试样进行了加载试验，除观察到 Bobet 在过去试验中已定义的五种裂纹贯通类型外，又观测到另外四种新裂纹贯通类型（Ⅵ、Ⅶ、Ⅷ和Ⅸ型）。

Ko 等学者[54-55]对与 Bobet 试验试样相同的试样进行了单轴循环加载试验，从试验结果可以发现，被多次循环加载的试样同样可以观测到翼裂纹及次生裂纹，并且翼裂纹为拉伸型裂纹，它依旧起裂于原有裂隙尖端部位并平行于加载方向扩展；剪切型裂纹（次生裂纹）通常从原有裂隙尖端起裂后沿原有裂隙方向扩展，导致试样的最终破坏，并且其对循环加载后裂隙贯通类型进行了定义。Ko 认为，循环加载后裂隙贯通有六种类型，其中第一种和第二种与 Bobet 定义的相同，第三种和第四种则对 Bobet 定义的第三种和第四种裂纹类型进行了细化，但是第五种和第六种贯通类型是在以往各学者研究内容中没有被观测到并进行分类总结的。总体来说，当原有裂隙共面时，将通过剪切裂纹连接原有裂隙内尖端形成贯通；当原有裂隙非共面时，通过剪切裂纹、拉伸翼裂纹或者其他形式的拉伸裂纹形成原有裂隙的贯通。此外，循环加载使试样中产生疲劳裂纹，这些疲劳裂纹一般平行于原有裂隙或加载方向扩展。

同年，Li 等人[43]通过含两条裂隙的大理岩单轴加载试验亦对裂纹贯通类型进行了研究，并给出了具体的裂纹贯通类型。同样的，Mughieda 和 Alzo'ubi[32]通过对人造砂岩试样进行了试验，从试样结果中发现，当岩桥角度较小时，由共面剪切裂纹形成贯通；当岩桥角度中等时，由剪切和拉伸裂纹共同作用形成最终贯通模式；当岩桥角度较大时，则由拉伸型裂纹形成贯通。

除此之外，曹平[56]、杨圣奇[57]、Cheng[48]、Wong[58]、陈新[59]和 Zhou[60]等众多学者对岩石及类岩石材料中含三条及其以上平行裂隙试样进行了加载试验，并得到了相应的裂隙扩展及贯通模式。在平行多裂隙的基础上，众多学者[35,61-64]对不平行裂纹间的贯通模式也进行了试验研究，并取得了一定的研究成果。

1.2.1.2 裂隙岩体断裂破坏的理论研究

在过去几十年中，众多学者从理论模型方面对裂隙岩体裂纹起裂扩展进行了分析，且这些理论分析均能预测脆性试样的抗压强度。在这些众多的理论模型中，基本都存在一个假设，即模型中从已有裂隙处起裂的新裂纹均是拉伸型翼裂纹，并且其将沿加载方向扩展，而原有裂隙间的相互贯通是由于翼裂纹间的共同作用产生的。在众多理论模型中，下述五种理论模型最为合理及常用。

（1）滑移翼裂纹模型：该模型被广泛地应用于解释脆性材料在压缩过程中产生的拉伸裂纹及模型的变形和破坏。该模型认为，含有预制倾斜裂隙的模型在单轴压缩情况下，原有裂隙尖端处会产生曲线形的拉伸裂纹，并且该裂纹将沿加载方向扩展。自从该模型发表后，众多学者运用该模型成功解释了很多工程实际问题[65-69]，除此之外，目前还被运用于解释三维裂纹扩展问题[70-73]。

（2）拉伸翼裂纹模型：该模型能很好地解释拉伸裂纹的起裂，但是不能全面地分析压缩条件下脆性材料的断裂机理。且该模型面临的最大问题是当脆性材料包含的裂隙为闭合型裂隙时，如何解释模型中裂纹的起裂、扩展及贯通现象。基于上述问题的存在，使得拉伸型裂纹模型并没有滑移裂纹模型运用广泛。

（3）Costin 模型[74]：该模型如图 1-3 所示，与滑动翼裂纹模型相似，假设所有新生裂纹的扩展方向均平行于压应力方向。随着新裂纹的不断扩展，裂纹之间的距离不断减小，裂纹之间的相互作用开始增加。即使当所有裂纹周围的主应力为压应力时，周边裂纹的出现也将影响原本裂纹处的拉应力。该影响的大小取决于图 1-3 中所示的 a/d 的大小，其中 a 为裂纹长度的一半，d 为一个局部拉应力场的测量参数。为求得该复杂模型的解，将原始模型分解为远场应力作用下含一条裂纹的无限均匀固体，之后令分解模型的总和等于原始作用力，从而求得模型中裂纹尖端的Ⅰ型应力强度因子。

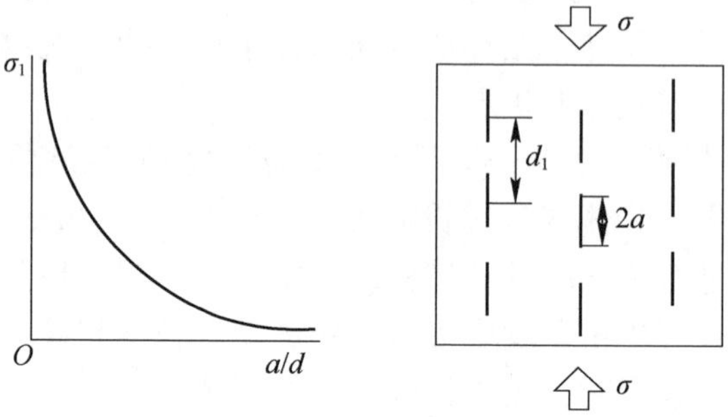

图 1-3　Costin 模型说明示意图[25]

（4）Ashby 和 Hallam 模型[75-76]：该模型（见图 1-4）基于滑动翼裂纹模型，假设当加载力作用时拉伸翼裂纹从原有裂隙处起裂。该模型认为，翼裂纹尖端的Ⅰ型应力强度因子是原有裂隙处应力场和裂纹滑移位移产生的张拉力共同作用产生的。此外，基于含多裂纹固体中新裂纹将会相互贯通的认识，该模型将含多裂纹的固体划分为众多的梁，且梁的长度为新裂纹的扩展长度；在远场压应力的作用下，这些梁处将产生挠曲变形，并且这些变形将增大翼裂纹尖端处的Ⅰ型应力强度因子。

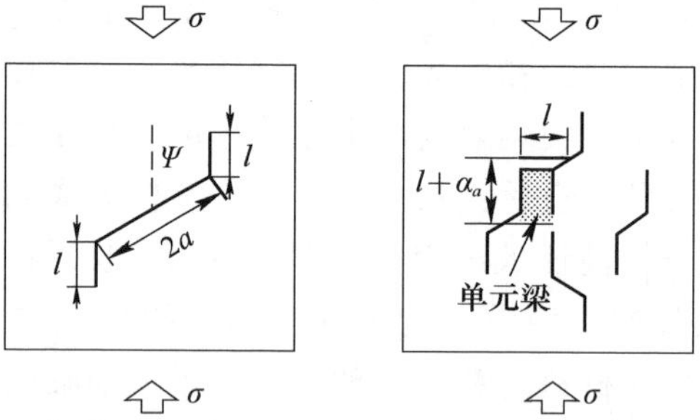

图 1-4　Ashby 和 Hallam 模型说明示意图[77]

（5）Kemeny 和 Cook 模型[78]：该模型（见图 1-5）与上述 Ashby 和 Hallam 模型类似，并作了一定程度的修改。该模型认为，拉伸翼裂纹起裂方向与原有裂隙方向成 β 角，且随着翼裂纹的扩展，翼裂纹的扩展方向将倾向于加载应力方向。其中，β 角的大小与拉伸翼裂纹的形态有关，且其将会被用来计算裂纹尖端处的最大应力强度因子。

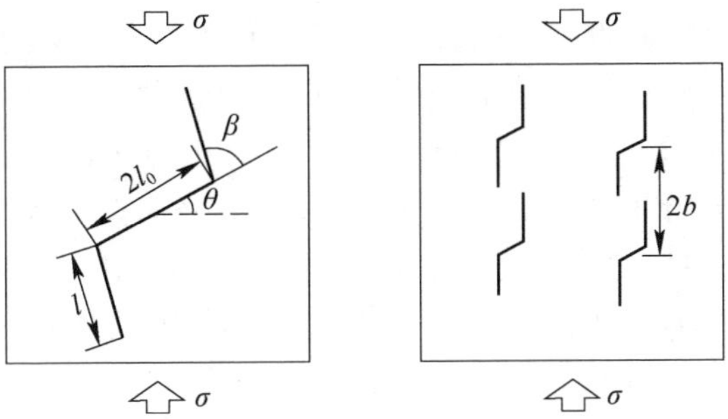

图 1-5 Kemeny 和 Cook 模型说明示意图[77]

通过运用上述模型可计算出模型中裂纹尖端处的应力强度因子，从而计算出模型的轴向断裂应力，具体可见 Gueguen 等学者[77]的总结。从上述描述可知，后三种模型为滑移裂纹模型的修正模型，因此，滑移裂纹模型可以认为是研究裂隙岩体中裂纹起裂、扩展和贯通的主要力学模型。

1.2.1.3 裂隙岩体断裂破坏的数值模拟

在过去的几十年中，随着计算机系统与计算机技术的迅速发展，使得复杂条件下的物理力学现象得以被模拟。因此，众多学者开始将数值计算的手段运用于岩土工程中，分析预测岩土工程实际施工过程中可能遇到的各种问题。根据以往的研究成果，通过数值模拟技术分析得到的相关结论能较好地反映实际工程中可能遇到的各种问题，故目前计算岩石力学包含的各种数值模拟方法已成为不可或缺的岩石力学分析手段和方法。

与实验室内进行具体试验相比，数值模拟具有较突出的优越性[79]，其主要表现在：数值模拟可以再现很多实验室无法进行的复杂试验；数值模拟的结论相较于试验结果具有更高的可重复性，且数值模拟可记录的试验数据明显多于试验所记录数据；很多情况下，数值模拟花费的时间要少于试验花费时间；此外与试验的大笔花费相比，数值模拟成本更加低廉等。基于上述优越性，也使得越来越多的学者开始使用数值模拟的方法来研究岩土工程中可能遇到的问题。

自 20 世纪 80 年代起，很多数值计算方法开始较多地被运用于分析土、岩石及混凝土的破坏变形过程中[80]。目前，最常用的数值计算方法有三种：连续性方法，包括有限元方法（finite element method）、有限差分法（finite difference method）及边界元方法（boundary element method）等；不连续计算方法，包括离散元方法（discrete element method）、离散裂隙网络方法（discrete fracture network）和不连续位移法（displacement discontinuity method）等；其他连续-离散耦合分析方法[81]。

裂隙岩体中裂纹扩展贯通的研究作为岩石力学及岩石断裂力学研究范畴的一部分，也有众多学者通过数值模拟的手段对其进行研究，并在研究过程中对各种数值模拟方法进行了改进和综合应用[37,82-89]。K. H. Jürgen Buschow 等人[90]对以往的数值计算方法进行了总结，将各种数值方法分为两大类（见图 1-6）：几何方法和非几何方法。对于几何方法而言，裂纹是一个几何实体，其几何形状及离散性随裂纹的扩展而不断变化；非几何方法中，基本几何模型中并不包含裂纹，故裂纹扩展时裂纹的几何形态及离散性并不产生变化。

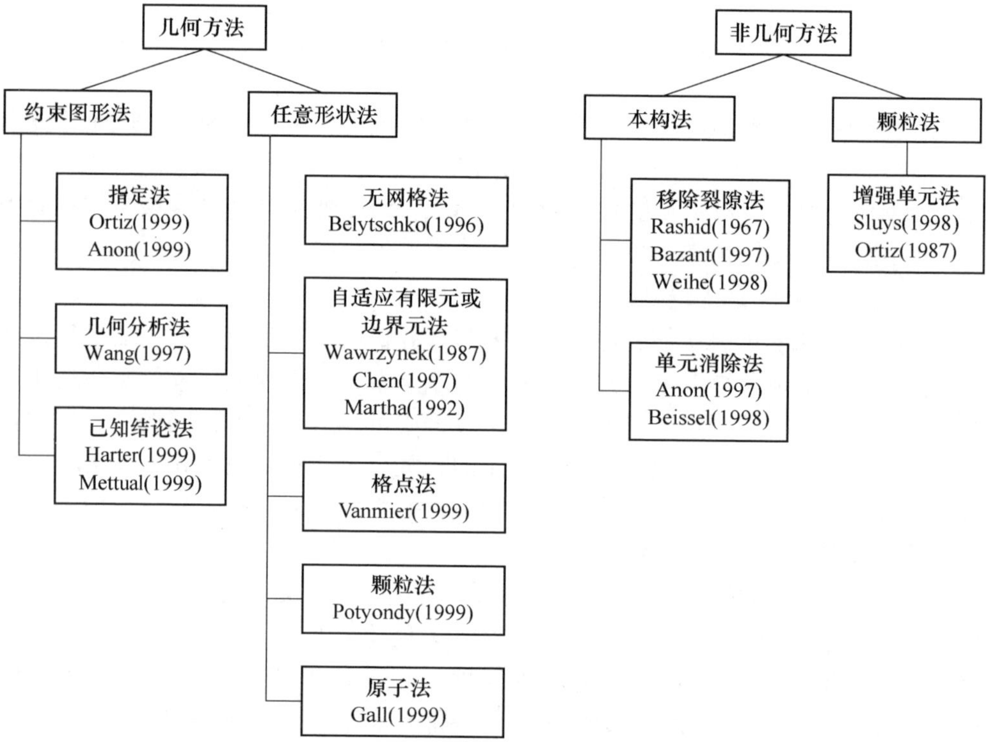

图 1-6　裂纹扩展模拟方式[90]

此外，为更好地分析裂隙岩体中裂纹的起裂、扩展及贯通情况，不少研究团队开发了相应的数值模拟计算程序。其中，国外比较著名的有 Einstein 团队开发并完善的 FROCK 数值计算程序，该团队中的众多成员通过该程序对裂隙尖端裂纹的生成及扩展进行了研究[17-18,21,25,91-93]；国内比较著名的是唐春安教授团队所研发的 RFPA 数值模拟软件，该团队成员也用该软件模拟裂纹的开裂及扩展过程，并得到了可观的研究成果[94-98]。

除上述自行研发的计算程序外，许多学者还采用商业软件对裂隙岩体中裂纹的扩展过程进行模拟，如 ANSYS、ABAQUS 和 PFC 等。对比各商业软件的优缺点可以发现，基于离散元方法（DEM）开发的软件更适用于裂纹开裂及扩展过程的模拟，且具有以下优点：（1）能够更真实地表达节理岩体的非线性破坏问题并能够模拟大变形；（2）计算速度快，所需存储空间小；（3）不需要构建复杂的经验本构模型，这是离散元方法最重要的优势[99]。PFC 作为一款颗粒离散元商业软件，由于算法的优越性和较为成熟的软件开发，目前已被广泛应用于模拟试验加载和实际岩体工程问题[100-104]。

具体而言，Yoon[86]通过总结岩石材料模拟中各 PFC 参数值，对 PFC 模拟时的微观参数选值进行了优化，并提出了模型中各项参数取值范围及其最优解的计算方法。

Zhang 和 Wong[101]对含两条平行裂纹的矩形试样模型进行了单轴加载模拟。从其模拟结果中可知，模型中裂纹的起裂和贯通模式基本与试验结果相同，但是也存在新的裂纹贯通模式。此外，模型中的裂纹几何参数对模型中裂纹的贯通形式、贯通时的应力以及模型的峰值强度都有不同程度的影响。Zhang 和 Wong 在其另外的研究[102-103]中对模型的裂纹尖端处颗粒位移场进行了分析，并根据位移场中位移趋势线的状态将位移场划分为三种类型，以此判断裂纹是由哪种应力引起的开裂及扩展。Wong 和 Zhang[105]亦对颗粒大小对裂纹起裂行为的影响进行了数值模拟，从其模拟结果可知，随着模型中颗粒直径的增大，初始起裂所需的应力不断降低，并且颗粒直径的大小对模型的最终破坏强度没有影响。此外，Wong 和 Zhang[106]运用颗粒流模型对裂纹的起裂、扩展和贯通过程亦进行了模拟，发现模型中原有裂隙倾角和岩桥的角度对裂纹扩展和贯通模式有较大的影响。

黄达等人[107]对含不同倾角裂隙的黄砂岩试样进行了中等速率的加载模拟，获得了中等加载速率条件下岩样模型应力-应变曲线、裂隙尖端应力状态、岩体损伤情况及裂纹扩展模式等试样模型的力学响应机制。该结果表明，裂隙尖端破裂应力随应变率的增大而有所提高，且裂隙尖端新裂纹的起裂可立即引起岩体的扩容。此外，随着模型应变率的提高，模型中损伤裂纹和宏观裂纹类型明显增多，且模型内部损伤破裂程度随着模型应变率的提高而变得越强。

范祥等人[88,108]基于离散元数值分析软件 PFC3D 中的颗粒接触黏结模型对含有 2 条和多条裂隙的模型进行了数值计算，研究了岩桥倾角对裂隙试样峰值强度、起裂应力、峰值强度时刻轴向应变、弹性模量和破坏模式的影响及起裂应力与抗压强度之比和起裂应变与峰值应变之比随裂隙倾角的变化规律。该模拟结果表明：岩桥倾角对含 2 条裂隙试样模型弹性模量的变化影响极小，但对峰值强度和起裂应力具有较大影响。起裂应力与峰值应力的比值基本稳定在 0.5 左右，起裂应变与峰值应变比则在 0.48 左右。

Bahaaddini 等人[109]利用 PFC3D 软件模拟研究了节理几何参数对岩体断裂机理、抗压强度及变形模量的影响，模拟结果表明：模型中节理方向、台阶角和节理与主应力间夹角这三个参数对模型的破坏模式有关键性的影响。

Liu 等人[110]对含复合裂隙试样模型进行了压缩过程模拟，得到了裂隙倾角对模型力学特性、裂纹贯通模式及应力场演化规律的影响。此外，通过分析模型中裂纹起裂位置及其起裂机制，得到三种裂纹起裂模式。

此外，杨圣奇等人[111]运用 PFC2D 模拟软件对砂岩中含有两条不平行裂纹进行了单轴压缩模拟分析，以期分析不平行裂隙之间的贯通模式。该模拟结果显示，模型中裂纹起裂、扩展和贯通模式依赖于两不平行裂隙之间的倾角。

从上述学者的模拟研究结果可知，PFC 模拟软件能较好地分析含有裂隙的岩石及类岩石材料的失稳破坏过程，能对实验室试验结果进行验证和补充，便于学者进一步分析岩石类材料的破坏机理及损伤演化过程。

1.2.2 岩石破坏过程中能量机制研究现状

由于工程岩体材料自身结构和所处应力环境的复杂性，使原有的经典力学如弹性力学等不再能精确完善地对岩土体破坏过程和破坏原因进行分析，使众多学者将研究重点倾向于岩土体破坏过程中的能量变化。一般从热力学角度出发，对不同应力条件下岩石材料破坏过程进行能量分析，并与损伤力学相结合，建立最终的裂隙岩体破坏准则。

可以认为，Griffith 等人[112-113]最先运用能量理论对裂纹扩展问题进行了研究，运用能量的概念将无限大弹性板中弹性势能的释放作为板中已有裂纹扩展的原动力，提出的 Griffith 能量准则为裂纹扩展提出了最初的能量判据。

各学者对岩石破裂过程中的能量变化进行了深入研究。在近些年的研究中，伍向阳[114]基于岩石滑动弱化模型对岩石剪切破坏过程中的经典剪切破裂能进行了改进，提出了广义剪切劈裂能的概念，并基于该概念对常规三轴加载条件下的岩石破裂能进行了计算。

尤明庆和华安增[115]也对常规三轴加载条件下岩石破坏过程中的能量变化进行了研究，分析了围压对岩样破坏过程中能量吸收率的影响，试验结果表明，岩样达到屈服状态后，只有持续吸收外界能量用于克服内部的摩擦，才能产生进一步的破坏。此外，处于三轴应力加载状态下的岩样，当单一方向的加载应力突然降低时，将会导致岩体中储存的弹性应变能释放，从而造成岩样的破坏。

谢和平院士等相关学者对岩石破坏过程中能量的变化进行了较为充分的研

究。其中，谢和平院士[116]基于 Griffith 能量准则和分形损伤演化定律，对岩样中已有裂隙处的雁形断裂进行了研究。通过能量计算，推导出雁形裂纹扩展消耗的能量公式，并证明了雁形裂纹扩展中能量的耗散值随雁型裂纹平均间距的减小而增加的变化规律。此外，谢和平院士等人[117]对岩石变形破坏过程中的能量转化进行了研究，并结合损伤力学和断裂力学讨论了加载过程中岩石能量耗散的特点，指出能量耗散和能量释放对岩石变形破坏的影响。同时，其对花岗岩、灰岩和砂岩在单轴压缩破坏过程中产生的各种特征能量进行了计算和分类[118]。此外，其还提出了单元耗散能和可释放应变能的概念[119]，建立了基于能量耗散的强度准则和基于可释放应变能的整体破坏准则，给出了不同应力状态下的临界破坏应力值，并将其应用于实际工程，分析工程岩体破坏的临界失稳状态。

赵忠虎和谢和平[120]对砂岩和大理岩分别进行了单轴加卸载试验，总结了单轴压缩破坏过程中五个阶段的能量转化模式和传递过程。该试验结果表明，岩石变形前期以弹性应变能的方式存储外界提供的能量，又通过损伤演化等向外界耗散能量，且变形的后期以剧烈的能量释放为主。同时，其推导了岩石变形中的能量传递方程，发现能量耗散导致岩石强度的降低，因此能量释放是岩石灾变性破坏的真正原因。

此外，黎立云等人[121-122]对岩石内部能量的变化规律也做了较多研究工作。根据施工过程中隧道岩体的受力特点，对孔洞花岗岩试样进行了静态和动态加载试验，并根据表面能的基本原理计算了两种加载条件下花岗岩试样破坏过程中的耗散能，从而进一步分析了其破坏过程中的能量变化。

梁昌玉等人[123]对不同加载速率条件下岩样破坏过程中能量特征及能量机制进行了分析。试验结果表明，单位岩石体积在加载过程中吸收的总能量和弹性应变能均随应变的增加而增加，且该变化规律与岩样应力-应变曲线变化规律相同；耗散能则随着应变率的增加呈先增大而后减小的趋势。当试样加载至峰值强度后，弹性应变能急速释放，而耗散能则显著增加。

除试验研究外，也有学者通过数值模拟的方式研究加载过程中岩石试样内部的能量变化。例如，黄达和岑夺丰[124]对含单裂隙岩样进行了数值模拟，研究了静态加载损伤对后续动态加载状态下岩样力学状态的影响及其能量耗散机制。模拟结果显示，能量耗散与岩体初始细观损伤演化具有较强的相关性，初始损伤越强，到达峰值强度前其所需吸收的能量就越少，但峰后产生的耗散却越多。靳瑾等人[125]也通过数值模拟软件分析了含单裂隙试样在峰值强度前总能量与弹性应变能和耗散能之间的关系，这与之前其他学者的试验研究结果十分相似。

1.2.3 岩石破坏过程中声发射现象研究现状

所谓声发射（acoustic emission，AE）是指固体材料中原有或新生缺陷发生微观屈服或变形时，该缺陷区域内应力松弛，使得原本储存于该区域的应变能以弹性波（声波）的形式被释放的一种现象[79,126-127]。

根据以往研究可知，岩石变形破坏过程首先起始于微观尺度上微裂纹的萌生、扩展和贯通[128]，这些微破坏产生的弹性波传递到岩石表面后，可被相关传感仪器接收。如果将这些声发射检测数据进行分析，则可以确定岩石内部微破坏的相关位置，从而预测岩体变形破坏的可能性，为实际工程提供预警信息[129]。基于上述理念，20 世纪 60 年代 Goodman[130] 最先将声发射技术运用于岩石加载过程中声发射现象的观测。作为一种无损检测技术，由于其自身具有监测范围广、时效性高、受干扰程度小及能够连续监测等优点，声发射技术在土木工程稳定性预测及失稳预报等方面被广泛应用并得到快速发展[131-132]。

由于声发射技术在岩土工程中的广泛应用，各国学者对不同荷载条件下（单轴压缩、拉伸、压剪和循环加卸载等）岩石声发射试验进行了大量的研究。其中，AE 监测技术中与微断裂破坏过程有关的各项参数，包括波幅、AE 能量、AE 数量、持续时间及 AE 平均频率等都被进行了定量研究[133-138]。

试验和理论研究发现，岩石材料破坏过程中主要的声发射源包括：塑性变形、断裂、相变和表面效应[139]。因此，学者们主要通过这几方面数据的监测，对岩体破坏进行了研究。其中，Lockner[126] 主要分析了试样破坏前 AE 事件数量的变化与非弹性应变率之间的关系，并探讨了声发射技术在岩石断裂过程应用的局限性。Vilhelm 等人[140] 通过声发射监测发现，岩石在峰值强度前自相关函数会发生重大变化，且其自相关系数有所增加。此外，其也发现应力的重新分布将导致声发射事件之间产生相互影响。谢强等人[141-142] 研究了石灰岩单轴加载条件下和花岗岩加卸载条件下的声发射特性，试验发现花岗岩在高应力状态下的 Kaiser 效应明显，并可以用 AE 能量曲线判定其 Kaiser 点。张晖辉等人[143] 对处于三轴应力状态下的大尺度岩石进行了声发射监测试验，试验发现岩石宏观破坏前具有能量加速释放和加卸载响应比剧增的两种前兆。

除上述监测数据外，声发射事件的空间定位能够直观地反映材料的损伤位置及材料的损伤演化过程，因此很多研究人员对不同岩石材料加载破坏过程中的声发射源进行了定位分析，并提出了不同的定位算法。赵兴东等人[144-145] 和刘建坡等人[146] 采用盖格尔定位算法对完整及预制裂纹的花岗岩试样加载破坏过程中的声发射事件进行了定位，试验结果证实该算法具有较高的准确性，能够反映岩石裂纹动态扩展的变化过程。Graham 等人[147] 利用极性分析法和张量分析法，对三轴压缩应力条件下的花岗岩声发射数据进行分析，并对比了这两种分析方法在声发射源定位、分析和归类等方面的具体表现。此外，部分学者利用不同的数值计算方法对岩石中的声发射进行了模拟研究[148-150]。

2 试验方案及理论基础

2.1 试验装置及试样制备

2.1.1 试验测试装置

本书涉及的试验测试装置主要包括加载装置和数据同步采集及存储装置两大部分，其中数据同步采集及存储装置包括声发射监测设备、应变采集设备及数字图像监测设备。试验过程中，各设备整体布置如图 2-1 所示。

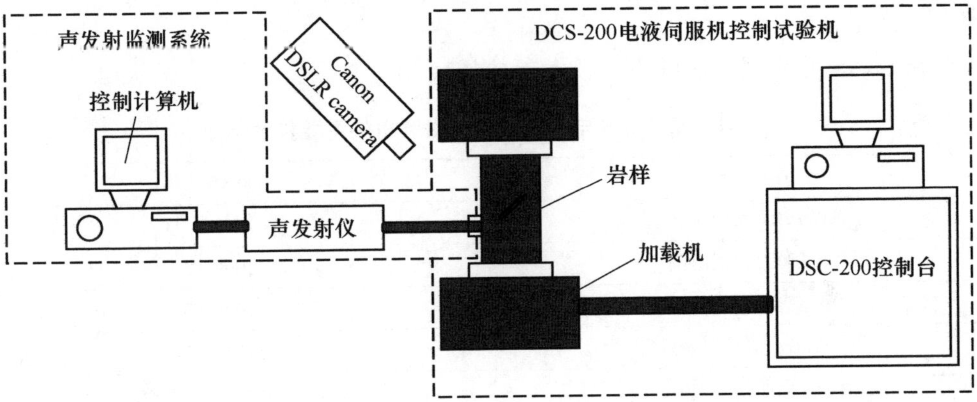

图 2-1 试验装置整体布置图

2.1.1.1 试验加载装置

本试验的加载装置均为新 SANS 微机控制电液伺服万能试验机，如图 2-2 所示。该万能试验机由计算机系统、控制系统、加载框架系统与液压伺服系统组成，其中加载框架系统包含六立柱框架及上、下加载横梁。上、下加载横梁可在六立柱框架结构的上下移动，以满足拉伸及压缩试验要求。加载框架系统采用高强度材料、蜗轮蜗杆结构，确保横梁升降平稳以满足试验过程中的稳定连续加载。此外，该万能试验机具有力控和位移控两种加载方式，最大加载力为 2000 kN，能满足不同试验的加载需求。

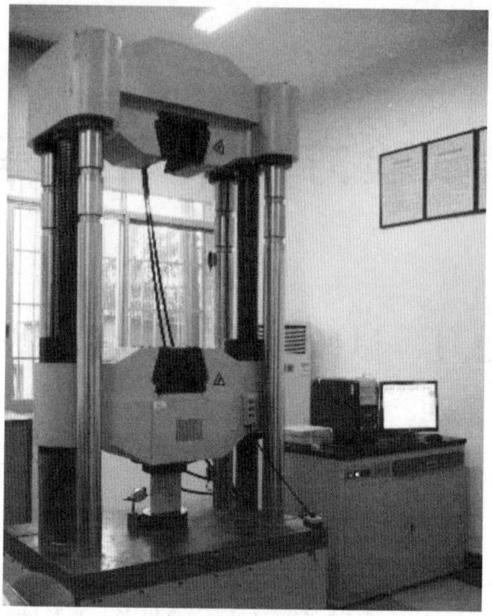

图 2-2 新 SANS 电液伺服万能试验机

新 SANS 万能试验机的主要技术参数见表 2-1。

表 2-1 新 SANS 电液伺服万能试验机的主要技术参数

最大试验力	2000 kN
试验力示值相对误差	<±1%
试验力测试范围	1%~100%FS
变形测量范围	1%~100%FS
变形示值相对误差	<±1%
变形分辨力	最大变形量的 1/300000
试验力加载速率范围	0.02%~2% FS/s
最大压缩空间	0~700 mm
压板直径	240 mm

2.1.1.2 数据同步采集及存储装置

A 声发射（AE）监测设备

本试验采用美国物理声学公司（PASA）制造的 ASTM 声发射定位试验装置，对试样在加载变形过程中的声发射过程进行监测及定位。该声发射定位装置为 6 个通道的高性能声发射系统 Micro Ⅱ-6（见图 2-3），其由纵波与横波探头、具有脉冲发射功能的调制波放大器、装有声发射卡的系统主机及岩石力学特性测试专用软件模块组成。除了 6 个声发射通道外，该系统还集成有 4 个外参数通道，在对声速进行测量的同时还可监测试样所受压力、温度、载荷等状态。除上述岩石力学特性参数外，该声发射监测系统还可用于微振监测、岩爆监测、岩石强度测试及岩石裂纹三维定位分析、声发射断层扫描成像、矩张量分析等内容的监测。试验过程中，声发射信号及相关的 AE 参数记录于 PASA 发布的 AEwin®软件。

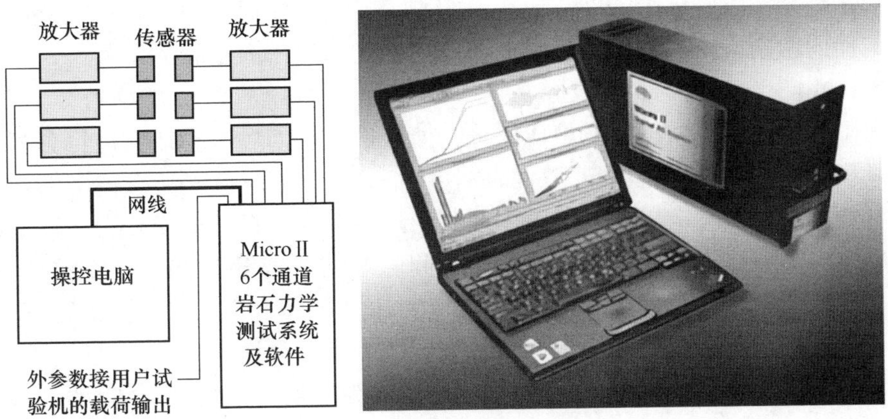

图 2-3　声发射测试系统

B　应变采集设备

本试验采用的应变采集设备为江苏东华测试技术有限公司生产的 DH3821 静态应变测试分析系统（见图 2-4），该系统由控制器、数据采集器、信号输入线以及补偿信号线组成。除按测量方案完成全桥、半桥和 1/4 桥状态的应力应变的多点巡回检测外，该系统通过配合各种桥式传感器，还可以实现压力、载荷、位移等物理量的多点巡回检测。

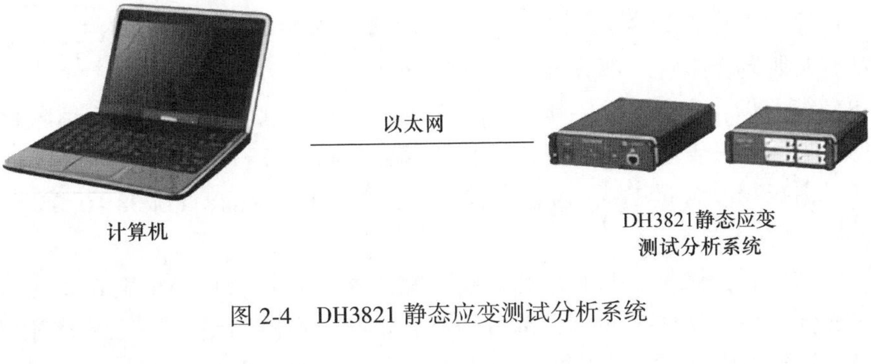

图 2-4　DH3821 静态应变测试分析系统

C　数字图像监测设备

本试验均采用高清数码相机作为试验过程中的数字图像监测设备。为避免试验加载过程中，万能电液伺服试验机振动对高清数码相机记录过程产生影响，将高清数码相机摆放位置远离万能电液伺服试验机固定台座，并在架设数码相机的三脚架下方铺设减震材料。

2.1.2　试样制备及成分分析

为了研究裂隙岩体中，裂纹成核、起裂、扩展及贯通对裂隙岩体渐进性破坏及稳定性的影响，本试验采用颗粒分布均匀的红砂岩作为试验材料。

2.1.2.1　红砂岩的结构及组成

为了解试验试样的结构及组成成分，便于试验后期对试验结果进行分析，对试验过程中使用的红砂岩进行了岩石光性特征鉴定。通过偏光显微镜下对两组正交岩石薄片的光学鉴定，确定试验中使用的红砂岩为长石石英细砂岩，该红砂岩为细砂结构、块状构造，并且胶结类型为间隙胶结，岩石由80%的碎屑（石英、长石、白云母、电气石及少量硅质岩屑）和20%的填隙物（石英、绿泥石、绢云母、高岭石及不透明矿物）组成。各矿物成分及含量详述如下。

（1）石英：含量75%，分为三种：第一种为碎屑，棱角状-次棱角状，长轴状，粒径0.05~0.4 mm，多为0.1~0.2 mm，少量粗颗粒不均匀分布；第二种分布于硅质岩屑中，不规则粒状，粒径小于0.01 mm，颗粒接触，岩屑大小为0.08~0.28 mm，次棱角状-次圆状；第三种为填隙物，其中杂基石英为棱角状-次棱角状，粒径0.01~0.03 mm，胶结物石英为不规则粒状，粒径小于0.01 mm，颗粒接触或与绢云母等交织。

（2）长石：含量10%，包括钾长石及斜长石，为碎屑，棱角状-次棱角状，粒径0.06~0.4 mm，多为0.1~0.2 mm，少量粗颗粒不均匀分布，弱绢云母化。

（3）方解石：含量5%，为胶结物，不规则粒状，粒径0.01~0.3 mm，部分为细颗粒集合体。

（4）绿泥石：含量3%，为胶结物，片状，不规则状，粒径小于0.02 mm，部分为不规则集合体状，部分与绢云母等交织。

（5）绢云母：含量2%，鳞片状，粒径0.005~0.02 mm，部分为填隙物，与石英、绿泥石交织或呈不规则集合体状，部分分布于长石中。

（6）白云母：含量1%，为碎屑，片状，粒径0.02mm×（0.08~0.05 mm）×0.15 mm，零星分布。

（7）高岭石：微量，为胶结物，鳞片状，不规则状，粒径小于0.02 mm，部分颗粒极细（小于0.005 mm），部分为集合体状，有的与绢云母、绿泥石交织。

（8）电气石：几颗，为碎屑，棱角状，粒径0.08~0.16 mm。

（9）不透明矿物：含量4%，一种为粒状，不规则状，粒径0.01~0.12 mm，少部分为碎屑，大部分为胶结物；另一种为铁质物，胶结物，部分为不规则集合体状，部分与绢云母、绿泥石交织。

图 2-5 为红砂岩试样薄片在单偏光下的显微照片，可以看出岩样中的颗粒较为均匀。对比岩样两个平面的显微结构可知，岩样两个正交方向的岩石结构接近，可以说明红砂岩试样具有较好的各向同性。

(a) (b)

图 2-5 红砂岩试样单偏光显微图片

(a) *XY* 平面；(b) *YZ* 平面

2.1.2.2 红砂岩试样制备

根据国际岩石力学试验测试标准，本试验涉及红砂岩试样尺寸确定为标准尺寸，即 100 mm（高度）×50 mm（直径），并且试样中所含裂隙长度为 10 mm，以保证裂纹有足够的扩展空间。

本试验所用红砂岩试样分为含单裂隙试样和含交叉裂隙试样两组。试样裂隙均由高速水刀切割而成，为尽可能减小裂隙厚度，切割裂隙前均更换新的最小型号水刀喷嘴，最终切割裂隙厚度小于 1 mm。虽然采用了技术控制裂隙的厚度，但裂隙尖端仍呈弧形状态，为更好地观测裂隙起裂及扩展规律，正式试验前均使用薄锯条沿裂隙面进行轻微切割，以形成锐化的裂隙尖端。

含单裂隙试样，裂隙位于试样中心位置，裂隙倾角分别为 30°、45°和 60°。含交叉裂隙试样分为两种类型：水平交叉裂隙试样和垂直交叉裂隙试样，其裂隙夹角变化范围为 30°~90°，除 75°交叉角外，两个相邻交叉角增量为 15°。试样尺寸及裂隙布置如图 2-6 所示，图中 α 表示裂隙倾角。

2.1.3 试验方案设计

本试验的主要目的包括：（1）研究单轴压缩状态下，裂隙倾角对裂纹起裂、扩展及新生裂纹状态的影响；（2）研究单轴压缩状态下，裂隙交叉角度及交叉裂隙形态对裂纹起裂、扩展及最终裂纹破坏模式的影响；（3）饱水状态对岩石力学特性及裂纹扩展状态的影响。

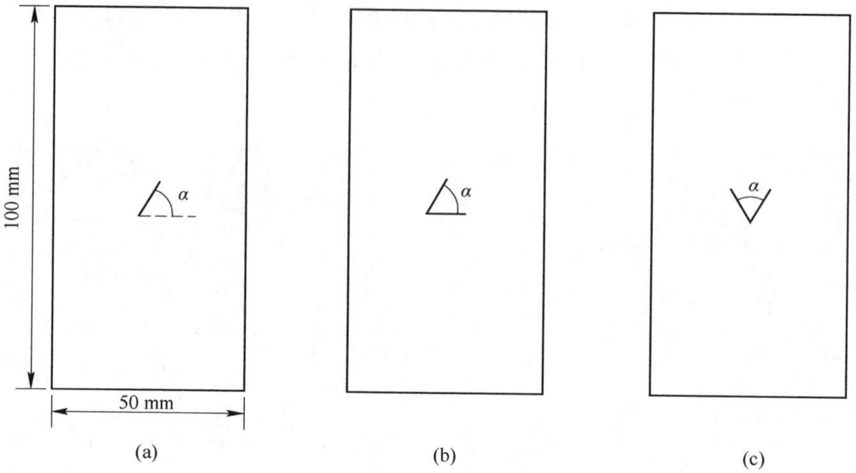

图 2-6　试样尺寸及裂隙布置

（a）单裂隙试样；（b）含水平交叉裂隙试样；（c）含垂直交叉裂隙试样

根据上述试验目的，本试验主要分为三组：第一组为干燥及饱水状态下，完整及含单裂隙红砂岩试样的单轴压缩试验；第二组为干燥及饱水状态下，含水平交叉双裂隙红砂岩试样的单轴压缩试验；第三组为干燥和饱水状态下，含垂直交叉双裂隙红砂岩试样的单轴压缩试验。

以上每组试验所用试样详细内容见 2. 1. 2 节的试样制备部分。整个试验过程主要分为三大部分，即加载前准备工作、加载及加载后试验数据的保存及测量。其中，加载前准备工作主要包括：声发射、应变箱等试验装置的调试，应变片的粘贴及声发射探头的固定等。加载后试验数据的保存及测量主要包括时间、加载荷载、位移、应变、声发射、加载过程的图像记录等数据保存及破坏后块体尺寸和质量的测量等工作。具体试验步骤如图 2-7 所示。

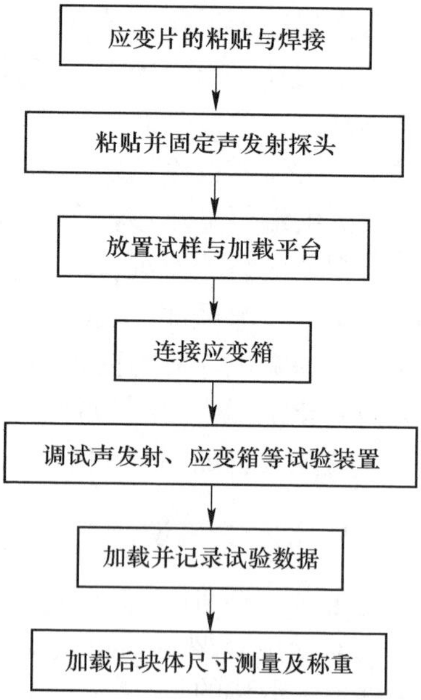

图 2-7　试验步骤

本试验均为岩石试样的静态加载试验，考虑试验机加载精度以及防止试验加载过快，导致加载过程中试样发生崩落等剧烈破坏而无法观测试样的最终破坏形态等因素，确定单轴加载试验为位移控加载，加载速率为 0. 05 mm/s。在加载过程中，用数码摄像机进行实时拍摄，记录加载过程中岩样的裂纹起裂、贯通及破坏过程，以便后期进行岩样破坏模式分析。

2.2 断裂力学理论基础

自 1920 年 A. A. Griffith 通过研究玻璃与陶瓷类脆性材料的断裂问题，提出第一个基于能量理论的断裂问题解后，断裂力学开始逐渐进入各国学者及工程师的视野。为使该断裂理论更容易应用于工程实际，Orowan 和 Irwin 等众多学者对 Griffith 理论进行了修正。其中，Irwin 通过引入裂纹能量释放率 G，给出了裂纹临界扩展的新判据。该判据扩大了以往断裂判据的应用范围，因此 Irwin 判据的提出，标志着线弹性断裂力学的诞生。之后，在线弹性断裂力学的基础上，弹塑性断裂力学以及断裂动力学也得到了相应的发展。

2.2.1 裂纹的分类

根据已有理论可知，即使对同一种材料，在相同环境下，由于所受外应力（外载荷）的不同，其裂纹的变形模式也不相同。因此，根据裂纹的受力状态，Irwin 将简单裂纹分为三种类型[151]：张开型（Ⅰ型）裂纹、滑开型（Ⅱ型）裂纹和撕开型（Ⅲ型）裂纹，如图 2-8 所示。

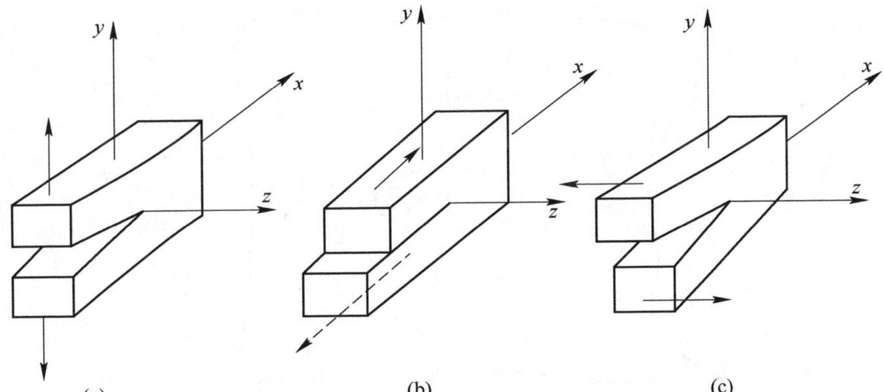

图 2-8 裂纹类型示意图

（a）Ⅰ型（张开型）；（b）Ⅱ型（滑开型）；（c）Ⅲ型（撕开型）

（1）张开型（Ⅰ型）裂纹，是指受到垂直于裂纹面拉应力作用，产生垂直于裂纹面的表面位移的裂纹。

（2）滑开型（Ⅱ型）裂纹，是指受到裂纹面内沿裂纹方向的剪应力作用，并且产生滑移的裂纹，又称剪切型裂纹。

（3）撕开型（Ⅲ型）裂纹，是指受到裂纹面内垂直于裂纹方向的剪应力作用，并且产生沿 z 轴方向滑移的裂纹，又称面外剪切裂纹或反平面剪切裂纹。

将上述三种简单裂纹的不同组合，可以形成更复杂的裂纹，称之为复合型裂纹。通过工程实际观测以及实验室试验分析，发现工程实际中主要以张开型（Ⅰ型）裂纹为主，并且滑开型（Ⅱ型）裂纹和撕开型（Ⅲ型）裂纹最终将转化为张开型（Ⅰ型）裂纹。因此，对张开型（Ⅰ型）裂纹的研究显得尤为重要，本书将着重讨论该类型裂纹。

2.2.2　含椭圆裂纹岩样的应力分析

分析 Griffith 理论可知，其给出的断裂力学定量分析解是基于 1913 年 Inglis 给出的无限大板中含一个穿透板厚度方向的椭圆孔的弹性力学解析解。纵观之后诸多学者的研究结果，很多均以该弹性力学解为基础进行后续推导，因此该弹性力学解析解在断裂力学发展及相关研究中具有举足轻重的作用。

Inglis[152] 给出的无限大板中含一个穿透板厚度方向的椭圆孔力学模型如图 2-9 所示。其中，a 为椭圆的长半轴，b 为椭圆的短半轴，p 为远场拉应力，α 为远场拉应力 p 与 x 轴之间的夹角。

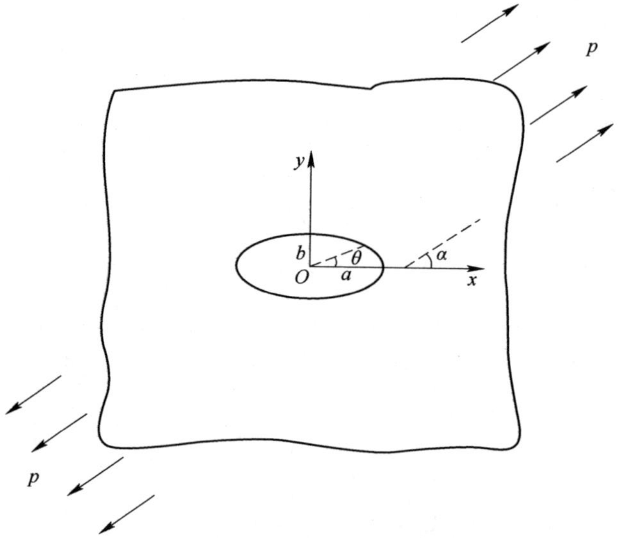

图 2-9　无限大板含椭圆孔受单轴拉伸力学模型示意图

此时，椭圆标准方程为：

$$\frac{x^2}{a^2} + \frac{y^2}{b^2} = 1 \tag{2-1}$$

在椭圆长轴顶点处，椭圆的曲率半径为：$\rho = \dfrac{b^2}{a}$。

根据弹性力学理论[153]可知，此时椭圆孔边上不受力的作用，即 $T_x = T_y = 0$。在远场处，无限大板受力为：

$$\begin{cases}\sigma_{xx} = p\cos^2\alpha, \ \sigma_{yy} = p\sin^2\alpha \\ \sigma_{xy} = p\sin\alpha\cos\alpha\end{cases} \tag{2-2}$$

假定满足上述边界条件的调和方程 $U(x, y)$ 为：

$$U(x, y) = Re\left(\bar{z}\phi_1(z) + \int\phi_1(z)\mathrm{d}z\right) \tag{2-3}$$

式中，$z = x + iy$ 为复变数；$\bar{z} = x - iy$ 为 z 的共轭数。

因此，σ_{xx}，σ_{yy}，σ_{xy} 之间的关系可改写为：

$$\begin{cases}\sigma_{xx} + \sigma_{yy} - 2(\phi_1'(z) + \overline{\phi_1'(z)}) = 4Re\phi_1'(z) \\ \sigma_{yy} - \sigma_{xx} + 2i\sigma_{xy} = 2(\bar{z}\phi_1''(z) + \phi_1'(z))\end{cases} \tag{2-4}$$

根据复变函数的保角变换理论，引入辅助函数：

$$\begin{cases}z = R\left(\dfrac{1}{\zeta} + m\zeta\right) \\ R = \dfrac{a + b}{2}, \ m = \dfrac{a - b}{a + b}\end{cases} \tag{2-5}$$

将椭圆变为一个辅助平面上的中心单位圆。通过在该平面上的变换求解，最终可得椭圆孔周边环向正应力为：

$$\sigma_\theta = p\,\frac{1 - m^2 + 2m\cos2\alpha - 2\cos2(\theta + \alpha)}{1 + m^2 - 2m\cos2\theta} \tag{2-6}$$

当无限大板受到压应力作用时，式（2-6）将改写为：

$$\sigma_\theta = p\,\frac{2\cos2(\theta + \alpha) - 2m\cos2\alpha + m^2 - 1}{1 + m^2 - 2m\cos2\theta} \tag{2-7}$$

此时，式（2-7）可视为单轴压缩状态下，裂纹孔周边部位所受正应力。它为单轴压缩状态下，更为复杂的裂纹形态应力求解提供了基础。

2.2.3 脆性断裂理论

线弹性断裂力学中关于脆性断裂的理论可分为两类：一类是以应力场的某一特征量为参数，认为当此特征量达到某特定值时，材料失稳扩展，这一类理论中较常用的是最大周向应力理论和应变能密度理论；另一类是以能量作为基本分析参数，代表理论为最大能量释放率理论。

2.2.3.1 最大周向应力理论

1963 年 Erdogan 与薛昌明（Sih）基于复合型裂纹在垂直于最大周向拉应力方向的平面内扩展这一试验观测结果，提出了最大周向拉应力准则。该准则认为：裂纹将沿 $\sigma_{\theta\max}$ 对应的 θ 方向扩展，并且该方向满足以下条件：

$$\frac{\partial \sigma_\theta}{\partial \theta} = 0, \quad \frac{\partial^2 \sigma_\theta}{\partial \theta^2} < 0 \tag{2-8}$$

2.2.3.2 应变能密度理论

1972 年，薛昌明（Sih）提出了应变能密度因子断裂判据，即 S 判据。其中，S 代表应变能密度因子。该判据假设如下：

（1）裂纹沿 $S = S_{\min}$ 方向进行扩展，即裂纹沿满足如下条件的方向进行扩展：

$$\frac{\partial S}{\partial \theta} = 0, \quad \frac{\partial^2 S}{\partial \theta^2} > 0 \tag{2-9}$$

（2）当 $S_{\min}$ 达到某一临界值时，裂纹开始扩展，即

$$S_{\min} = S_c \tag{2-10}$$

总体来说，由于 S 理论应用比较方便，二维模型与试验结果对比较符合（压缩的情形例外），适用范围比较广泛。因此，S 理论在工程上采用较多。

2.2.3.3 最大能量释放率理论

最大能量释放率理论实际上是 Griffith 理论的进一步发展，该理论认为：

（1）裂纹沿产生最大能量释放率的方向扩展；

（2）当最大能量释放率 $G_{\max}$ 达到某临界值时，裂纹开始扩展。

从物理上考虑，能量释放率是最容易被接受的，但如何解释试验观测到的破裂路径比较困难。因此，到目前为止，虽然有一些代表性结论，但仍然没有统一的结果。

2.3 PFC2D 基本原理及理论基础

近几十年来，越来越多的岩土工程建于复杂结构的岩土体之上，使已有的基于连续介质模型的数值分析方法不再通用。因此，自 20 世纪 70 年代美国 Cundall 等学者提出一种用于解决不连续体力学问题的数值分析方法——离散单元法出现以来，越来越多的学者开始关注并使用该方法。离散单元法可以模拟各类结构面，通过描述连续-非连续混合介质的力学行为，做出静力或动力响应，从而得到符合工程实际的稳定性模拟和分析。之后，Cundall 加盟美国 ITASCA 公司，开发并完善了基于圆盘形和球形离散单元的颗粒流模拟软件（Particle Flow Code 2D/3D）。该软件因具有邻居单元搜索速度快和能够有效模拟大变形等优点，在很多领域得到了广泛的应用。

颗粒流程序（PFC）视岩体为颗粒体的黏结体，既可直接模拟圆形颗粒的运动与相互作用问题，也可以通过任一颗粒与其直接相邻的颗粒连接形成任意形状的组合体模拟块体结构问题。与其他离散元软件相比，颗粒流程序具有以下优点：

（1）颗粒流程序具有较高的运算效率；

（2）颗粒流程序有能力对成千上万个颗粒的相互作用问题进行动态模拟；

（3）颗粒流程序对于能够模拟的位移大小没有限制，并且块体可以因约束的破坏而彼此分离，从而模拟块体的分离和断裂过程；

（4）颗粒流程序采用按时步显式计算，使所有矩阵不需存贮，因此大量的颗粒单元仅需适中的计算机内存即可。

基于上述优点及 PFC 模拟岩体断裂的可能性，本书选用 PFC2D 对试验岩样破裂过程进行模拟并与试验结果相对照，以期得到更完善的结论，为后续岩体工程实际应用提供基础。

2.3.1 PFC2D 计算基本原理

2.3.1.1 PFC2D 基本假设条件

为保证 PFC2D 软件计算的合理性，该软件的计算基于如下假设：

（1）PFC2D 计算颗粒为刚性颗粒单元；

（2）颗粒间的接触为点接触，并且颗粒的接触关系视为仅发生在接触点上；

（3）根据颗粒的接触行为，颗粒之间可以重叠，并且接触量大小与接触力成正比；

（4）可以使用黏结体模型，并且该黏结体具有黏结强度；

（5）最基本的颗粒为圆盘形。

2.3.1.2 基本运算定律

PFC2D 计算过程以力-位移定律和牛顿第二定律为基础，按照时步迭代算法不断计算，直到得到问题的解。下面对具体运算定律进行阐述[154]。

A 力-位移定律

根据两个相互接触实体（颗粒与颗粒、颗粒与墙）的相对重叠位移量，通过力与位移定律可得到两个实体之间的相互作用力。这里以二维线性接触刚度本构关系的力-位移定律，说明 PFC2D 中该定律的计算原理。

假设颗粒 A 与颗粒 B 之间的接触关系如图 2-10 所示，其中颗粒之间接触方向的法向单位向量 $\boldsymbol{n}_i$ 为颗粒球心的连线方向，则两颗粒的接触法向单位向量 $\boldsymbol{n}_i$ 可表示为：

$$|\boldsymbol{n}_i| = \frac{R^{[A]} - R^{[B]}}{d} \tag{2-11}$$

两颗粒中心距离 d 可表示为：

$$d = x_i^{[A]} - x_i^{[B]} \tag{2-12}$$

两颗粒的重叠量 U^n 可表示为：

$$U^n = R^{[A]} + R^{[B]} - d \tag{2-13}$$

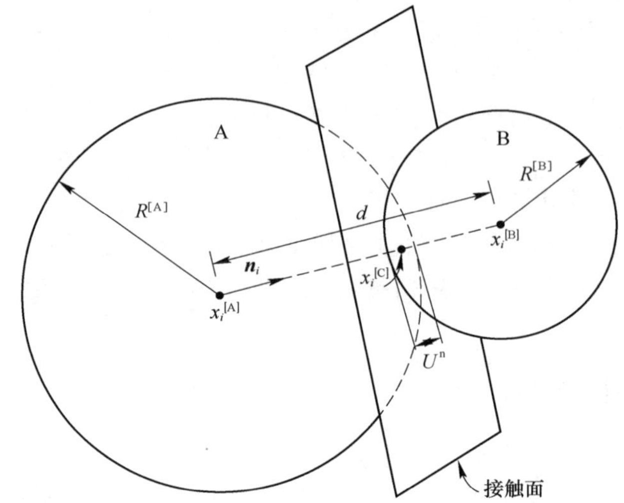

图 2-10　颗粒与颗粒接触关系示意图

颗粒接触点 $x_i^{[C]}$ 可以表示为：

$$x_i^{[C]} = x_i^{[A]} + (R^{[A]} - 0.5U^n)\,|\boldsymbol{n}_i| \tag{2-14}$$

式中，$x_i^{[A]}$ 为 A 颗粒球心；$x_i^{[B]}$ 为 B 颗粒球心；$R^{[A]}$ 和 $R^{[B]}$ 分别为 A 颗粒和 B 颗粒的半径。

对于颗粒与墙的接触，如图 2-11 所示。墙 W 与颗粒 b 相互接触方向的法向单位向量 $\boldsymbol{n}_i$ 为颗粒到墙的垂线方向，即沿着球的中心到面的最短距离 d 的连线方向。其重叠量 U^n 可表示为：

$$U^n = R^{[b]} - d \tag{2-15}$$

接触点 $x_i^{[C]}$ 可表示为：

$$x_i^{[C]} = x_i^{[b]} + (R^{[b]} - 0.5U^n)\,|\boldsymbol{n}_i| \tag{2-16}$$

力和位移的关系描述，是通过以上的相对位移值 U^n 来求相互作用力 $\boldsymbol{F}_i$。根据力的作用方向，可将相互作用力 $\boldsymbol{F}_i$ 分解为法向作用力 $\boldsymbol{F}_i^n$ 与切向作用力 $\boldsymbol{F}_i^s$：

$$\boldsymbol{F}_i = \boldsymbol{F}_i^n + \boldsymbol{F}_i^s \tag{2-17}$$

根据接触刚度本构模型，则接触力和位移的弹性变化关系可表示为：

$$\boldsymbol{F}_i^n = K^n \times U^n \times \boldsymbol{n}_i \tag{2-18}$$

$$\Delta\boldsymbol{F}_i^s = -K^s \times \Delta U^s \times \boldsymbol{n}_i \tag{2-19}$$

式中，K^n 和 K^s 分别为模型的法向刚度和切向刚度；U^n 和 ΔU^s 分别为模型的法向重叠量和切向位移增量。

特别说明的是，对于切向作用力 $\boldsymbol{F}_i^s$， PFC 是按照增量的形式进行计算的。

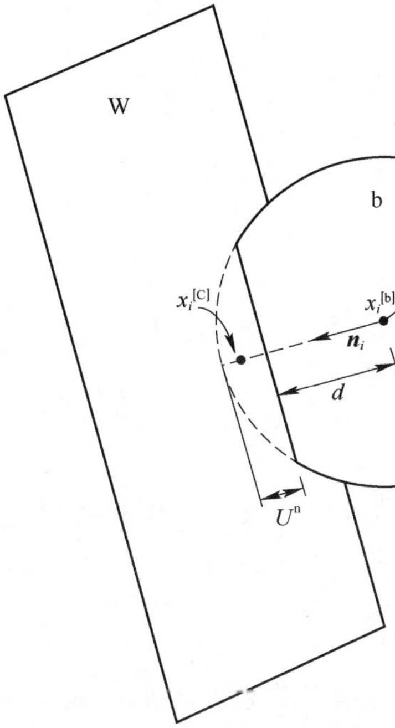

图 2-11 颗粒与墙的接触关系示意图

因此，对于一个接触刚形成时，其切向作用力为 0，随后将根据式（2-20）不断进行累积。

$$\boldsymbol{F}_i^s + \Delta\boldsymbol{F}_i^s \rightarrow \boldsymbol{F}_i^s \tag{2-20}$$

B 牛顿运动定律

虽然每计算一步，墙都会根据力-位移定律更新作用力，但墙一般作为边界条件，不受运动定律的限制，故此处所述的运动定律仅适用于颗粒。

因为颗粒的运动状态由受到的合力和合力矩决定，所以其运动形式可分为平动和转动。其中，平动作用力可表示为：

$$\boldsymbol{F}_i = m(\boldsymbol{x}_i - \boldsymbol{a}_i) \tag{2-21}$$

式中，$\boldsymbol{F}_i$ 为作用在颗粒 i 上的合力；m 为颗粒的质量；$\boldsymbol{x}_i$ 为颗粒的加速度；$\boldsymbol{a}_i$ 为作用在颗粒上的体力加速度。

合力矩可以表示为：

$$\boldsymbol{M}_i = \boldsymbol{I}\boldsymbol{w}_i = (\beta m R^2)\boldsymbol{w}_i \tag{2-22}$$

式中，$\boldsymbol{I}$ 为颗粒的惯性矩；$\boldsymbol{w}_i$ 为角加速度；β 为程序设置参数；R 为颗粒半径。

在式（2-21）和式（2-22）的基础上，采用中心有限差分法对时刻 t 在 Δt 时间增量内，颗粒 i 的平动速度和角速度进行求解得：

$$\boldsymbol{x}_i^{t+\frac{\Delta t}{2}} = \boldsymbol{x}_i^{t-\frac{\Delta t}{2}} + \left(\frac{\boldsymbol{F}_i^t}{m} + \boldsymbol{a}\right)\Delta t \tag{2-23}$$

$$\boldsymbol{w}_i^{t+\frac{\Delta t}{2}} = \boldsymbol{w}_i^{t-\frac{\Delta t}{2}} + \frac{M_i^t}{I}\Delta t \tag{2-24}$$

最终根据式（2-23）和式（2-24）可得 Δt 后颗粒的位置，并按下式进行颗粒位置的更新。

$$\boldsymbol{x}_i^{t+\frac{\Delta t}{2}} = \boldsymbol{x}_i^t + \boldsymbol{x}_i^{t+\frac{\Delta t}{2}} \times \Delta t \tag{2-25}$$

至此，颗粒所受的力及位置均得到了更新，以上即为 PFC2D 计算过程中依据的基本定律。

2.3.2　基本本构模型

PFC2D 提供了 3 种基本的颗粒间本构关系：接触刚度模型、滑动模型和颗粒黏结模型。同时还提供了其他可供扩展的本构模型，以满足不同的科研和实际要求，如简化黏弹性模型、伯格斯模型等。

2.3.2.1　接触刚度模型

接触刚度模型分为两类：线性刚度模型和 Hertz-Mindlin 接触模型。因为这两种刚度模型在原理上一致，故此处仅介绍线性刚度模型。

在线性刚度模型中，PFC2D 提供了接触力和位移的弹性变化关系，见式（2-21）和式（2-22）。

对于两个实体 A 和 B（墙或者颗粒），K^{n} 和 K^{s}，即法向刚度和切向刚度在线性刚度模型里有如下表示形式：

$$K^{\mathrm{n}} = \frac{K_{\mathrm{n}}^{[\mathrm{A}]} K_{\mathrm{n}}^{[\mathrm{B}]}}{K_{\mathrm{n}}^{[\mathrm{A}]} + K_{\mathrm{n}}^{[\mathrm{B}]}} \tag{2-26}$$

$$K^{\mathrm{s}} = \frac{K_{\mathrm{s}}^{[\mathrm{A}]} K_{\mathrm{s}}^{[\mathrm{B}]}}{K_{\mathrm{s}}^{[\mathrm{A}]} + K_{\mathrm{s}}^{[\mathrm{B}]}} \tag{2-27}$$

2.3.2.2　滑动模型

PFC2D 默认颗粒滑动模型通过定义摩擦系数得到允许最大摩擦力 $F_{\max}^{\mathrm{s}}$，在模拟中根据判断最大允许摩擦力和静摩擦力 $\boldsymbol{F}_i^{\mathrm{s}}$ 的大小关系来判断颗粒是否会滑动。根据下式可计算最大摩擦力：

$$F_{\max}^{\mathrm{s}} = \mu \left| \boldsymbol{F}_i^{\mathrm{n}} \right| \tag{2-28}$$

式中，μ 为摩擦系数；$\boldsymbol{F}_i^{\mathrm{n}}$ 为颗粒的法向作用力。

如果计算步骤中，颗粒受到的切向滑动力 F_i^{s} 大于最大静摩擦力 $F_{\max}^{\mathrm{s}}$，则颗粒满足滑动条件。在下一个计算步中，颗粒将产生滑动，同时 $F_{\max}^{\mathrm{s}}$ 的值会赋给 $\boldsymbol{F}^{\mathrm{s}}$。

2.3.2.3　颗粒黏结模型

因为岩石及类岩石材料可以视为具有一定厚度的圆盘集合体，并且该圆盘集合体（颗粒）之间具有黏聚力和摩擦力，可以用 PFC2D 中颗粒黏结模型较好地进行模拟，因此，在岩石材料试样的模拟中多采用颗粒黏结模型。

在 PFC2D 软件中，提供了两种基本的黏结（Bond）类型：接触黏结模型（contact bond model，CB）和平行黏结模型（parallel bond model，PB）。这两种黏结类型均可以被看作两个颗粒之间通过“胶水”黏结在一起。但是，CB 模型的黏结仅在接触的一个点，而 PB 模型的黏结为颗粒间的有效接触面积，故 CB 模型的颗粒之间只能传递力，但是 PB 模型的颗粒之间可以传递力和力矩。

A 接触黏结模型

如图 2-12 所示，一个接触黏结可以被视为一对作用于接触点上的具有法向和切向刚度的弹簧或黏结点，并且该接触黏结可以阻止可能的颗粒滑动。接触黏结可以通过定义法向接触黏结强度和切向接触黏结强度这两个参数来得到。如果法向接触拉力等于或大于法向接触黏结强度，黏结将被破坏，并且法向和切向的黏结力将会变为零；如果切向接触力等于或大于切向接触黏结强度，黏结将被破坏，如果此时切向力没有超过颗粒最大摩擦力，并且法向力为压力时，黏结处的接触力将不会被改变。因此，在 CB 模型中，无论黏结键是否被破坏，只要颗粒之间还有接触，黏结强度就依然起作用，也就是说，黏结键的破坏对模型宏观强度的影响较小。这一点明显与岩石及类岩石材料的破坏情况不符。

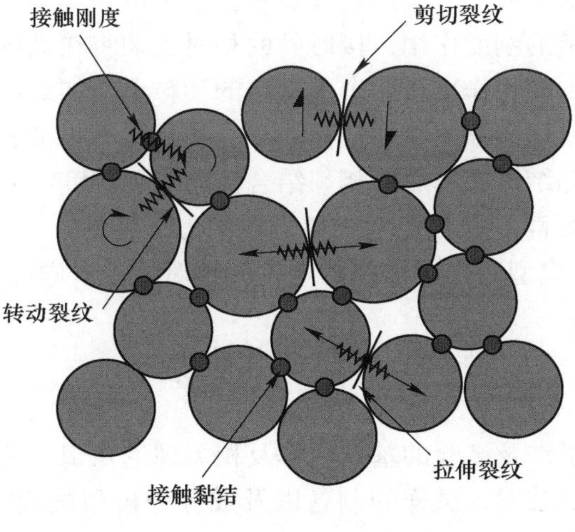

图 2-12 接触黏结模型示意图

B 平行黏结模型

如图 2-13 所示，平行黏结模型可以看作一块有限大小的水泥类材料充填于两个颗粒之间，并将两个颗粒有效地黏结起来。该黏结在颗粒之间建立了弹性的相互作用，使得颗粒之间可以产生滑动。同时，由于平行黏结可以传递力和力矩，平行黏结有助于将由此产生的力和力矩作用于两个黏结的颗粒之间。

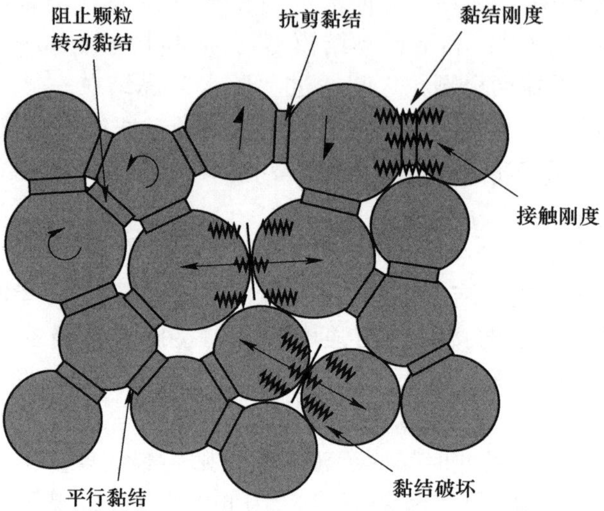

图 2-13　平行黏结模型示意图

一个平行黏结可以被看作一组有法向和切向刚度的弹簧分布于以接触点为中心的颗粒之间的接触平面，并且这些弹簧平行于模拟颗粒于一点上刚度的点接触弹簧。由于平行黏结的刚度作用，接触处的相对运动将在黏结材料上产生力和力矩，并且这个力和力矩将作用于两个已黏结的颗粒上。如果该力和力矩超过了黏结材料的最大法向或切向强度中的任何一个，该黏结键将被破坏。与接触黏结模型不同的是，当该黏结键破坏后，相邻结合体的宏观刚度将明显减小。该特性相较于接触黏结模型而言，更符合岩石类材料的力学特性[155]。因此，本书将采用平行黏结模型（PB 模型）作为模拟的本构模型对试验岩样进行模拟。

2.4　本章小结

本章主要介绍了涉及试验的基础内容及相关理论知识。其中，试验基础内容主要包括：试验测试装置、试样的制备以及成分分析和试验方案设计三大部分；相关理论知识包括断裂力学基本理论以及 PFC2D 模拟软件的计算基本原理和本构模型。该部分内容将为后续章节提供试验和理论基础，故总述于此。

3 单裂隙岩体单轴压缩破坏分析

在过去的几十年中，断裂力学理论被许多学者应用于岩石类脆性材料的断裂破坏机理分析中。由于岩石类材料明显不同于金属材料，使得虽然同属于断裂力学问题范畴，但是许多能较好应用于金属材料的断裂理论并不能直接用来分析岩石类材料的断裂力学问题。因此，众多学者进行了大量的单轴压缩及压剪情况下的岩石类材料断裂试验及理论分析。

就目前的研究成果而言，对受压情况下的岩石类材料断裂问题，学者们主要持有两种观点：一种观点持有者直接将线弹性断裂力学理论中拉伸条件下的应力强度因子取负值，形成压缩条件下的应力强度因子；另一种观点持有者认为受压条件下的岩石类材料断裂问题完全符合 Brace 和 Bombolakis[5] 于 1963 年提出的滑动裂纹模型，即认为裂隙表面所受的压应力并不导致裂纹尖端的应力集中。

根据笔者及笔者所在课题组近几年对预制裂隙岩石类材料断裂破坏机制的研究成果可知，上述两种观点都不能很好地解释受压状态下岩石类材料的断裂问题。尤其对受压状态下，张开型裂隙断裂过程中的力学响应机制的研究较浅，并未得到系统的分析。因此，本章从最简单的裂隙状态入手，即单裂隙状态，分析张开型裂纹在受压状态下的断裂破坏机制，以期补充、完善此种情况下的岩石断裂力学分析理论。

3.1 完整岩样的试验结果与分析

在试验开始最初阶段，首先对干燥及饱水状态下的完整岩石试样进行单轴压缩试验，试验所得完整岩样的各力学特性参数见表 3-1，表中峰值应变是指峰值应力状态下的应变与加载结束时试样应变的比值。

表 3-1 干燥及饱水状态下完整岩样的力学参数

试样编号	干湿状态	峰值应力/MPa	峰值应变/%	弹性模量/GPa
Id-1	干燥	47.98	85.05	22.46
Id-2	干燥	49.61	80.10	23.33
Is-1	饱水	43.34	79.21	20.05
Is-2	饱水	43.66	76.29	20.32

从表 3-1 中可知，无论是干燥状态还是饱水状态，相同状态下岩样的各力学参数均非常接近，其差值均小于 6.18%，说明测试岩样内部结构均匀，趋于各项同性，并且单个岩样之间状态差异不大，能保证后续试验结果的稳定性及可靠性。

同时，从表 3-1 中各数据可知，饱水状态下岩样的峰值强度及弹性模量均小于干燥状态下岩样的相应参数，说明水的存在将削弱岩石的抗压强度。此外，干燥状态下岩样的峰值应变明显大于饱水状态下岩样的峰值应变，说明相对于饱水状态下的岩样而言，干燥岩样更具有脆性，而水的存在能增加岩样的延展性。从饱水状态岩样的泊松比大于干燥岩样的泊松比亦能说明该问题。

干燥及饱水状态下完整岩样应力-应变曲线，如图 3-1 所示。由图 3-1 可知，在试验开始的初始阶段，为岩石中微裂纹的压密阶段。之后，岩石试样进入弹性变形阶段和塑性变形阶段，并最终达到岩石试样的峰值强度。在峰值强度后，岩石试样仍具有一定的强度，并随着应变的增加，试样强度不断减小，最终完全破坏。从岩样的应力-应变曲线亦可以看出，峰值强度后，饱水岩样的应变增加量大于干燥的完整岩样。

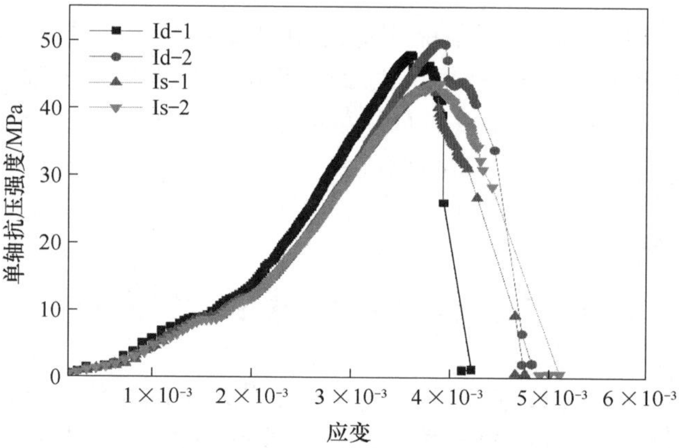

图 3-1　干燥及饱水状态下完整岩样的应力-应变曲线

图 3-2 为干燥及饱水状态下完整岩样破坏状态图。从图 3-2 中可以看出，红砂岩完整岩样的破坏模式主要以剪切破坏模式为主，但也有劈裂破坏模式。对于干燥完整的红砂岩试样 Id-1，其破坏模式为劈裂破坏，该破坏模式常见于完整岩石试样的破坏模式中。对于干燥完整的红砂岩试样 Id-2 和饱水状态的完整红砂岩试样，其破坏模式为剪切破坏，并伴随有一定程度的剥落现象，此种破坏形态也常见于完整岩石的破坏中。

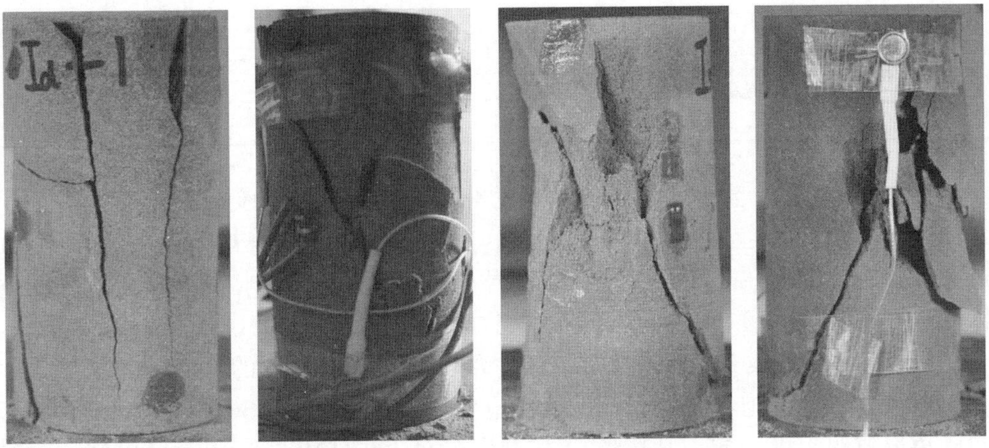

(a) (b) (c) (d)

图 3-2 干燥及饱水状态下完整岩样的破坏状态图

（a）Id-1 试样；（b）Id-2 试样；（c）Is-1 试样；（d）Is-2 试样

3.2 含单裂隙岩样的试验结果与分析

3.2.1 含单裂隙岩样强度与变形特性分析

完成完整试样单轴压缩试验后，对含张开型单裂隙试样进行了单轴压缩试验，各岩样的力学特性参数见表 3-2。

表 3-2 干燥及饱水状态下单裂隙试样的力学参数

试样编号	干湿状态	峰值应力/MPa	峰值应变/%	弹性模量/GPa
Sd-30-1	干燥	31.89	85.75	19.54
Sd-30-2	干燥	28.53	81.67	16.52
Sd-45-1	干燥	35.40	87.47	20.23
Sd-45-2	干燥	39.32	81.17	22.10
Sd-60-1	干燥	36.52	86.64	21.57
Sd-60-2	干燥	33.42	83.91	20.06
Ss-30-1	饱水	20.39	85.29	10.71
Ss-30-2	饱水	19.50	81.27	8.97
Ss-45-1	饱水	31.04	86.28	19.35
Ss-45-2	饱水	28.86	85.00	18.08

续表 3-2

试样编号	干湿状态	峰值应力/MPa	峰值应变/%	弹性模量/GPa
Ss-60-1	饱水	21.02	79.91	11.30
Ss-60-2	饱水	25.47	83.64	15.95

由表 3-2 可知，含单裂隙干燥岩样的峰值应力、峰值应变及弹性模量均大于含相应倾角裂隙的饱水状态岩样。上述岩石力学参数变化规律与完整岩样相同，进一步说明水的存在能降低原有状态下岩石的整体强度，其将危害岩土工程的整体稳定性。

结合图 3-3 和表 3-2 具体分析可知，含单裂隙干燥岩样的峰值应力主要集中在 30~40 MPa，而饱水状态岩样的峰值应力主要集中在 20~30 MPa。对于含有相同倾角裂隙的干燥岩样，其峰值应力相差不大，并且从图 3-3（a）可知，含有 45°倾角裂隙的干燥岩样具有最大的峰值强度，而含有 30°倾角裂隙的干燥岩样的峰值强度最小。将图 3-3（a）与（b）对比可知，虽然不同倾角裂隙饱水岩样的峰值强度差距较大，但其变化规律与干燥岩样相同，即含 45°倾角裂隙饱水岩样的峰值强度最大，含 60°倾角裂隙饱水岩样的强度次之，含 30°倾角裂隙饱水岩样的峰值强度最小。

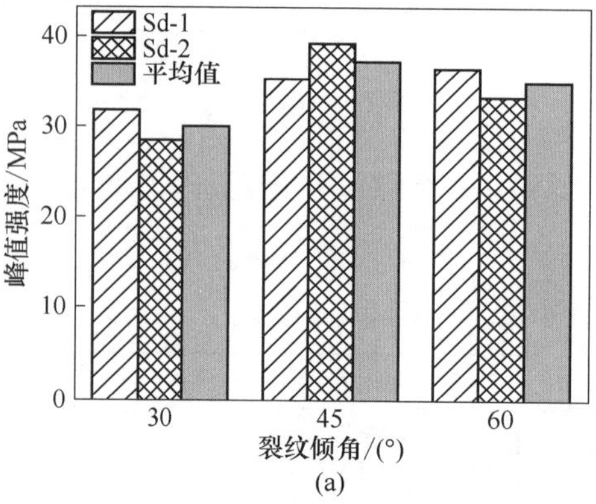

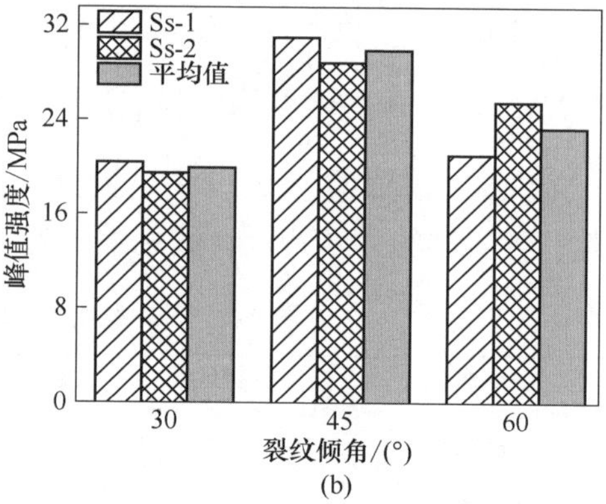

图 3-3　含单裂隙试样峰值强度

（a）干燥单裂隙试样；（b）饱水单裂隙试样

结合图 3-4 和表 3-2 分析可以发现，无论是干燥单裂隙试样还是饱水单裂隙试样，不同倾角裂隙试样的平均峰值应变相差都不大，其值基本均分布在 80%~85%之间。对于 30°和 45°倾角裂隙试样，饱水试样的峰值应变变化不大，变化绝对值在 1.6%以内；60°倾角裂隙试样，其饱水试样的峰值应变较干燥试样下降了 4.1%。

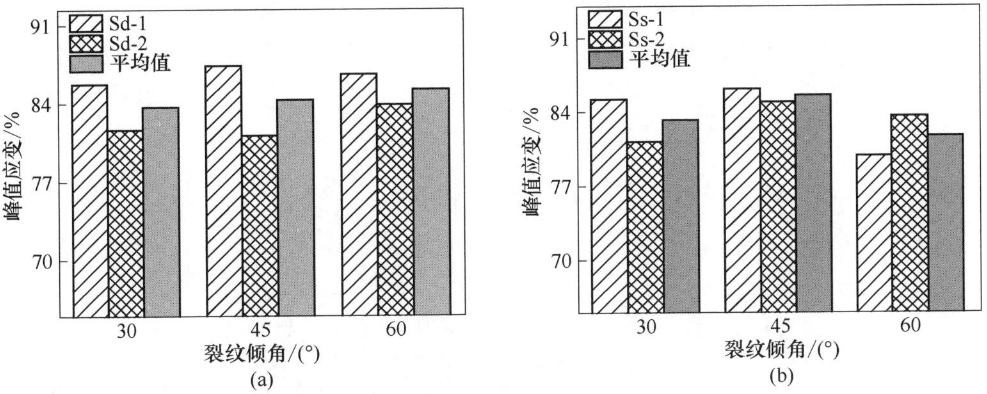

图 3-4 含单裂隙试样峰值应变

（a）干燥单裂隙试样；（b）饱水单裂隙试样

根据图 3-5 和表 3-2 可以发现，对于干燥单裂隙岩样，无论含有相同倾角裂隙的岩样之间，还是具有不同的倾角裂隙岩样，其弹性模量值相差都不大，基本分布在 19~22 GPa 之间。其中，含有 45°倾角裂隙的岩样具有最大的弹性模量，含 60°倾角裂隙的岩样次之，含有 30°倾角裂隙岩样的弹性模量最小。与干燥裂隙试样不同的是，不同倾角裂隙的饱水岩样之间的弹性模量相差较大，依然是含有 45°倾角裂隙的饱水岩样具有最大的弹性模量，但其比含相同角度裂隙的干燥岩样的弹性模量仅下降 2.45 GPa。虽然含 60°倾角裂隙的饱水岩样的弹性模量仍高于含 30°倾角裂隙饱水岩样的弹性模量，但含有这两种裂隙角度的饱水岩样的弹性模量相较于含相同裂隙角度干燥岩样的弹性模量下降较多，其下降值分别为 7.19 GPa 和 8.19 GPa。

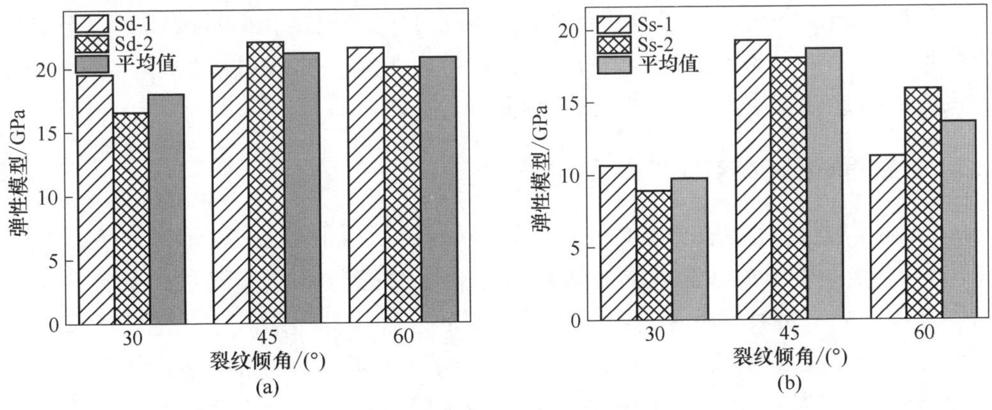

图 3-5 单裂隙试样弹性模量

（a）干燥单裂隙试样；（b）饱水单裂隙试样

不同倾角裂隙下含单裂隙岩样应力-应变曲线，如图 3-6 所示。由于相同状态下曲线形态相似，故图中仅给出同种状态下某一个岩样的应力-应变曲线。

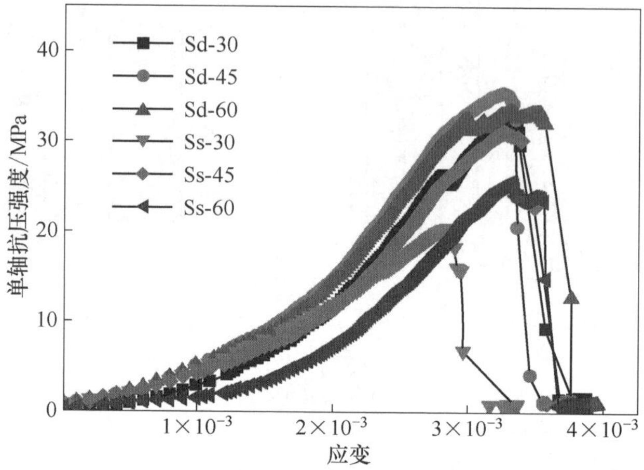

图 3-6　含单裂隙试样的应力-应变曲线

从图 3-6 可知，在不考虑试验机对应力-应变曲线影响的条件下，含单裂隙岩样的应力-应变曲线与完整试样的应力-应变曲线相同，可分为五个不同的阶段，分别为：微裂纹压密阶段、弹性变形阶段、裂纹产生及扩展阶段、塑性变形阶段及破坏后阶段，不同的是含单裂隙试样应力-应变曲线的塑性变形阶段要比完整试样的长。破坏后阶段，含单裂隙试样表现的破坏形式更加剧烈，在较小的应变情况下就基本失去强度。但完整试样破坏后，还可以看到一段应变软化的过程。说明单裂隙的存在虽然不会改变应力-应变曲线的整体分布阶段，但是会改变不同阶段的长短。同时，单裂隙的存在使塑性变形更加明显，而且破坏表现得更具有脆性。此外，对比干燥岩样和饱水岩样的应力-应变曲线可以发现，水的存在并没有有效地改变应力-应变曲线的形态。

3.2.2　含单裂隙岩样裂纹扩展及破坏模式

Bobet[21]通过对大量石膏类材料试样压缩条件下的断裂破坏形态研究，总结得出含裂隙试样裂纹起裂扩展的两种形态：翼型裂纹和次生裂纹，如图 3-7 所示。其中，翼型裂纹是从原有裂纹尖端起裂的一种拉伸型裂纹，其随着载荷的不断增加呈现曲线形的扩展模式，并且裂纹的最终扩展方向与加载方向平行。次生裂纹是从原有裂纹尖端起裂的一种剪切裂纹或裂纹剪切带，次生裂纹有两种可能的裂纹扩展方向：一种是与原有裂纹共面或近似于共面的方向；另一种是和翼型裂纹类似，其垂直于原有裂纹面，但裂纹扩展方向与翼型裂纹相反。

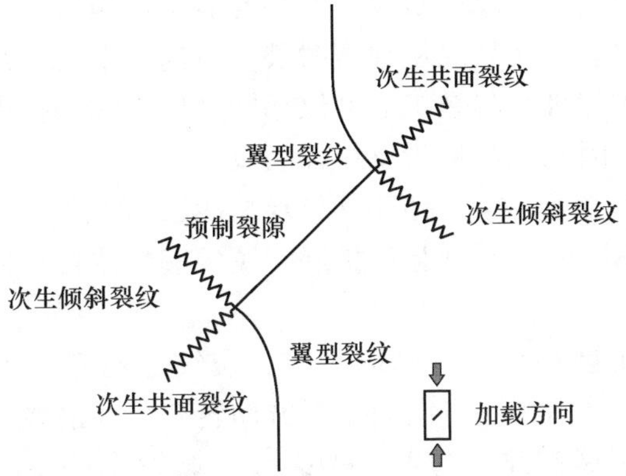

图 3-7　压缩条件下裂纹起裂扩展简化模型

杨圣奇等人[33]在 Bobet 总结的基础上，通过对含有单裂隙砂岩试样破坏形态的研究，对压缩状态下裂纹起裂及扩展形态进行了细化。他将裂纹的最终状态细分为九种类型，具体如图 3-8 所示。

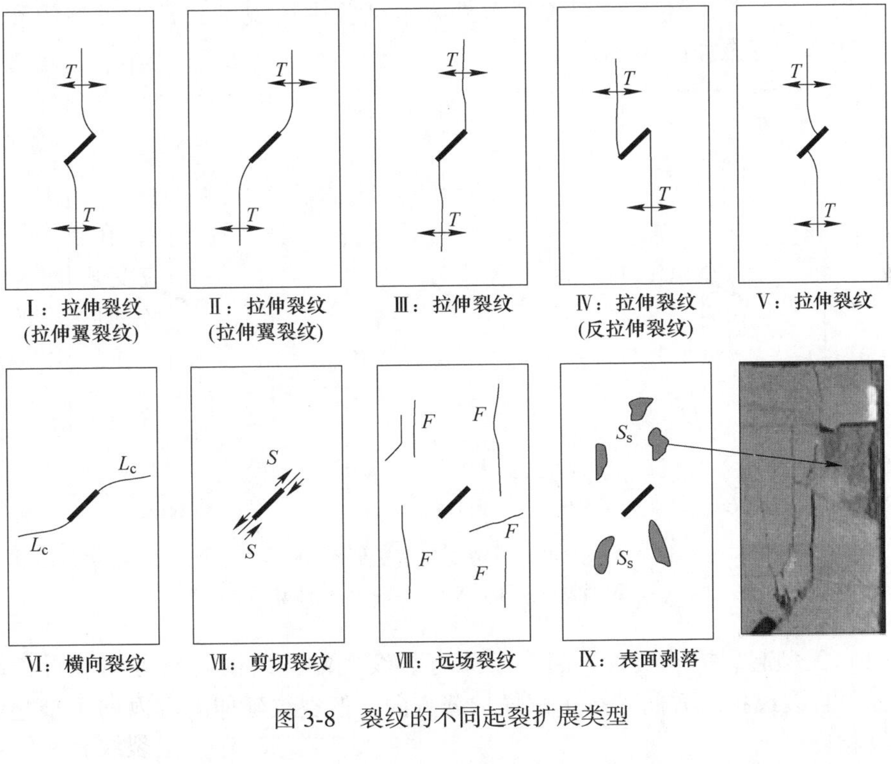

图 3-8　裂纹的不同起裂扩展类型

(1)　Ⅰ～Ⅳ型起裂扩展裂纹：这四种裂纹均为拉伸型裂纹，新裂纹均从原有裂纹尖端开始起裂，最终裂纹扩展方向均平行于加载方向。不同处在于：Ⅰ型起裂扩展裂纹起裂方向垂直于原有裂纹；Ⅱ型起裂扩展裂纹的起裂方向为沿着原有裂纹的方向；Ⅲ型起裂扩展裂纹从起裂时裂纹方向就平行于加载方向；Ⅳ型起裂扩展裂纹的起裂形式与Ⅲ型起裂扩展裂纹相同，但裂纹的扩展方向与其他三种类型的扩展方向相反，因此也被称为反拉伸裂纹。

（2）Ⅴ型起裂扩展裂纹：为张拉型裂纹，裂纹的起裂及扩展形式与Ⅰ型起裂扩展裂纹相同，不同的是Ⅴ型起裂扩展裂纹的起裂位置与原有裂纹尖端有一定的距离。

（3）Ⅵ型起裂扩展裂纹：为横向裂纹，裂纹最初起裂于裂纹尖端，并沿着原有裂纹方向扩展，之后扩展方向向水平方向转变，并最终形成横向裂纹。

（4）Ⅻ型起裂扩展裂纹：为剪切型裂纹，该裂纹从裂纹尖端开始起裂，并且之后的裂纹扩展方向与原有裂纹共面。

（5）Ⅷ型起裂扩展裂纹：为远场裂纹，此种裂纹与原有裂纹有一定距离，并且裂纹方向不确定。

（6）Ⅸ型起裂扩展裂纹：为表面剥落，通常发生在一些拉伸裂纹扩展后。

根据上述学者的分析方法，对含单裂隙红砂岩试样的最终破坏裂纹形态进行总结分析可知，除上述九种裂纹形态外，本试验中还观察到其他类型的裂纹形态，具体裂纹形态如图 3-9 所示。

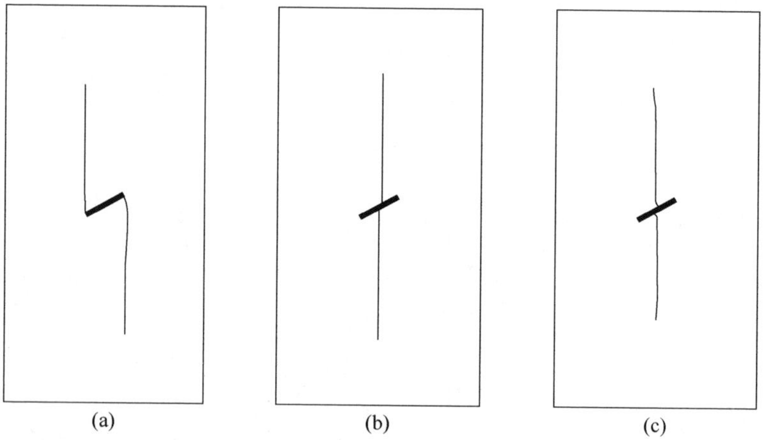

图 3-9　新裂纹起裂扩展类型

（a）Ⅹ型裂纹；（b）Ⅺ型裂纹；（c）Ⅻ型裂纹

（1）Ⅹ型起裂扩展裂纹：起裂于原有裂纹尖端，裂纹起裂方向垂直于原有裂纹，并且裂纹扩展方向平行于试样加载方向，但裂纹延伸的方向与Ⅰ型起裂扩展裂纹相反。

（2）Ⅺ型起裂扩展裂纹：起裂于原有裂纹中部，起裂方向平行于试样加载方向，并且裂纹最终的扩展方向也平行于试样的加载方向。

（3）Ⅻ型起裂扩展裂纹：起裂于原有裂纹中部，起裂方向垂直于原有裂纹，并且裂纹最终的扩展方向平行于试样的加载方向。

3.2.2.1　含单裂隙干燥试样裂纹扩展形态

图 3-10 为含 30°倾角裂隙干燥试样的裂纹形态图。

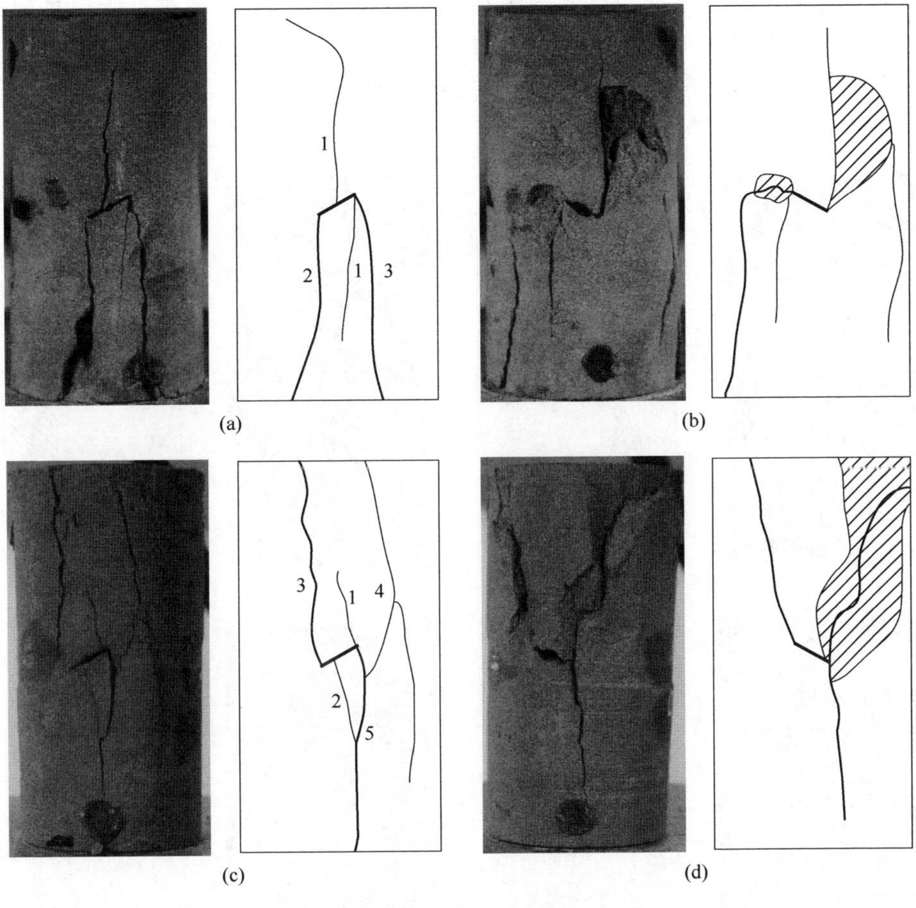

图 3-10　30°倾角裂隙干燥试样裂纹形态图（1~5 为裂隙）

（a）Sd-30-1（正面）；（b）Sd-30-1（反面）；（c）Sd-30-2（正面）；（d）Sd-30-2（反面）

对于试样 Sd-30-1 在加载过程中，裂纹首先起裂于原有裂隙上表面中端部位以及裂纹右尖端。裂纹的起裂方向均平行于试样的加载方向，并且裂纹沿加载方向随着加载力的不断增加而持续扩展。当加载到一定阶段时，随着裂纹的不断扩展，试样表面发生剥落；并且在较短的时间后，在原有裂隙两尖端快速各产生一条裂纹。其中，右尖端裂纹起裂方向垂直于原有裂纹，左尖端裂纹的起裂方向平行于加载方向。最终，两条裂纹均沿着加载方向快速扩展，并使试样产生最终破坏。根据图 3-10（a）和（b）可知，含 30°倾角裂隙试样 Sd-30-1 的起裂扩展裂纹类型主要有Ⅲ、Ⅳ、Ⅵ、Ⅷ、Ⅸ、Ⅹ和Ⅺ型裂纹。

含 30°倾角裂隙干燥试样 Sd-30-2 在加载过程中，新裂纹首先出现在原有裂隙下表面的中部及右侧裂隙尖端。两条裂纹的起裂方向均垂直于原有裂隙表面，扩展到一定程度后，两条裂纹停止扩展。在原有裂隙左右两尖端各产生一条裂纹，并迅速扩展，最终导致试样的破坏。这两条裂纹起裂方向垂直于原有裂隙表面，扩展一小段距离后，最终沿试样加载方向进行扩展。从图 3-10（c）和（d）中可以看出，该试样的主要起裂扩展裂纹类型有：Ⅰ~Ⅳ、Ⅷ~Ⅹ和Ⅻ型裂纹。

图 3-11 为含 45°倾角裂隙干燥试样裂纹形态图。

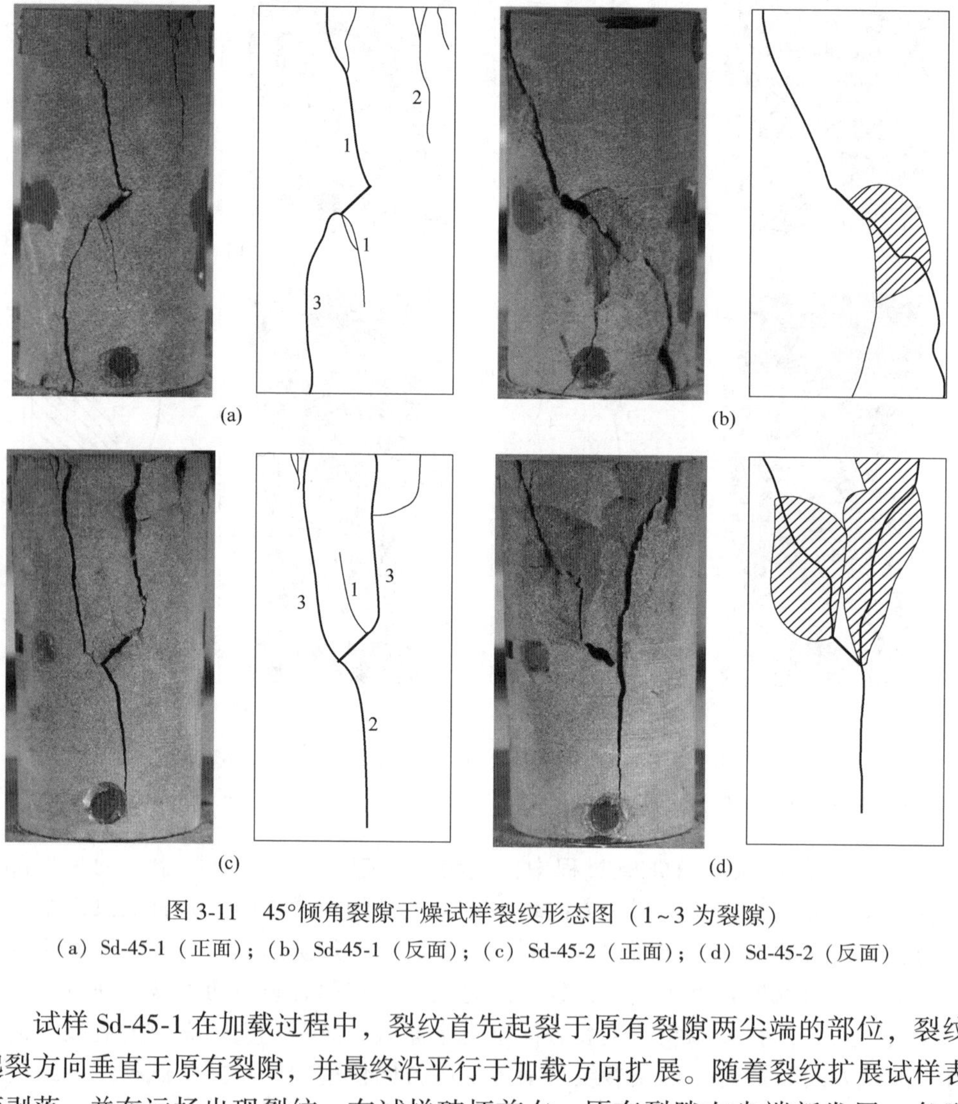

图 3-11　45°倾角裂隙干燥试样裂纹形态图（1~3 为裂隙）

（a）Sd-45-1（正面）；（b）Sd-45-1（反面）；（c）Sd-45-2（正面）；（d）Sd-45-2（反面）

试样 Sd-45-1 在加载过程中，裂纹首先起裂于原有裂隙两尖端的部位，裂纹起裂方向垂直于原有裂隙，并最终沿平行于加载方向扩展。随着裂纹扩展试样表面剥落，并在远场出现裂纹。在试样破坏前夕，原有裂隙左尖端新发展一条裂纹。该裂纹首先平行于原有裂隙面扩展，之后沿加载方向扩展，并形成岩样的最终破坏模式。根据图 3-11（a）和（b）可知，Ⅰ、Ⅱ、Ⅻ、Ⅷ和Ⅸ型裂纹是该试样的主要起裂扩展裂纹类型。

含 45°倾角裂隙干燥试样 Sd-45-2 在加载过程中与试样 Sd-45-1 相同，裂纹首先起裂于原有裂隙两尖端部位，并且垂直于原有裂隙方向起裂。起裂之后，裂纹沿着平行于加载方向的方向扩展。随着加载的不断进行，新裂纹从原有裂隙尖端开始萌生并且迅速扩展。与此同时，试样表面产生剥落。新扩展裂纹一条发育于原有裂隙右尖端，另两条发育于原有裂隙左尖端。其中，发育于右尖端的裂纹，先平行于原有裂隙扩展，之后裂纹扩展方向平行于加载方向；发育于左尖端两条裂纹，均先垂直于原有裂隙面扩展，之后平行于试样加载方向扩展。根据图 3-11（c）和（d）可知，该岩样的主要起裂扩展裂纹类型有：Ⅰ~Ⅳ型和Ⅷ~Ⅹ型裂纹。

图 3-12 为含 60°倾角裂隙干燥试样裂纹形态图。

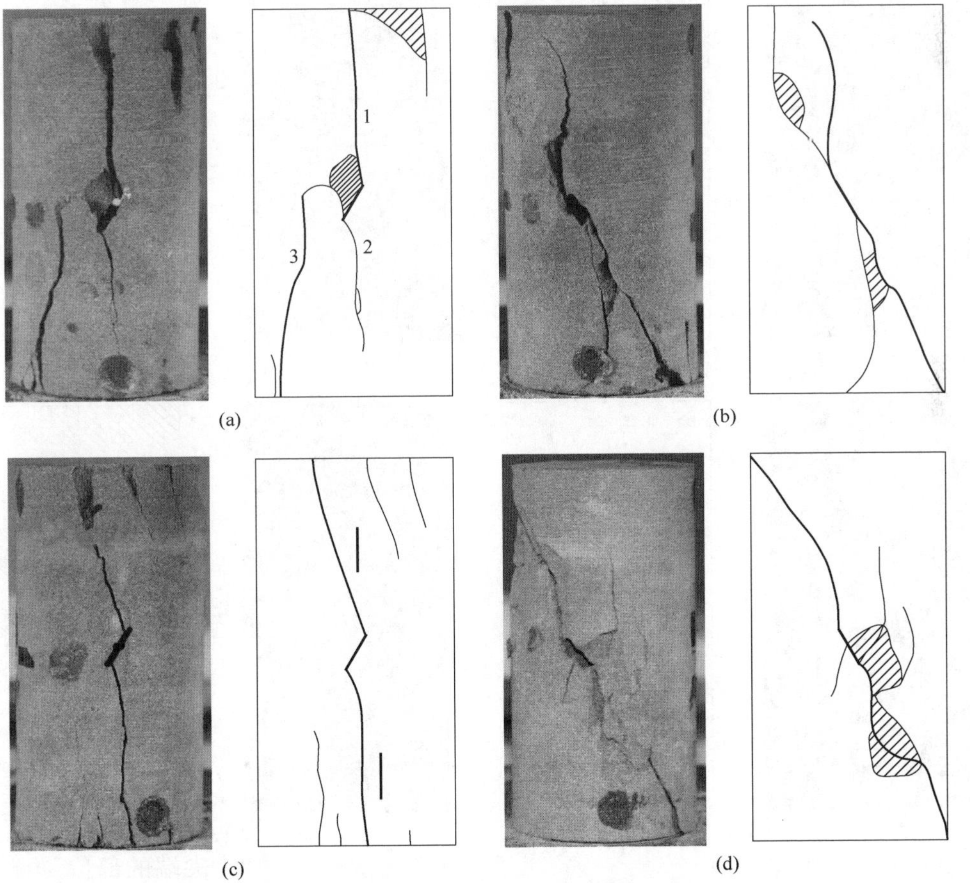

图 3-12　60°裂隙倾角干燥试样裂纹形态图（1~3 为裂隙）

（a）Sd-60-1（正面）；（b）Sd-60-1（反面）；（c）Sd-60-2（正面）；（d）Sd-60-2（反面）

试样 Sd-60-1 在加载过程中，裂纹首先起裂于原有裂隙的两尖端，并且裂纹起裂垂直于原有裂隙方向，最终裂纹沿加载方向扩展，之后在试样上部产生远场裂纹。随着加载的继续进行，在原有裂隙左尖端产生新裂纹，并平行于原有裂隙方向扩展，直到试样最终破坏。由图 3-12（a）和（b）可知，含 60°倾角裂隙试样 Sd-60-1 的主要起裂扩展裂纹类型为：Ⅰ~Ⅲ和Ⅶ~Ⅸ型裂纹。

含 60°倾角裂隙干燥试样 Sd-60-2 在加载过程中，新裂纹萌生于原有裂隙两尖端，并沿加载方向扩展，在破坏前期形成远场裂纹。根据图 3-12（c）和（d）可知，Ⅰ、Ⅲ、Ⅶ~Ⅹ和Ⅻ型裂纹为该试样的起裂扩展裂纹类型。

3.2.2.2　含单裂隙饱水试样裂纹扩展形态

图 3-13 为含 30°倾角裂隙饱水试样裂纹形态图。

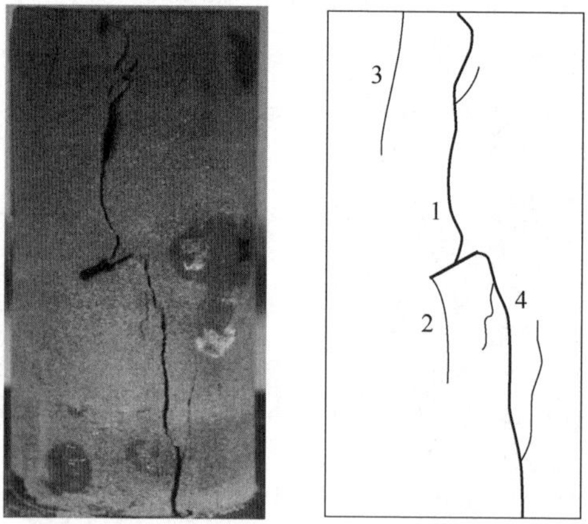

(a)

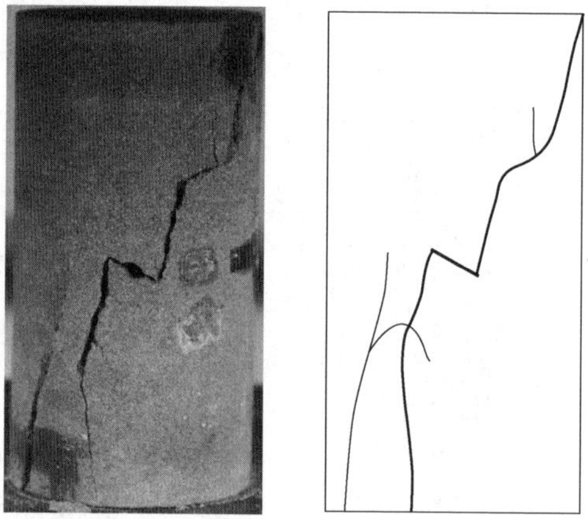

(b)

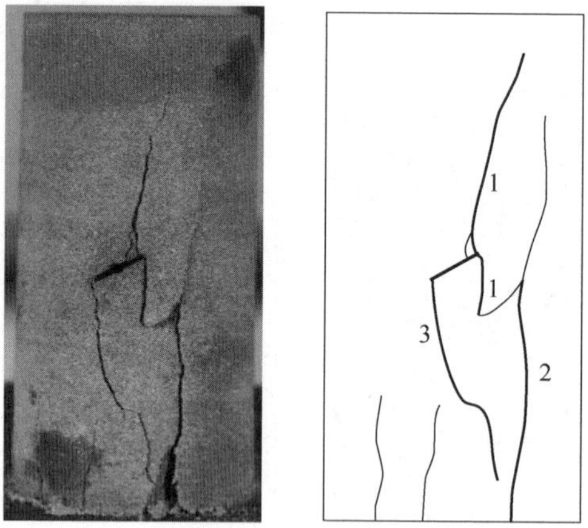

(c)

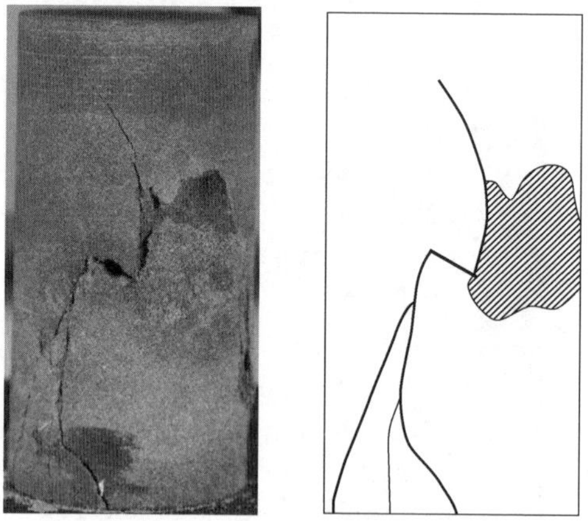

(d)

图 3-13　30°倾角裂隙饱水试样裂纹形态图（1~4 为裂隙）

（a）Ss-30-1（正面）；（b）Ss-30-1（反面）；（c）Ss-30-2（正面）；（d）Ss-30-2（反面）

试样 Ss-30-1 在加载过程中，首先在原有裂隙两尖端产生新裂纹。其中，起裂于左尖端的裂纹首先垂直于原有裂隙面扩展，之后沿着加载方向继续扩展。萌生于原有裂隙右尖端的新裂纹，起裂位置离裂隙右尖端有一小段距离，起裂方向垂直于原有裂隙方向，并沿试样加载方向继续扩展。在试样左上部分形成远场裂纹。随着加载的继续进行，原有裂隙上端面中间部位萌生出新裂纹，与一开始生成的靠近原有裂隙右尖端的裂纹贯通，并继续扩展。与此同时，原有裂隙右尖端亦萌生出新裂纹，其起裂方向垂直于原有裂隙面，并最终沿加载方向扩展。根据图 3-13（a）和（b）可知，该试样的主要起裂扩展裂纹类型有Ⅰ、Ⅳ、Ⅴ、Ⅷ、Ⅹ和Ⅺ型裂纹。

含 30°倾角裂隙饱水试样 Ss-30-2 在加载过程中与上述试样不同的是，虽然有两条裂纹首先同时扩展，但是这两条裂纹均发生于原有裂隙右尖端，它们均沿着加载方向扩展，一条向上，一条向下。向上扩展的裂纹起裂方向垂直于原有裂隙，向下扩展的裂纹起裂方向平行于加载方向，然后从试样底部形成一条较大的远场裂纹。在试样破坏之前，原有裂隙左尖端萌生一条起裂方向垂直于原有裂隙方向，并沿加载方向扩展的裂纹。原有裂隙上表面中部萌生出新裂纹，并与生成于裂隙右尖端向上扩展的裂纹贯通。与此同时，试样形成表面剥落，并最终破坏。从图 3-13（c）和（d）可以看出，Ⅰ、Ⅳ、Ⅷ~Ⅹ型裂纹为该试样的主要起裂扩展裂纹类型。

图 3-14 为含 45°倾角裂隙饱水试样裂纹形态图。

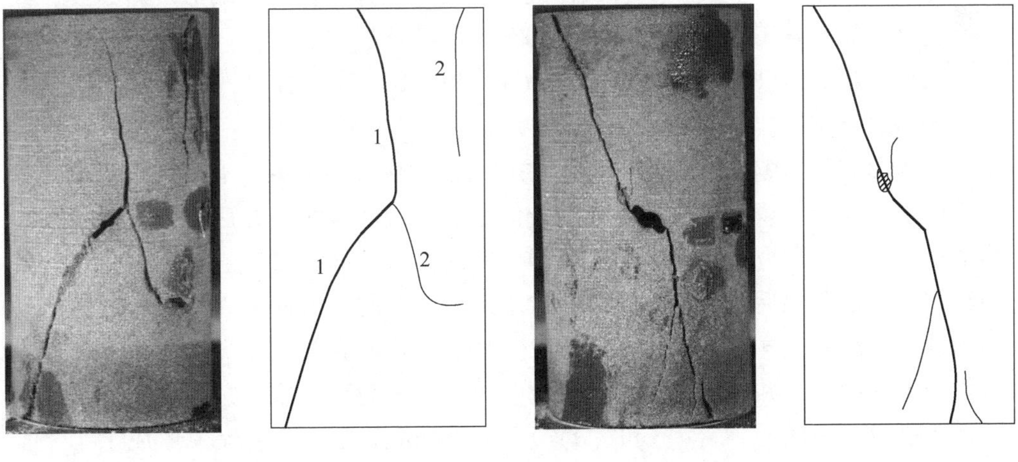

(a)　　(b)

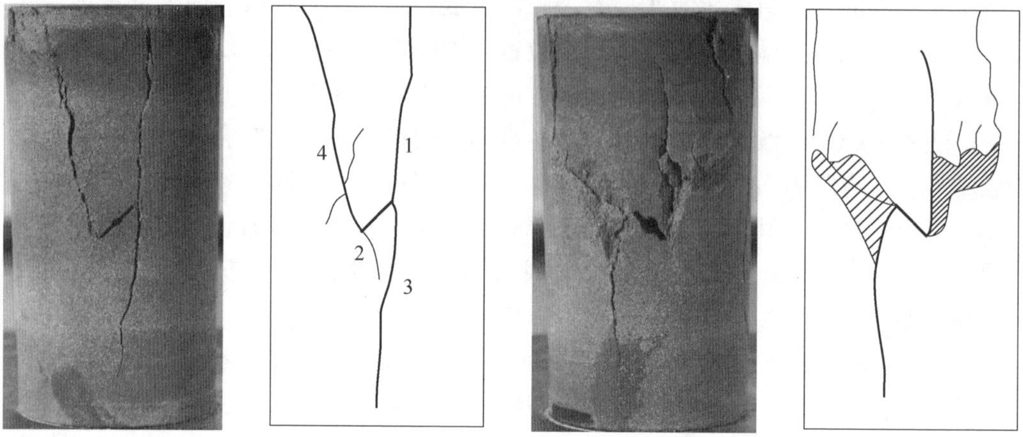

(c)　　(d)

图 3-14　45°倾角裂隙饱水试样裂纹形态图（1~4 为裂隙）

（a）Ss-45-1（正面）；（b）Ss-45-1（反面）；

（c）Ss-45-2（正面）；（d）Ss-45-2（反面）

含 45°倾角裂隙饱水试样 Ss-45-1 在加载过程中，首先在原有裂隙两端分别萌生出一条裂纹。萌生于原有裂隙右尖端的裂纹，起裂方向平行于试样加载方向，并沿加载方向继续扩展。起裂于原有裂隙左尖端的裂纹，起裂方向平行于原有裂隙，并继续向左下方扩展。随着试样继续加载，原有裂隙右尖端形成新裂纹，该裂纹起裂方向垂直于原有裂隙，并沿加载方向继续扩展。与此同时，形成远场裂纹，试样产生最终破坏。根据图 3-14（a）和（b）可以看出，该试样的主要起裂扩展裂纹类型有：Ⅲ、Ⅶ、Ⅷ和Ⅹ型裂纹。

含 45°倾角裂隙饱水试样 Ss-45-2 在加载过程中，首先在原有裂隙右尖端形成一条起裂方向沿加载方向，并沿加载方向继续扩展的裂纹。之后，在原有裂隙左尖端形成一条起裂方向垂直于原有裂隙，并沿加载方向扩展的裂纹。在上述两条裂纹扩展一定距离后，在原有裂隙右尖端形成一条起裂方向垂直于原有裂隙，并沿加载方向沿着试样下端面扩展的裂纹。最后，在原有裂隙左尖端萌生一条首先垂直于原有裂隙，并向加载方向扩展的裂纹。在该裂纹扩展的过程中，产生一些远场小裂纹。由图 3-14（c）和（d）可知，该试样在加载过程中形成了Ⅰ、Ⅲ和Ⅶ~Ⅹ型起裂扩展裂纹。

图 3-15 为含 60°倾角裂隙饱水试样裂纹形态图。

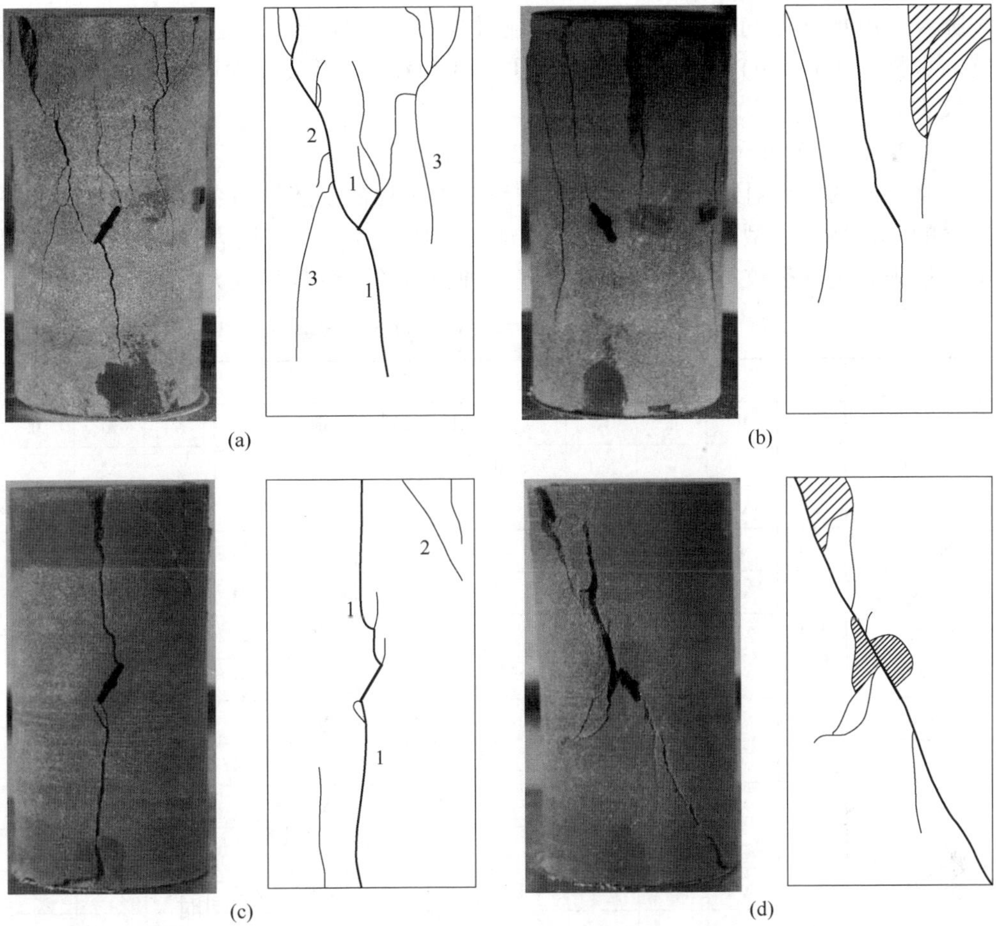

图 3-15　60°倾角裂隙饱水试样裂纹形态图（1~3 为裂隙）

（a）Ss-60-1（正面）；（b）Ss-60-1（反面）；（c）Ss-60-2（正面）；（d）Ss-60-2（反面）

含 60°倾角裂隙饱水试样 Ss-45-1 在加载过程中，首先在原有裂隙两尖端各形成一条裂纹。两条裂纹的起裂点均与裂隙尖端有一小段距离，起裂方向垂直于原有裂隙，并沿加载方向继续扩展。在原有裂隙左尖端形成一条向试样上部扩展的裂纹，该裂纹起裂方向垂直于原有裂隙方向。与此同时，原有裂隙右尖端萌生出两条裂纹，并同时向试样上部扩展。这两条裂纹起裂方向均平行于原有裂隙方向，其中一条裂纹扩展后与最开始形成于右尖端的裂纹贯通，另一条裂纹则沿着加载方向扩展。此外，该试样形成较多的远场裂纹。根据图 3-15（a）和（b）可知，该试样的主要起裂扩展裂纹类型有Ⅰ、Ⅱ、Ⅴ和Ⅷ~Ⅹ型裂纹。

含 60°倾角裂隙饱水试样 Ss-60-2 的破坏过程相对简单，其主要是在加载过程中，在原有裂隙的两尖端各形成一条裂纹。这两条裂纹的起裂方向均垂直于原有裂隙，并沿加载方向扩展。此外，加载过程中，试样产生了远场裂纹及表面剥落。根据图 3-15（c）和（d）可知，Ⅰ、Ⅱ和Ⅶ～Ⅸ型裂纹为该试样的起裂扩展裂纹类型。

3.2.2.3　干燥和饱水试样裂纹类型对比分析

基于前两小节对干燥和饱水试样裂纹扩展过程的描述，将各试样破坏形态中所含的各种裂纹类型总结列于表 3-3。表 3-3 中数字“1”代表试样在加载过程中，最先起裂的裂纹，字母“M”代表该种类型的裂纹数量较大。

表 3-3　单裂隙红砂岩试样的裂纹扩展类型

试样编号	裂纹类型											
	Ⅰ	Ⅱ	Ⅲ	Ⅳ	Ⅴ	Ⅵ	Ⅶ	Ⅷ	Ⅸ	Ⅹ	Ⅺ	Ⅻ
Sd-30-1			√	√1		√		√	√	√	√	
Sd-30-2	√1	√	√	√				√	√M	√		√
Sd-45-1	√1	√					√	√	√M			
Sd-45-2	√1	√	√	√				√	√M	√		
Sd-60-1	√1	√	√				√	√	√			
Sd-60-2	√1		√				√	√M	√M	√		√
Ss-30-1	√1			√	√			√		√	√	
Ss-30-2	√1			√				√	√M	√		
Ss-45-1			√1				√	√		√		
Ss-45-2	√		√1				√	√	√	√		
Ss-60-1		√			√1			√M	√M	√		
Ss-60-2	√1	√					√	√	√			

从表 3-3 中可以看出，Ⅰ、Ⅷ、Ⅸ和Ⅹ型起裂扩展裂纹在试样单轴压缩的过程中较容易萌生，而Ⅴ、Ⅵ、Ⅺ和Ⅻ型起裂扩展裂纹仅在少数试样中可以被观察到。这说明Ⅰ型和Ⅹ型起裂扩展裂纹，即翼型裂纹（反翼型裂纹）是单轴压缩条件下含单裂隙岩样很容易产生的裂纹类型，此处的试验结果证实了 Bobet 理论的正确性。同时，远场裂纹和表面剥落可以认为是每次试验均会产生的裂纹形态，只是不同的试样产生这两种裂纹量的多少不同。笔者认为这两种裂纹量的多少，主要决定于每次试验岩样的均匀性及内部微裂纹分布情况等因素。

从表 3-3 中也可以看出，对于干燥单裂隙岩样，除了 30°倾角裂隙试样 Sd-30-1 外，其余岩样的初始起裂裂纹均为翼型裂纹，而饱水裂隙岩样则不同。对于饱水裂隙岩样，含 30°倾角裂隙的岩样，其初始起裂裂纹均为翼型裂纹；含 45°倾角裂隙岩样的初始起裂裂纹均为Ⅲ型裂纹，即起裂方向平行于加载方向的拉伸裂纹；含 60°倾角裂隙的岩样初始起裂裂纹不统一，其中试样 Ss-60-1 的起裂裂纹为Ⅴ型裂纹、试样 Ss-60-2 的起裂裂纹为Ⅰ型即翼型裂纹。虽然上述两个试样的裂纹类型不同，但其起裂方向及扩展方向均相同，仅是起裂位置不同。笔者认为，裂纹的厚度相对较大是产生两种不同起裂裂纹的主要原因。而干燥和饱水试样不同的起裂裂纹类型，说明水的存在会影响裂纹的起裂模式，并且对含 45°倾角裂隙试样的影响较大。

同样的对于Ⅱ、Ⅲ和Ⅳ型起裂扩展裂纹，相对于饱水裂隙试样，其更容易萌生于干燥裂隙试样。从表 3-3 中可知，Ⅱ、Ⅲ和Ⅳ型起裂扩展裂纹几乎均会发生于所有干燥试样中，但在饱水裂隙试样中，每种角度裂隙的试样只产生上述裂纹类型的一种。这说明水贮存于岩样中将有效减少可能产生裂纹的种类，而裂隙的角度将很大程度上决定初始裂纹产生后其他裂纹的种类。

此外，对于Ⅶ型裂纹即剪切型裂纹，无论是干燥裂隙试样还是饱水裂隙试样，其均未发生在 30°倾角裂隙的试样中，说明水的存在并不影响剪切裂纹的产生，而影响该类型裂纹产生的关键因素是裂纹的倾角。对于裂隙试样的表面剥落，虽然无论是干燥试样还是饱水试样，基本上每个试样都产生了表面剥落，但是干燥裂隙试样的表面剥落现象更为明显、分布面积更大，说明岩样中水的存在能有效减小试样表面的剥落现象。

3.3 含单裂隙岩样断裂破坏机制力学分析

前文在试验的层面上分析了含裂隙岩样在单轴压缩条件下的力学状态及裂纹扩展形态，为更好地分析研究压应力作用下，含张开型裂隙岩体的破坏机制，本节将从理论角度分析张开型裂纹在压应力作用下的力学响应机制。

3.3.1 滑动裂纹模型

就目前岩石类材料断裂破坏机理而言，主要存在两种破坏理论：一种是压张型断裂破坏，另一种是滑张型断裂破坏[156]。两种理论相比较，滑张型断裂破坏占主导性地位，而滑动裂纹模型更是滑张型断裂破坏的理论代表。

滑动裂纹模型是 Brace 和 Paulding[157] 在 Brace 和 Bombolakis[5] 1963 年的研究基础上提出的。该模型认为：裂纹面上的有效剪应力是裂纹尖端发育微裂纹的有效驱动力，并将该有效剪应力和最大拉应力理论相结合，得到微裂纹的起裂角。

根据弹性力学可知，图 3-16 所示应力状态下，裂纹面上所受的主应力为：

$$\begin{cases} \tau_n = \dfrac{\sigma_1 - \sigma_3}{2}\sin 2\alpha \\ \sigma_n = \dfrac{\sigma_1 + \sigma_3}{2} + \dfrac{\sigma_1 - \sigma_3}{2}\cos 2\alpha \end{cases} \tag{3-1}$$

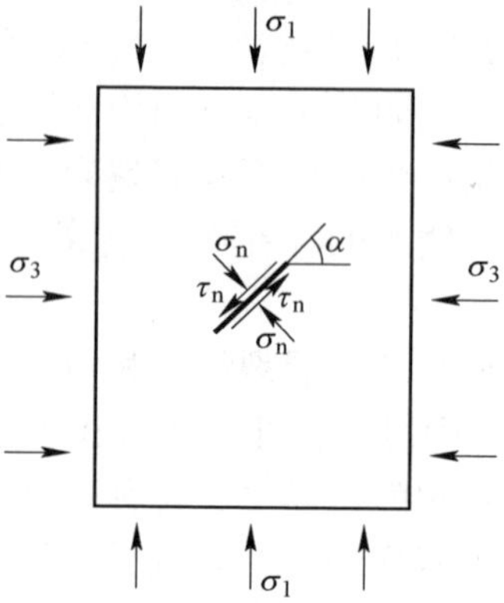

图 3-16　双向压缩下裂纹面应力状态

滑动裂纹模型理论认为，裂纹上下表面之间的相对滑动，将产生阻碍裂纹滑动的摩擦力，因而引入裂纹面摩擦系数μ，则裂纹面上的有效剪应力为：

$$\tau_e = \tau_n - \mu\sigma_n \tag{3-2}$$

将式（3-1）代入式（3-2）中，并令$\sigma_3 = 0$，则有效剪应力可简化为：

$$\tau_e = \frac{\sigma_1}{2}(\sin2\alpha - \mu\cos2\alpha - \mu) \tag{3-3}$$

式（3-3）即为单轴压缩条件下，裂隙岩体产生新裂纹的有效驱动力。根据蒲成志[158]研究结果认为：基于滑动裂纹模型理论，含预制裂隙的岩体类材料，其强度最低值应该出现在预制裂隙倾角为 45°～66. 5°的试样中，并且随着裂隙面摩擦系数的增大，出现强度最小值的预制裂隙倾角亦不断增大。

根据本试验可知，当预制裂隙张开度较大时，在试样完全破坏前，预制裂隙面并未重合，即裂隙面之间无摩擦。此时根据滑动裂纹模型理论可知，当无摩擦力作用时，裂隙岩体强度最低值将出现在倾角为 45°的裂隙试样中。但是根据试验结果可知，45°倾角裂隙岩样的强度值并不是最低的。仔细分析滑动裂纹模型理论可知，无论初始裂隙张开与否，后期原有裂隙闭合并产生摩擦力是滑动裂纹模型成立的首要条件。在受压过程中，裂隙面无法闭合的情况存在时，滑动裂纹模型将不能很好地解释新裂纹产生的规律及原理，因为此时裂纹面上压应力的存在对裂纹的产生及扩展均存在着影响。

同时，在很多实际裂隙岩体中，并不是所有裂纹面都是闭合的，也就是说并不是所有裂纹扩展情况均能用滑动裂纹模型进行解释。因此，本研究能较好地分析压应力作用下张开型裂纹周边应力状态及力学机制，可以认为本力学模型有较高的理论意义。

3.3.2 张开型裂纹断裂模型

本章试验岩样中裂隙均采用水刀切割而成，由于水刀切割仪器的限制，在裂隙尖端部位并没有形成特别尖锐的裂隙尖端，因此可以将岩样中裂隙假设为狭长的椭圆形孔洞，裂隙的长度设为椭圆形孔洞的长轴 $2a$，裂隙的宽度设为椭圆形孔洞的短轴 $2b$。当含单裂隙岩样受到单轴压缩应力作用时，岩样的受力状态与 Inglis 给出的无限大板中含有穿透板厚方向的椭圆孔受力状态相类似（见图 3-17）。因此，本节将基于 Inglis 解对含张开型裂纹岩样的断裂状态进行分析。

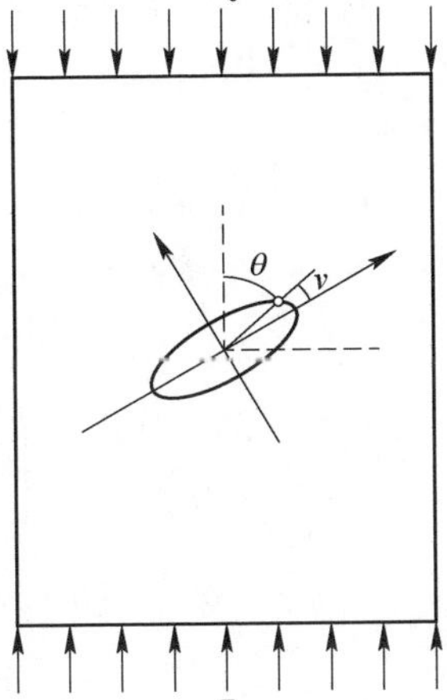

图 3-17 单轴压缩条件下椭圆裂隙示意图

虽然第 2 章中已给出直角坐标系下受压应力作用时，椭圆孔周边所受应力的解析解。为便于后续分析，此处将该解析解即式（2-7）改写为椭圆坐标系下的椭圆孔周边应力表达式，即

$$\sigma = \frac{-\sigma_c[\sinh 2u_0 - (e^{2u_0}\cos 2\nu - 1)\cos 2\theta - e^{2u_0}\sin 2\nu \sin 2\theta]}{\cosh 2u_0 - \cos 2\nu} \tag{3-4}$$

式中，σ_c 为压应力；ν 为椭圆孔位置坐标；θ 为压应力方向与椭圆孔长轴之间的夹角；u_0 为椭圆裂隙的尖锐度，$u_0 = \tanh^{-1}(b/a)$；a 为椭圆的长半轴长度；b 为椭圆的短半轴长度。

3.3.2.1 含单裂隙试样裂纹起裂位置的确定

为得到椭圆裂隙周边所受最大应力及裂纹起裂位置，将式（3-4）对 ν 求一阶导数，并令该式等于 0，则

$$\frac{\partial\sigma}{\partial\nu}=\frac{-2\sigma_{c}e^{2u_0}(\cosh2u_0-\cos2\nu)(\cos2\theta\sin2\nu-\cos2\nu\sin2\theta)}{(\cosh2u_0-\cos2\nu)^2}+$$
$$\frac{2\sigma_{c}\sin2\nu[\sinh2u_0-(e^{2u_0}\cos2\nu-1)\cos2\theta-e^{2u_0}\sin2\nu\sin2\theta]}{(\cosh2u_0-\cos2\nu)^2}=0 \tag{3-5}$$

将式（3-5）简化可得

$$A\sin2\nu_{c}+B\cos2\nu_{c}=1 \tag{3-6}$$

式中，ν_c 为椭圆裂隙周边应力达到极限应力的位置；$A=(e^{-2u_0}-\cos2\theta)\sinh2u_0/\sin2\theta$；$B=\cosh2u_0$。

椭圆坐标系和直角坐标系之间关系有

$$\begin{cases}x=c\cosh u_0\cos\nu\\ y=c\sinh u_0\sin\nu\end{cases} \tag{3-7}$$

则式（3-6）可表示为：

$$pX^4-qX^2+r=0 \tag{3-8}$$

其中，$X=x/a$，$p=A^2+B^2$，$q=A^2+B(B+1)$，$r=(B+1)^2/4$。

解式（3-8）后得实根为

$$\begin{cases}X_{c1}=\left[\dfrac{q-(q^2-4pr)^{\frac{1}{2}}}{2p}\right]^{\frac{1}{2}}\\ X_{c2}=-\left[\dfrac{q-(q^2-4pr)^{\frac{1}{2}}}{2p}\right]^{\frac{1}{2}}\\ X_{c3}=\left[\dfrac{q+(q^2-4pr)^{\frac{1}{2}}}{2p}\right]^{\frac{1}{2}}\\ X_{c4}=-\left[\dfrac{q+(q^2-4pr)^{\frac{1}{2}}}{2p}\right]^{\frac{1}{2}}\end{cases} \tag{3-9}$$

式中，在 X_{c1} 点处为坐标轴正向拉应力最大值处。

所以，根据式（3-9）最终可以得出含椭圆裂隙试样微裂纹的起裂位置，即

$$\nu_0=\arccos X_{c1} \tag{3-10}$$

3.3.2.2　含单裂隙试样裂纹起裂角的确定

根据最大拉应力理论可知，裂纹起裂于最大拉应力所在位置，裂纹起裂角将垂直于裂纹起裂点的切线方向。因此，结合复变函数理论可得裂纹起裂位置的切线斜率为：

$$\frac{dy}{dx}=-\frac{u_0}{\nu} \tag{3-11}$$

裂纹起裂角垂直于起裂点的切线斜率，因此裂纹的起裂角为：

$$\beta = \arctan \frac{\nu}{u_0} \tag{3-12}$$

由式（3-4）、式（3-6）及式（3-12）可知，岩样饱水与否对裂纹的起裂位置及起裂角没有影响，即裂纹的起裂位置及起裂角主要受椭圆裂隙的尖锐度及裂隙与压应力之间的夹角大小影响。但是，由于饱水裂隙岩样及干燥裂隙岩样的抗压及抗拉能力不同，因此水的存在将影响裂纹的起裂强度。

3.3.3 算例分析

根据试验岩样裂隙尺寸，设定椭圆裂隙长半轴 $a=6$ mm，椭圆裂隙短半轴 $b=0.75$ mm，并将该参数代入式（3-9）及式（3-12），则不同裂隙倾角情况下，岩样的裂纹起裂位置及起裂角计算结果见表 3-4。

表 3-4 单裂隙岩样裂纹起裂位置及起裂角计算结果

项目	岩样的不同裂隙倾角						
	0°	15°	30°	45°	60°	75°	90°
起裂位置 X_1	0	0.7655	0.9261	0.9689	0.9856	0.9891	1.0000
起裂角 β_1/(°)	85.43	79.81	72.00	63.34	53.48	49.65	0

根据表 3-4 可知，无论干燥裂隙岩样还是饱水裂隙岩样，其裂纹的起裂位置均随着裂隙倾角的增大而向裂纹尖端靠拢。然而，对于裂纹起裂角而言，随着裂隙倾角的不断增大，裂纹的起裂角逐渐变小，直到裂隙倾角为 90°时，裂纹起裂角变为 0°，即新生裂纹直接沿着原有裂隙的方向向试样端部扩展。

表 3-5 和表 3-6 给出试验条件下，干燥和饱水裂隙倾角岩样的裂纹起裂位置及起裂角。

表 3-5 含单裂隙干燥岩样裂纹起裂位置及起裂角试验结果

项目	干燥单裂隙岩样					
	30°		45°		60°	
	试样 1	试样 2	试样 1	试样 2	试样 1	试样 2
起裂位置 X_1	0.27	0.46	0.80	0.89	0.98	0.99
起裂角 β_1/(°)	133.6	83.2	86.6	86.8	57.7	53.4

从表 3-5 中可知，对于干燥试样而言，随着裂隙倾角的增加，新裂纹的起裂位置向原有裂隙尖端移动，即越来越靠近裂纹尖端；但起裂角却随着裂隙倾角的增加而越来越小。与理论计算结果对比可发现，其裂纹起裂位置和起裂角的变化规律与理论计算结果相同，说明对于含张开型单裂隙试样而言，理论计算结果是可靠的。

表 3-6　含单裂隙饱水岩样裂纹起裂位置及起裂角试验结果

项目	饱水单裂隙倾角岩样					
	30°		45°		60°	
	试样 1	试样 2	试样 1	试样 2	试样 1	试样 2
起裂位置 X_1	0.14	0.39	0.98	0.99	0.99	0.98
起裂角 β_1/(°)	45.3	75.5	46.2	43.2	63.1	53.8

从表 3-6 可知，对于饱水试样而言，含 45°和 60°倾角裂隙试样的起裂位置相差不多，且含 60°倾角裂隙试样的起裂角并没有小于含 45°倾角裂隙试样的起裂角。单从饱水单裂隙试样试验数据大小而言，其与理论计算结果不十分吻合，但笔者认为，这并不能简单地说明理论计算结果不正确或不适用于饱水单裂隙试样。产生上述差异有多种可能的原因，比如试验测量的精确度不足，水与岩石试样产生相关反应，影响了裂纹周边岩样的性质或形态等，都有可能使试验数据与计算结果有一定差距。具体产生差异的原因，笔者将在今后的研究中继续探寻。

3.4　含单裂隙岩样 PFC 模拟结果与分析

虽然试验所选试样尽可能均匀、一致，但岩石类材料本身形成过程的不可重复性，使每一个岩石试样在微观结构上依然存在着一定的差异。因此，试验岩样的物理力学性能均存在着一定的离散性，使得岩石类材料的特性并不像金属等材料均一、易总结。为了更好地分析含裂隙岩石类材料的力学性能及破坏规律，本节将运用数值模拟软件对其破坏过程进行模拟，以期得到更稳定的、差异性更小的、更有规律可循的含裂隙岩体的破坏规律。

3.4.1　PFC 模型的建立

根据 PFC 软件的计算原理及内容可知，运用 PFC 软件建模与其他软件不同，其在模型建立过程中需对模型的微观参数进行设定。微观参数在实验室测试中并不能得到，因此，模型建立过程中微观参数的设定过程是一个“不断尝试，不断修改”的过程。将输入微观参数的计算结果与实验室中实际试样力学测试结果进行对比，逐步调整各微观参数的数值，直到模拟结果与实测力学参数值一样或差距在可接受范围时，不再调整微观参数，并认为这些微观参数为该模型的基础参数。

参考 Yoon[86] 模拟过程的取值方法，并结合试验过程中红砂岩试样表现出的力学特性，以确定各微观参数的取值范围。同时，考虑后续生成裂隙大小、模拟计算精度及计算机计算能力，确定模拟过程中颗粒半径大小及颗粒半径比。根据试验中岩样的尺寸确定模型尺寸为：高度 100 mm、宽度 50 mm，其他微观参数通过将模拟结果与试验参数多次校核，得到最终微观参数值，其具体参数见表 3-7 和表 3-8。

表 3-7 完整试样 PFC 模型的微观颗粒参数

符号	颗粒参数	干燥试样参数值	饱水试样参数值
r_{min}	颗粒半径的最低界限值	0.2 mm	0.2 mm
$\frac{r_{max}}{r_{min}}$	颗粒半径上下界限值之比	1.33	1.33
ρ	颗粒密度	2.35 g/m^3	2.45 g/m^3
E_c	颗粒的杨氏模量	18 GPa	26.5 GPa
$\frac{k_n}{k_s}$	颗粒法向和切向刚度比	2.0	9.0
μ	颗粒摩擦系数	0.3	0.3

表 3-8 完整试样 PFC 模型的微观平行黏结参数

符号	PB 黏结参数	干燥试样参数值	饱水试样参数值
$\bar{\lambda}$	平行黏结半径系数	1.0	1.0
$\bar{E}_c$	平行黏结的杨氏模量	18 GPa	26.5 GPa
$\frac{\bar{k}_n}{\bar{k}_s}$	平行黏结的法向和切向刚度比	2.0	9.0
$\bar{\sigma}_c$	平行黏结的拉伸强度	(32.00±6.00) MPa	(38.00±6.00) MPa
$\bar{\tau}_c$	平行黏结的剪切强度	(45.71±6.00) MPa	(54.28±6.00) MPa

图 3-18 所示为干燥和饱水状态下，试验所测得的及 PFC 模拟所得的完整试样应力-应变曲线。从图 3-18 中可以看出，无论是干燥试样还是饱水试样其 PFC 模拟所得的单轴抗压强度和弹性模量都与试验测试值非常接近，说明模拟过程中所选微观参数值合理，可以作为后续裂隙模型的基础模型。

含单裂隙试样模型在完整试样模型的基础上生成。与闭合裂隙模型不同，张开型裂隙模型中裂隙的生成是通过删除完整试样模型中相应区域内的颗粒而生成，故最终生成的裂隙模型，如图 3-19 所示。

3.4.2 PFC 模拟结果及分析

对于含裂隙岩样在单轴压缩条件下的力学行为及破坏规律的模拟结果，本小节主要将从各关键时刻岩样应力、应变以及裂纹扩展情况三方面进行分析。各关

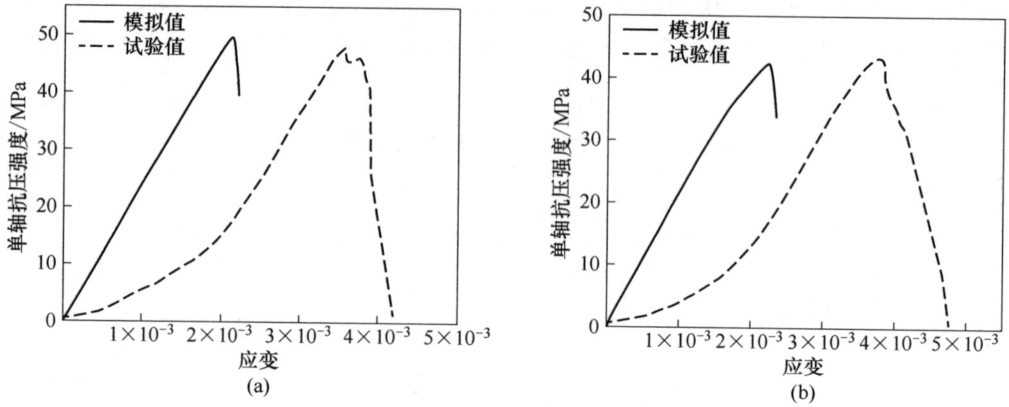

图 3-18　试验及 PFC 模拟所得应力-应变曲线

（a）干燥试样；（b）饱水试样

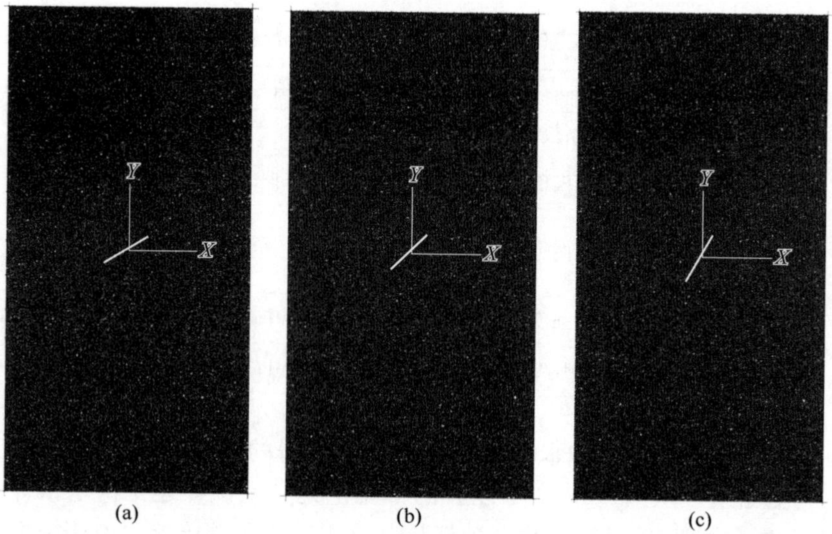

图 3-19　不同倾角单裂隙试样的 PFC 模型

（a）30°裂隙模型；（b）45°裂隙模型；（c）60°裂隙模型

键时刻主要指：模型所受应力达到起裂应力（crack initiation stress，CIS）、模型所受应力达到峰值强度的 95%（95% UCS）、模型所受应力达到峰值强度（uniaxial compress strength，UCS）及峰后应力（80%UCS）。其中，起裂应力依据 PFC 软件中的自有定义，即在模型中微裂纹数量达到峰值强度下微裂纹总量 10% 时，所对应的应力值即为起裂应力。

3.4.2.1　完整试样模型的模拟结果

干燥及饱水完整试样 PFC 模型应力-应变及裂纹增加量曲线如图 3-20 所示，其中 *A*、*B* 两点分别表示模型的起裂应力和峰值应力。

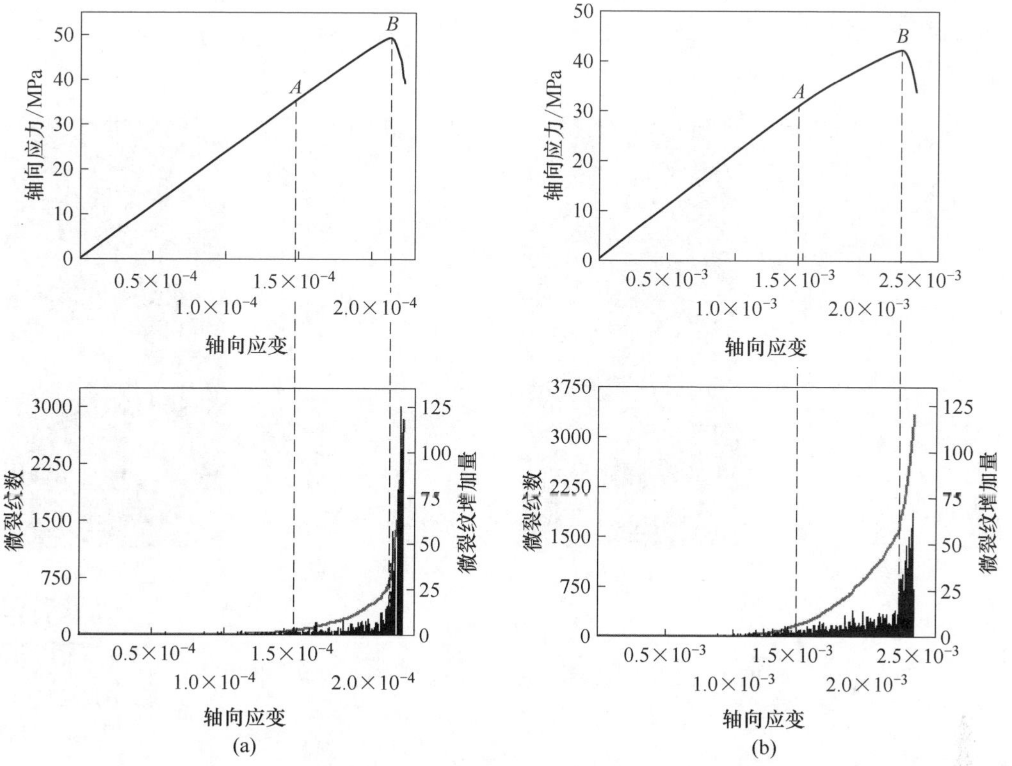

图 3-20　干燥及饱水完整试样应力-应变及裂纹增加量曲线

（a）PFC 模拟干燥完整试样；（b）PFC 模拟饱水完整试样

从图 3-20 中可以看出，对于干燥完整试样，在 *A* 点即起裂应力前，微裂纹数量较少；*A* 点与 *B* 点之间，微裂纹数量开始稳步增加，但增加幅度不大，每 200 步裂纹增加量基本在 10 条左右及以下；在 *B* 点即峰值应力处，可以明显看出微裂纹增加量显著增加，但增幅并没有达到最大值；直到 *B* 点之后，微裂纹迅猛增加，无论是微裂纹增加量还是微裂纹量均达到了最大值。相较于干燥完整试样，饱水完整试样 *A* 点以前微裂纹量相对较多，但整体来看，微裂纹增加量依然较少；*AB* 两点之间，微裂纹增加量开始增加，并且其增加幅度要大于相同阶段的干燥完整试样；与干燥完整试样相同，*B* 点处微裂纹量开始显著增加，并且在过 *B* 点之后，微裂纹增加量更加显著，并达到最大值。对比图 3-20（a）和（b）可知，干燥试样总裂纹量小于饱水试样，但峰值强度后微裂纹增加量更加迅猛，说明水的存在更容易使岩石试样形成微裂纹，无论是从裂纹的总量上看还是从裂纹开始形成的阶段看。

图 3-21 所示为干燥及饱水完整岩样 PFC 模型裂纹分布及黏结力图。微裂纹分布图中，黑色短线代表拉伸破坏，红色短线代表剪切破坏；黏结力图中，黑色短线代表剪应力，红色短线代表拉应力，短线的粗细程度代表黏结力的大小。

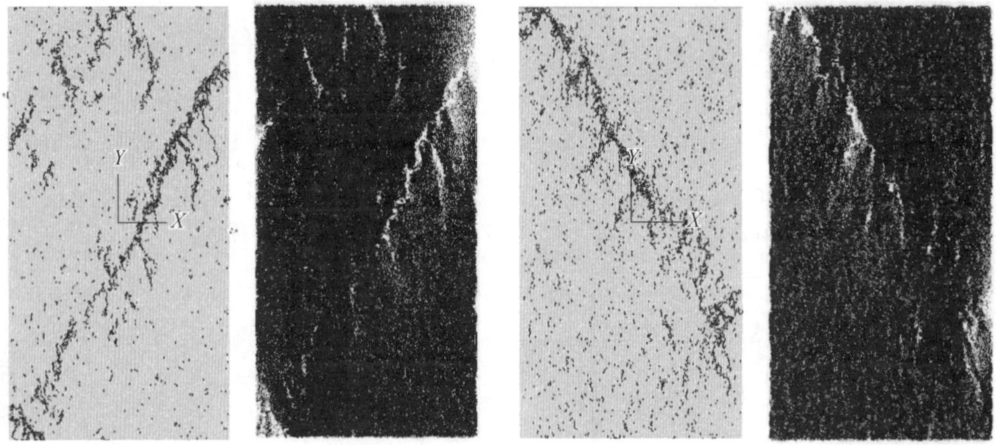

微裂纹分布　　黏结力　　微裂纹分布　　黏结力

(a)　　(b)

图 3-21　完整试样 PFC 模型裂纹分布及黏结力图

（a）干燥试样；（b）饱水试样

图 3-21 彩图

从图 3-21 可以看出，干燥和饱水试样 PFC 模型中，均由众多微裂纹形成一条倾斜的剪切主裂纹。不同的是，干燥试样模型中，在模型左上部，存在微裂纹连接形成的较明显裂纹，而整个模型中离散微裂纹较少；饱水试样模型中，除主裂纹外没有较明显裂纹，但整个模型中离散微裂纹较多。结合前述微裂纹增加量情况，说明水的存在可以在整个试样范围内增加微小型裂纹。对比模型裂纹分布状态与试验中完整岩样破坏形态，它们非常相似，说明模拟结果是可靠的。

对比图 3-21 中的黏结力分布可知，在裂纹较粗区域，颗粒之间无黏结，故黏结力为零，显示白色区域。较小微裂纹处，颗粒之间依然有一定的黏结力，此种状态的存在，符合平行黏结模型的定义。在干燥试样模型裂纹周边，剪力较拉力更大；饱水试样模型中，裂纹周边拉力明显增多。

3.4.2.2　裂隙试样模拟结果及分析

A　裂隙模型起裂、峰值应力及弹性模量值

图 3-22 所示为干燥及饱水裂隙模型起裂应力、峰值应力及弹性模量。

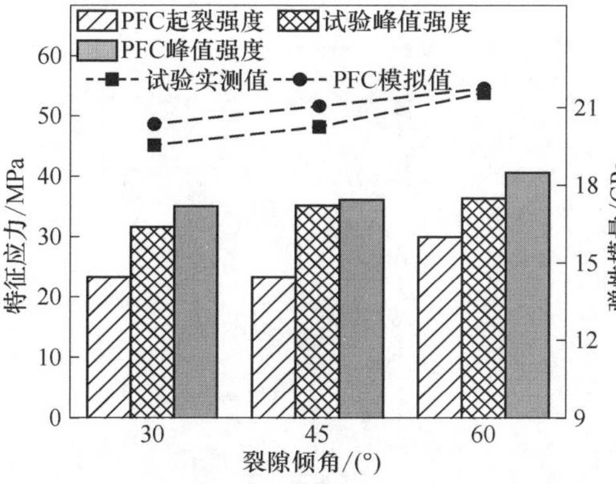

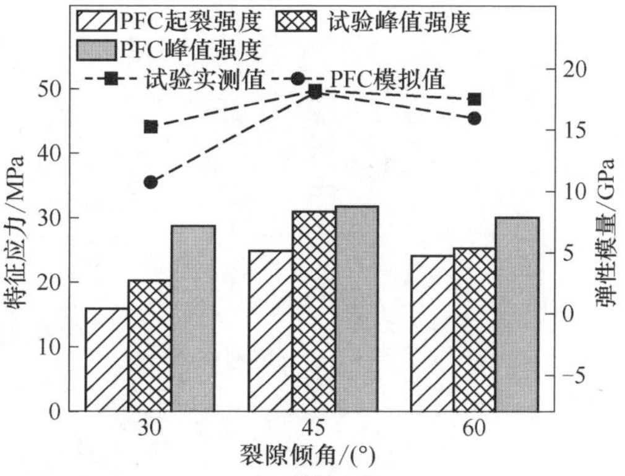

图 3-22 干燥及饱水裂隙模型试样起裂、峰值应力及弹性模量

（a）干燥裂隙试样；（b）饱水裂隙试样

从图 3-22（a）可以看出，干燥裂隙模型计算的峰值应力均大于试验测量结果，但两者的变化规律相同，即随着裂隙倾角的增加，岩样的单轴抗压强度不断增加。同时，30°、45°及 60°倾角裂隙模型的起裂强度依然随裂隙倾角的不断增大而增大，但其所占相应峰值强度的比例并没有逐渐增加，而是 45°倾角裂隙模型所占的比例最小，其具体值分别为 66.64%、64.72%和 73.74%。对于弹性模量而言，PFC 模拟结果亦大于试验测试值，但其变化规律与试验测试值相同，即随着裂隙倾角的增加，弹性模量不断增大。

从图 3-22（b）可知，对于饱水单裂隙试样模型，PFC 计算的不同裂隙倾角模型的峰值强度相差较少，但强度变化规律与试验测试值相同，说明水的存在对不同个体的岩样影响情况不同，模型试样相较于试验岩样更均匀，因此，不同模型间强度差异较小。与干燥试样模型相同，饱水试样模型起裂强度的变化规律与试样峰值强度的变化规律相同，但是其所占峰值强度的百分比数随裂隙倾角的增加而增加，具体值分别为 55.15%、78.73%和 80.70%。试验实测的弹性模量值与模型计算的弹性模量变化规律亦相同。

从上述分析可以看出，无论试样是干燥或饱水，虽然水的存在会改变不同裂隙倾角试样的峰值强度值，但试样弹性模量的变化规律依然与试样的峰值强度相同。

B 单裂隙试样模型裂纹扩展情况分析

含 30°倾角裂隙干燥试样 PFC 模型裂纹演化扩展过程，如图 3-23 所示。

从图 3-23 中可以看出，当模型所受应力为裂纹起裂应力时，原有裂隙尖端各形成一条宏观可见的裂纹，并且这两条裂纹起裂方向均垂直于原有裂隙方向。此外，在原有裂隙远场处存在着少量分散微裂纹，无论是这些少量微裂纹还是垂

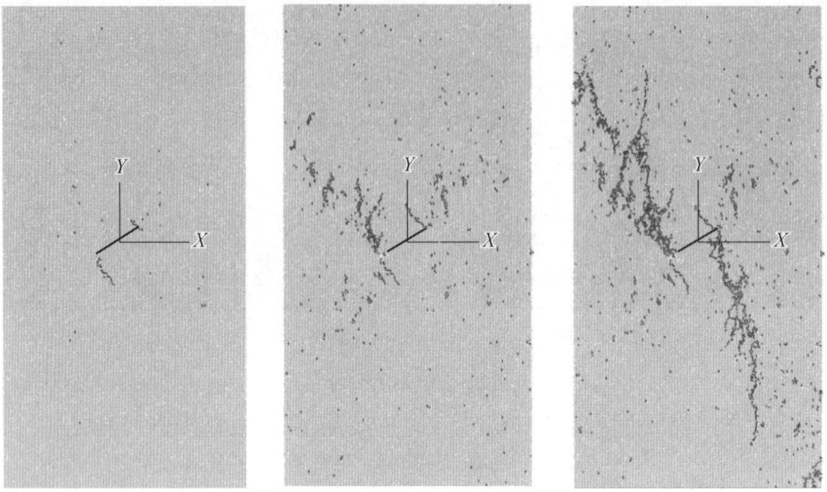

(a)　(b)　(c)

图 3-23　干燥 30°倾角裂隙模型裂纹分布演化图

（a）CIS；（b）UCS；（c）峰后 80%UCS

直于原有裂隙的较大裂纹均为拉伸破坏。随着压应力继续增加，当达到模型的峰值应力时，裂隙尖端原有的两条裂纹继续扩展，但增加量不大；同时，在左裂纹尖端形成新的垂直于原有裂隙方向，但向上扩展的裂纹；此外，原有裂隙远场处形成较多微裂纹，其中一些微裂纹相互贯通，形成较大的裂纹。达到峰值强度后继续加载，当应力变为峰后 80%UCS 时，最先生成于裂隙尖端的两条裂纹没有再继续扩展；而后生成于裂隙左尖端的裂纹沿加载方向继续扩展，形成一条试样破坏的主裂纹；此外，在原有裂隙右尖端新形成一条向下扩展的裂纹，该裂纹起裂方向沿模型加载方向，并沿着该方向继续扩展，形成另一条模型破坏的主裂纹。此时，模型破坏模式中出现少量的剪切破坏。对比图 3-10 可知，PFC 模拟所得裂纹扩展形态与试验所得非常相似。

含 45°倾角裂隙干燥试样 PFC 模型裂纹演化扩展过程，如图 3-24 所示。

从图 3-24 中可以看出，当加载应力为模型起裂应力时，在原有裂隙两尖端各生成一条垂直于原有裂隙的裂纹；此外，模型中可见零星分布的分散微裂纹。当加载应力达到模型的峰值应力时，初始阶段形成的裂纹产生少量扩展，并且原有裂隙尖端部位生成较多微裂纹，这些微裂纹存在着一定的连接；仔细观察可以发现，原有裂隙尖端部位，除产生较多的拉伸破坏外，出现了一些剪切破坏（图 3-24 中红色短线）；此时，原有裂隙远场处亦形成较多的微裂纹，有些微裂纹还形成了较小的连接。当模型应力降为峰后 80%UCS 时，在原有裂隙的两尖端分别形成一条较大的、使模型产生破坏的剪切裂纹，这两条裂纹的起裂方向均平行于原

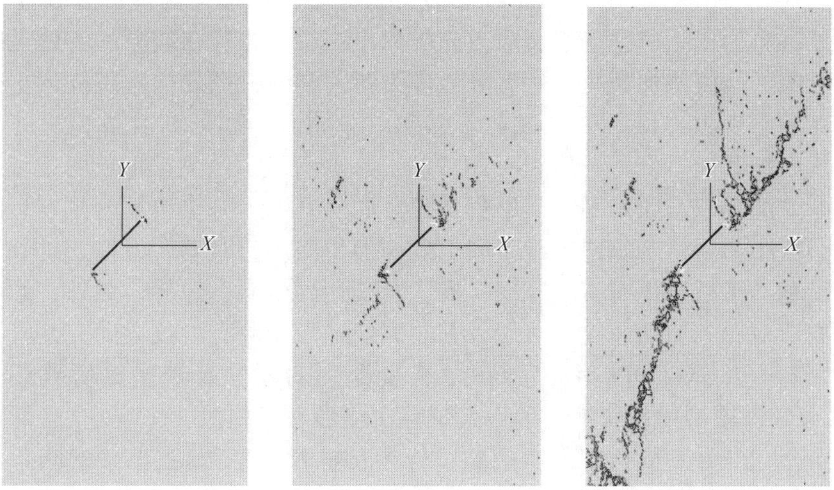

(a) (b) (c)

图 3-24 干燥 45°倾角裂隙模型裂纹分布演化图

(a) CIS；(b) UCS；(c) 峰后 80%UCS

图 3-24 彩图

有裂隙方向。其中，裂隙右尖端处裂纹沿原有裂隙方向扩展较长距离后，开始向加载方向扩展；裂隙左尖端处裂纹，仅沿原有裂隙方向扩展一小段距离后，开始向模型左下方扩展。与图 3-11 比较可知，该模型裂纹扩展形态与实测形态较为相似。

含 60°倾角裂隙干燥试样 PFC 模型裂纹演化扩展过程，如图 3-25 所示。

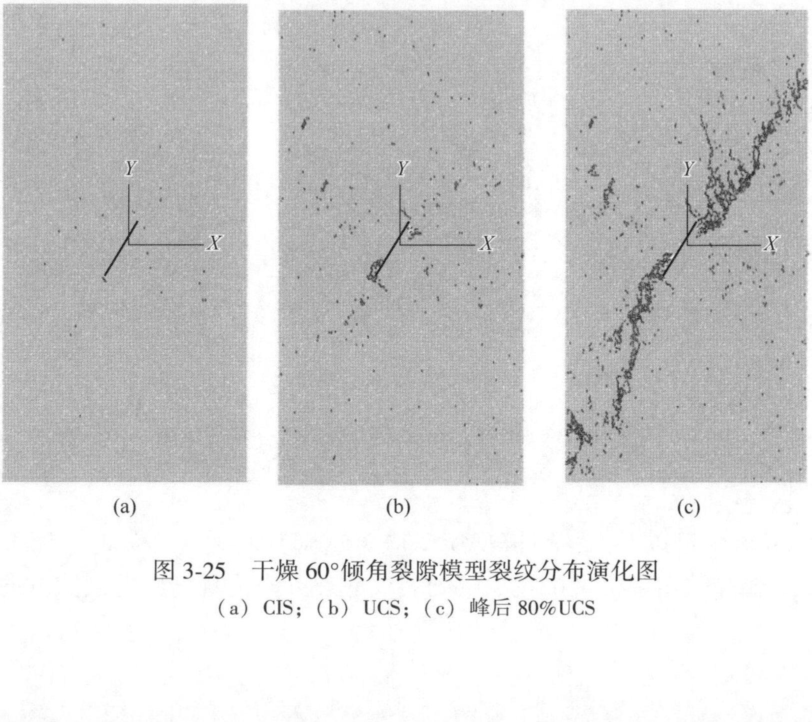

(a) (b) (c)

图 3-25 干燥 60°倾角裂隙模型裂纹分布演化图

(a) CIS；(b) UCS；(c) 峰后 80%UCS

从图 3-25 中可以看出，当加载应力达到模型的起裂应力时，在模型裂隙的两尖端处，各形成一条垂直于裂隙方向的微小裂纹，并且在裂隙远场处也有一些微裂纹形成。当模型加载应力达到峰值应力时，裂隙尖端处的微裂纹产生少量扩展，并在原有裂隙左尖端处形成较多微裂纹；同时，远场离散微裂纹进一步增多。当模型加载应力变为峰后 80%UCS 时，在原有裂隙右尖端形成两条裂纹，并且两条裂纹的起裂方向均平行于原有裂隙方向。其中，一条裂纹沿原有裂隙方向扩展一小段距离后，开始向加载方向扩展，但扩展一定距离后便停止扩展；另一条裂纹沿基本平行于原有裂隙方向扩展，直到达到模型右边界。此外，原有裂隙左尖端亦形成一条剪切裂纹，该裂纹起裂方向平行于原有裂纹方向，并沿该方向继续扩展。仔细观察可以看出，在原有裂隙尖端部位有较多剪切破坏。对比图 3-12 可知，模型中裂纹扩展形态与试验实测形态很相似。

综合上述三种不同角度干燥裂隙试样模型的模拟结果可知，30°倾角裂隙模型的破坏模式为拉伸破坏，而 45°和 60°倾角裂隙的破坏模式更倾向于剪切破坏。该结论与试验结果相符，说明 PFC 模型模拟结果可靠，能用来模拟分析裂隙岩体的破坏情况。

图 3-26 为含 30°倾角裂隙饱水试样 PFC 模型裂纹演化扩展过程。

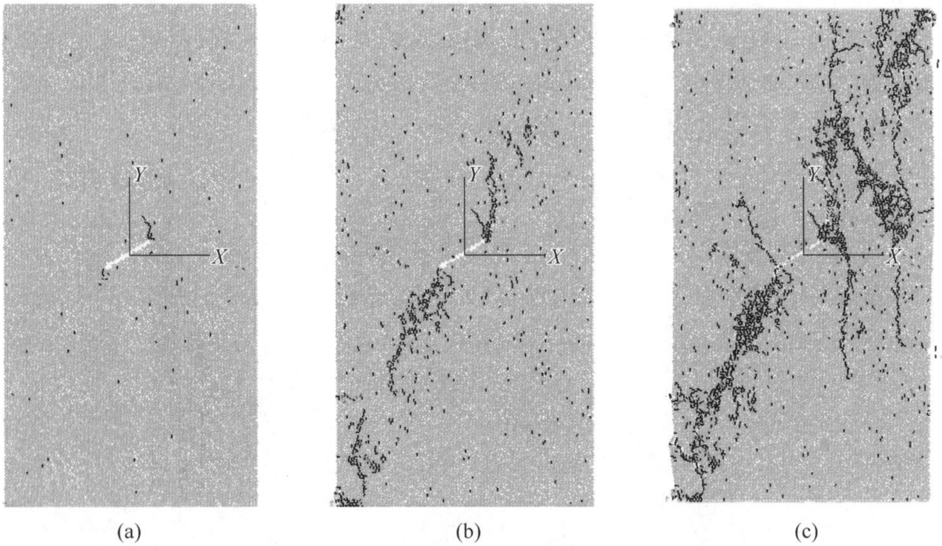

图 3-26　饱水 30°倾角裂隙模型裂纹分布演化图

（a）CIS；（b）UCS；（c）峰后 80%UCS

从图 3-26 中可以看出，当模型所受应力达到其起裂应力值时，原有裂隙两尖端各有一微裂纹生成。裂隙左尖端处裂纹起裂方向垂直于原有裂隙方向，并向上扩展；裂隙右尖端处裂纹起裂方向平行于模型加载方向。此外，在原有裂隙远场处有一些离散微裂纹生成。当加载应力达到模型的峰值应力时，形成更多远场离散微裂纹。最先生成于裂隙右尖端的裂纹扩展一小段距离，并且在原有裂隙右尖端处形成一条新的裂纹，该裂纹起裂方向平行于模型加载方向，并沿该方向扩展；裂隙左尖端的裂纹向模型左下方继续扩展。此外，在模型的左下方处亦形成较明显的裂纹。当模型继续加载，应力超过峰值强度降为峰后 80%UCS 时，模型中出现大量裂纹。裂隙左尖端处裂纹继续扩展，与模型左下角处裂纹贯通，在左尖端处形成一条垂直于原有裂隙面并向上扩展的新裂纹；原有裂隙右尖端处的裂纹继续向上扩展的同时，形成一条向下扩展的新裂纹，该裂纹起裂方向垂直于原有裂纹方向，但扩展方向平行于加载方向。此外，在模型右侧形成了较大的远场裂纹，并且该裂纹在较多部位产生了剪切破坏。与图 3-13 对比可见，模型中的裂纹扩展形式与试验中的实测裂纹形态相似。

图 3-27 为含 45°倾角裂隙饱水试样 PFC 模型裂纹演化扩展过程。

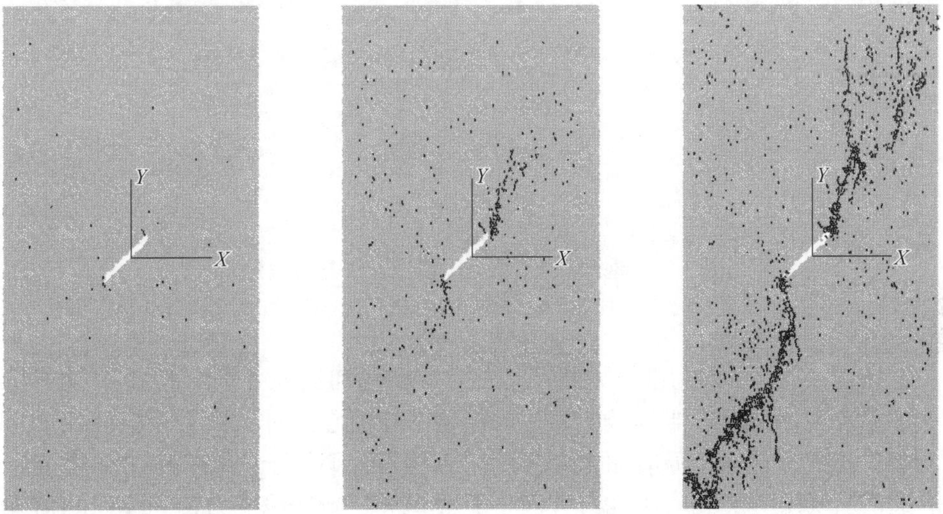

(a)　　(b)　　(c)

图 3-27　饱水 45°倾角裂隙模型裂纹分布演化图

（a）CIS；（b）UCS；（c）峰后 80%UCS

从图 3-27 中可以看出，当加载应力为模型的起裂应力时，模型中零星分布着一些离散微裂纹，并且在原有裂隙两尖端形成了较小的裂纹。当加载应力为模型的峰值强度时，模型中裂隙产生明显扩展，在原有裂隙右尖端形成一条较大的裂纹，该裂纹起裂方向平行于模型加载方向，并沿该方向扩展；原有裂隙左尖端处形成一条平行于加载方向扩展的裂纹。此外，在远场处有更多的离散微裂纹形成。当峰值强度过后，模型所受应力为峰后 80%UCS 时，裂纹产生了显著的扩展：原有裂隙左尖端处裂纹先沿加载方向扩展一定距离后，向模型的左下方扩展并扩展到模型边缘；原有裂隙右尖端处裂纹继续向上扩展，并且在其右侧形成一条远场裂纹。与图 3-14 对比，两者裂纹的模式很相似。

图 3-28 为含 60°倾角裂隙饱水试样 PFC 模型裂纹演化扩展过程。

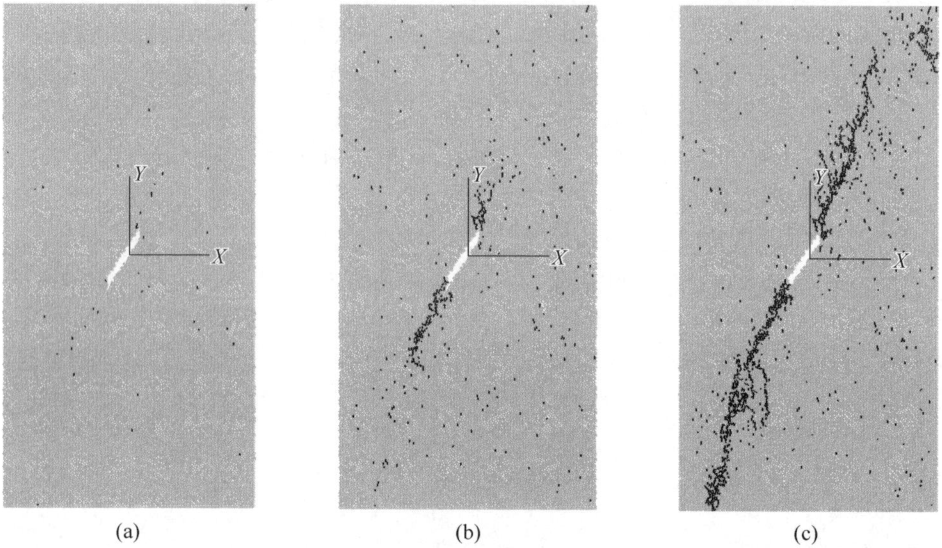

图 3-28　饱水 60°倾角裂隙模型裂纹分布演化图

（a）CIS；（b）UCS；（c）峰后 80%UCS

从图 3-28 中可以看出，当加载应力为模型的起裂应力时，模型中仅零星分布着少量离散微裂纹。当加载应力达到模型的峰值应力时，原有裂隙两端产生较大的裂纹扩展。此时，原有裂隙左尖端产生的裂纹平行于原有裂隙方向扩展，而原有裂隙右尖端处裂纹有沿加载方向扩展的趋势。当加载应力达到模型峰值强度后继续加载，模型中裂纹迅速扩展，除生成较多远场离散微裂纹外，原有裂隙两尖端的裂纹继续沿裂隙方向扩展，并使模型产生最终的破坏。

C　模型加载过程中位移分析

在模型加载过程中，随着加载应力的不断增加，模型内部各颗粒均产生一定的位移，根据这些颗粒的位移矢量可知模型中颗粒间黏结断裂的原因，并以此分析新生成裂纹的类型。根据裂纹形成过程中力的相互关系，Zhang 等人[103]认为在裂纹形成过程中模型位移场分为三种类型（见图 3-29）：Ⅰ型位移场（DFⅠ）、Ⅱ型位移场（DFⅡ）和Ⅲ型位移场（DFⅢ）。其中，Ⅰ型位移场中两条位移趋势线彼此呈分离趋势，拉伸位移主要集中在这一区域；Ⅱ型位移场中两条位移趋势线既呈现剪切趋势又呈现拉伸趋势；Ⅲ型位移场中两条趋势线从相反的方向呈汇集趋势，剪切型裂纹主要发生在这一类位移场中。

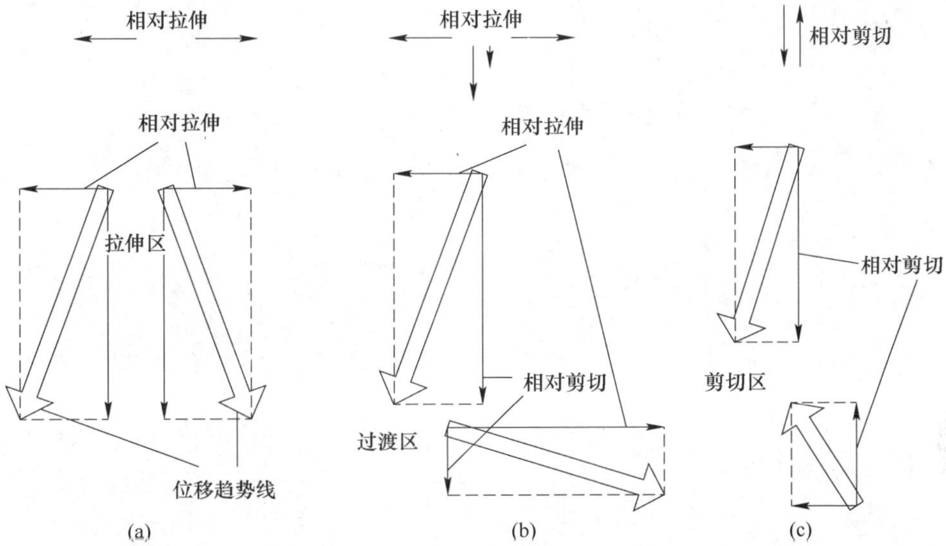

图 3-29 位移场类型
(a) DFⅠ；(b) DFⅡ；(c) DFⅢ

图 3-30 为不同加载阶段时，30°倾角干燥裂隙模型中颗粒位移矢量及位移趋势线图，图中的成对黑色粗箭头为位移趋势线，Ⅰ、Ⅱ和Ⅲ分别代表该区域位移场类型。从图 3-30 中可以看出，当加载应力达到模型的起裂应力时，原有裂隙两尖端各生成一条宏观拉伸翼型裂纹。这两条裂纹两端的位移趋势线彼此分离，其属于Ⅰ型位移场，在该区域中主要发生拉伸型位移。当模型继续加载应力，直到加载应力增加到 95%UCS 时，在原有裂隙左尖端上部出现新Ⅰ型位移场，即该处产生了新拉伸裂纹。当加载应力变为峰值强度时，原有裂隙左尖端上部产生较大宏观裂纹，该裂纹靠近原有裂隙区域的位移趋势线从相反方向彼此汇合，形成宏观剪切裂纹，该宏观剪切裂纹由微观拉伸和剪切断裂构成；远离原有裂隙部分位移趋势线彼此分离，形成拉伸裂纹；在Ⅰ型和Ⅲ型位移场中间，位移趋势线呈拉伸和剪切趋势，形成Ⅱ型位移场。之后，模型继续加载应力直到加载应力变为峰后 80%UCS，最先形成于原有裂隙两尖端部位的位移场由Ⅰ型转变为均一位移场，而原有裂隙左尖端上部裂纹的位移趋势线全部转变为从相反方向汇合，即变为Ⅲ型位移场；此外，在原有裂隙的右尖端形成新裂纹，该裂纹靠近原有裂隙区域的位移趋势线彼此相互分离，形成Ⅰ、Ⅱ型位移场，即该区域的裂纹主要为拉伸型裂纹，而稍远一些的区域的位移趋势线从相反方向汇合，形成Ⅲ型位移场，

因此，该区域裂纹可以认为是宏观剪切型裂纹。

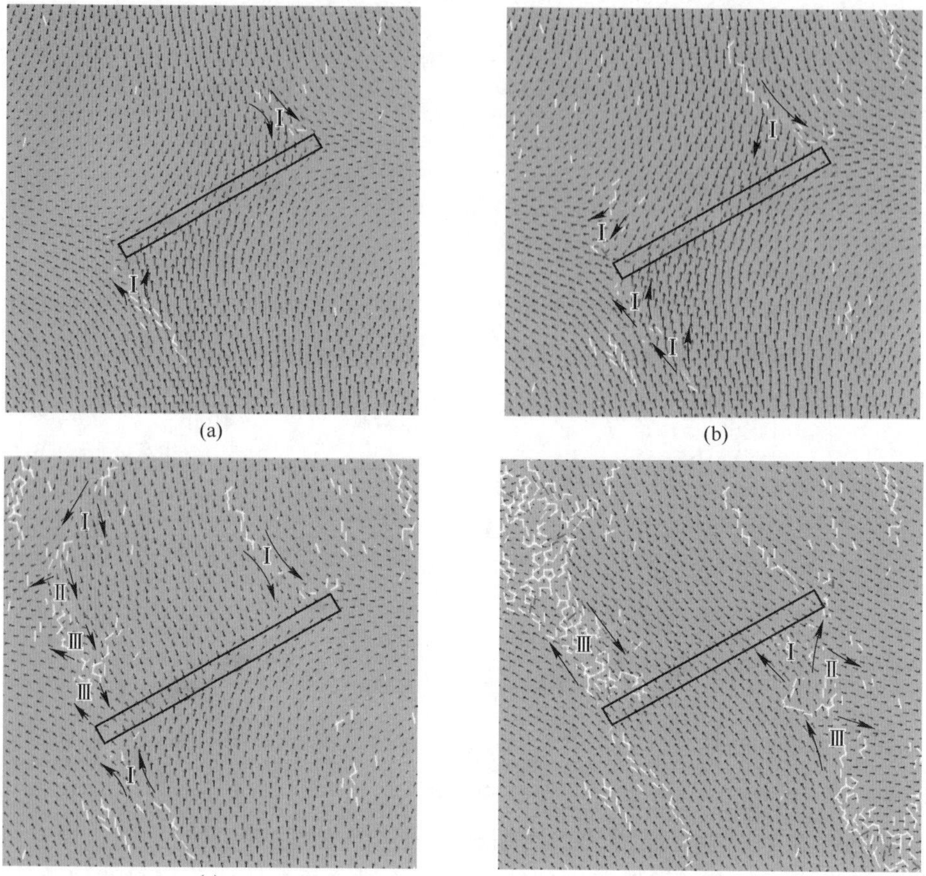

(a)　(b)　(c)　(d)

图 3-30　30°倾角干燥裂隙试样模型不同阶段位移矢量图

（a）CIS；（b）95%UCS；（c）UCS；（d）峰后 80%UCS

图 3-31 为不同加载阶段时，45°倾角干燥裂隙模型中颗粒位移矢量及位移趋势线图。

从图 3-31 中可以看出，当加载应力为模型起裂应力时，在原有裂隙两尖端各生成一条裂纹，在这两条裂纹周边的位移趋势线相互分离，该区域的位移场属于Ⅰ型位移场，因此这两条裂纹宏观上为拉伸翼裂纹。模型继续加载应力，两条新生裂纹继续扩展，直到加载应力为模型的峰值强度时，初始阶段生成于原有裂隙右尖端处裂纹的位移场归于均一化，之后该条裂纹不再继续扩展；同时，在原有裂隙右尖端处形成一条新的宏观裂纹，该裂纹靠近原有裂隙尖端处的位移趋势线既有拉伸趋势又有剪切趋势，属于Ⅱ型位移场，因此该宏观裂纹由微观拉伸和

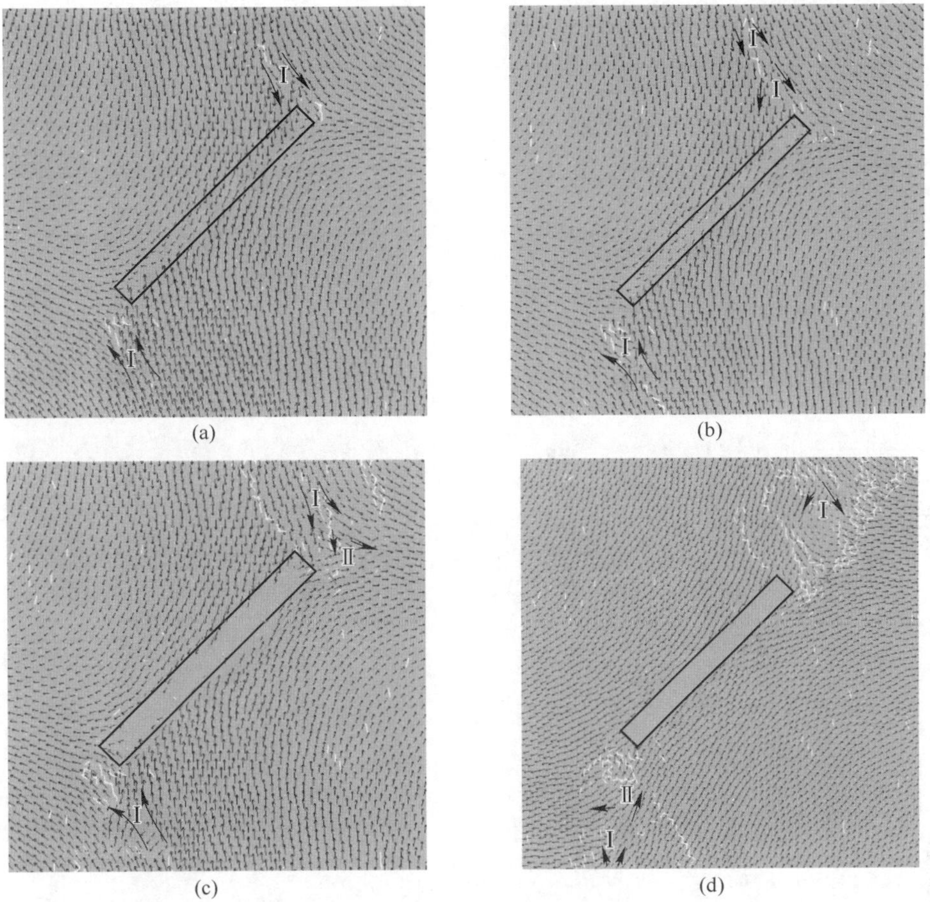

图 3-31 45°倾角干燥裂隙试样模型不同阶段位移矢量图

（a）CIS；（b）95%UCS；（c）UCS；（d）峰后 80%UCS

剪切破坏组成。模型继续加载应力，当加载应力变为峰后 80%UCS 时，原有裂隙左尖端处裂纹的位移场由原本单一Ⅰ型位移场转变为Ⅱ型位移场，因此该处横向微观拉伸破坏增加；原有裂隙右尖端处裂纹位移场由原本Ⅰ型和Ⅱ型位移场转变为更均一化的位移场，只在少部分区域存在着Ⅰ型位移场，说明此区域内裂纹将趋于稳定，不再有新裂纹产生，并且原有裂纹亦将不再扩展。

图 3-32 为不同加载阶段时，60°倾角干燥裂隙模型中颗粒位移矢量及位移趋势线图。

从图 3-32 中可以看出，当加载应力为模型的起裂应力时，原有裂隙两尖端各生成一条宏观裂纹，在这两条裂纹处的位移趋势线形成分离趋势，即该区域位移场为Ⅰ型位移场，说明此时生成的两条宏观裂纹为拉伸翼裂纹。随着应力的不

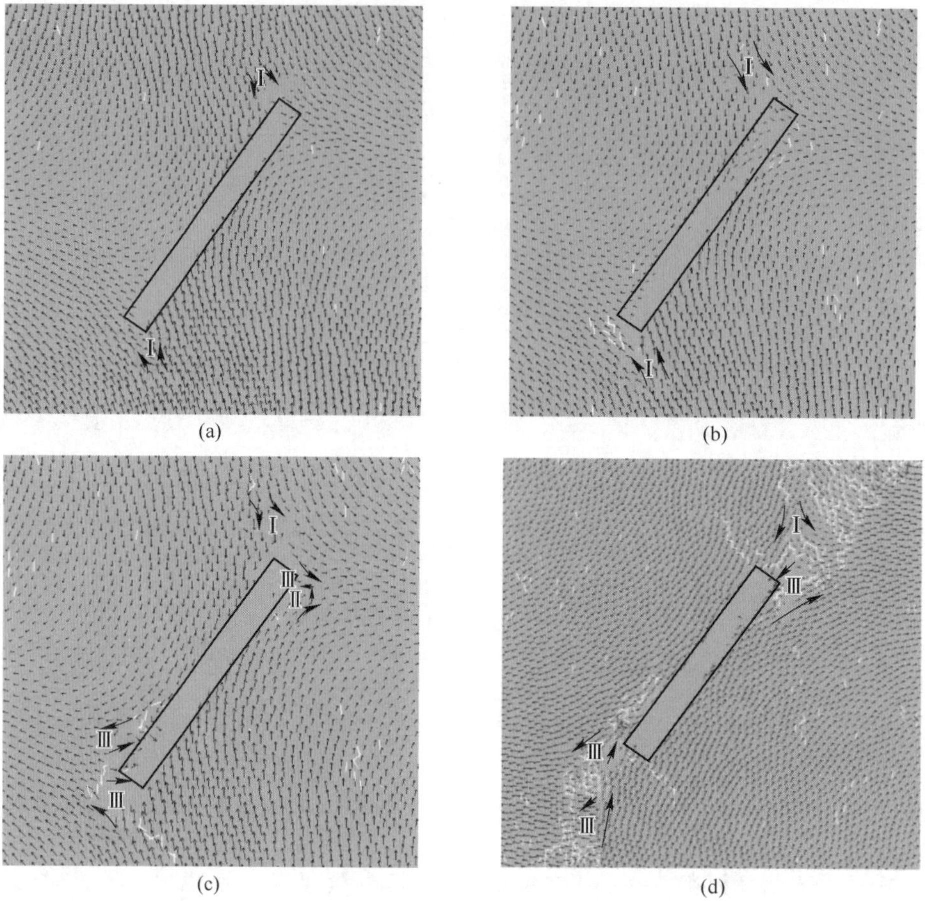

图 3-32　60°倾角干燥裂隙试样模型不同阶段位移矢量图

（a）CIS；（b）95%UCS；（c）UCS；（d）峰后 80%UCS

断增加，已生成的两条新裂纹在已有位移场条件下继续扩展。当加载应力增加到模型的峰值应力时，在原有裂隙两尖端各生成一条新的宏观裂纹。原有裂隙左尖端处裂纹所处位移场的位移趋势线从两个方向汇合形成Ⅲ型位移场，因此该新裂纹的宏观破坏模式为剪切破坏，即该裂纹为剪切裂纹。原有裂隙右尖端处新生裂纹的位移趋势线既有拉伸趋势又有剪切趋势，此处位移场包含Ⅱ、Ⅲ型两种形式。模型继续加载应力，当模型所受应力为峰后 80%UCS 时，最先生成的两条宏观裂纹处的位移场转变为均一位移场，此时裂纹不再继续扩展。原有裂隙左尖端处的Ⅲ型位移场继续扩大，使剪切裂纹继续扩展。原有裂隙右尖端处Ⅱ、Ⅲ型位移场完全转变为Ⅲ型位移场，此时宏观剪切裂纹中的微观剪切破坏亦明显增多。

图 3-33 所示为不同加载阶段，30°倾角饱水裂隙模型中颗粒位移矢量以及位移趋势线图。

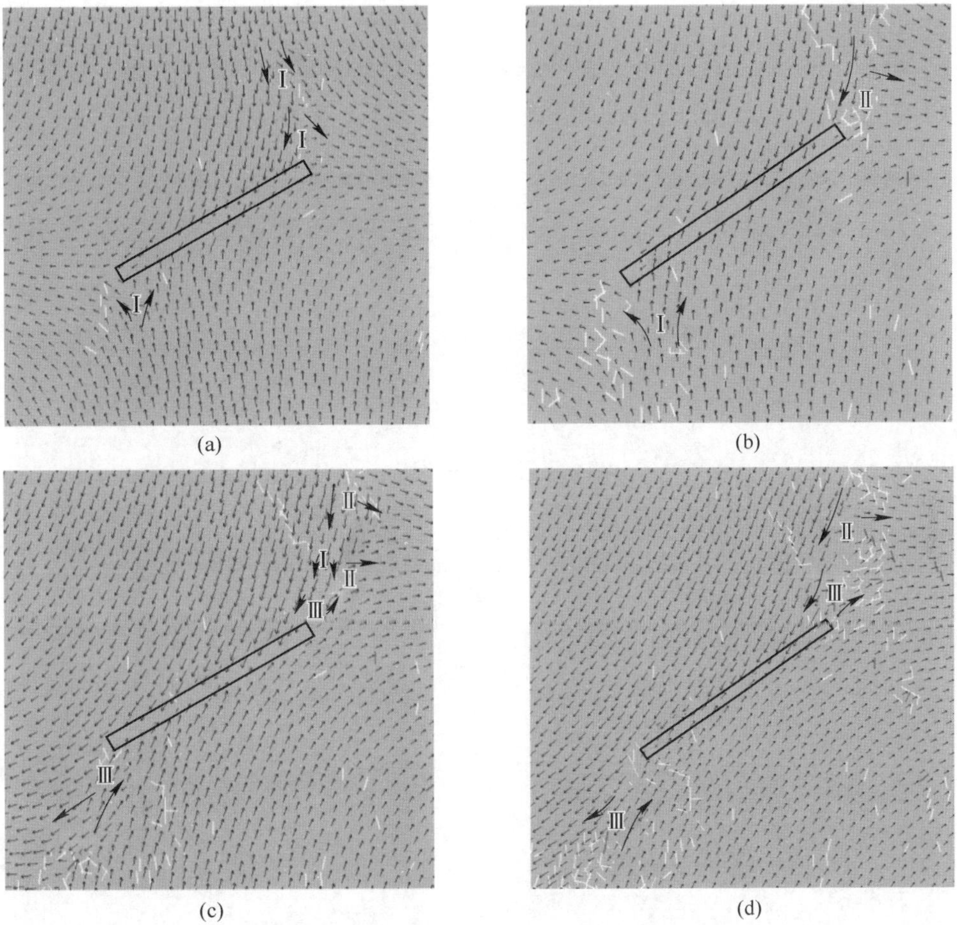

图 3-33 30°倾角饱水裂隙试样模型不同阶段位移矢量图
（a）CIS；（b）95%UCS；（c）UCS；（d）峰后 80%UCS

从图 3-33 中可以看出，当加载应力为模型起裂应力时，模型中原有裂隙的两尖端分别生成两条宏观裂纹。这两条裂纹所在区域的位移趋势线彼此分离，属于Ⅰ型位移场，因此这两条裂纹属于拉伸翼裂纹。随着加载应力的不断增加，当模型所受应力为 95%UCS 时，模型原有裂隙左尖端处Ⅰ型位移场增大，故而拉伸翼裂纹也随之增大。模型原有裂隙右尖端处位移场由Ⅰ型转变为Ⅱ型，说明宏观裂纹除受拉伸作用外，开始承受剪切作用力。当模型所受应力增加到峰值应力时，原有裂隙左尖端处位移场转变为Ⅲ型位移场，在该区域形成剪切裂纹，而原有Ⅰ型位移场条件下产生的拉伸翼裂纹不再扩展。此外，原有裂隙右尖端处位移场开始向Ⅲ型位移场转变，微观剪切破坏开始出现。模型继续加载应力，当加载应力变为峰后 80%UCS 时，原有裂隙右尖端处位移场变得更加均匀，裂纹稳定扩展。

图 3-34 所示为不同加载阶段，45°倾角饱水裂隙模型中颗粒位移矢量及位移趋势线图。

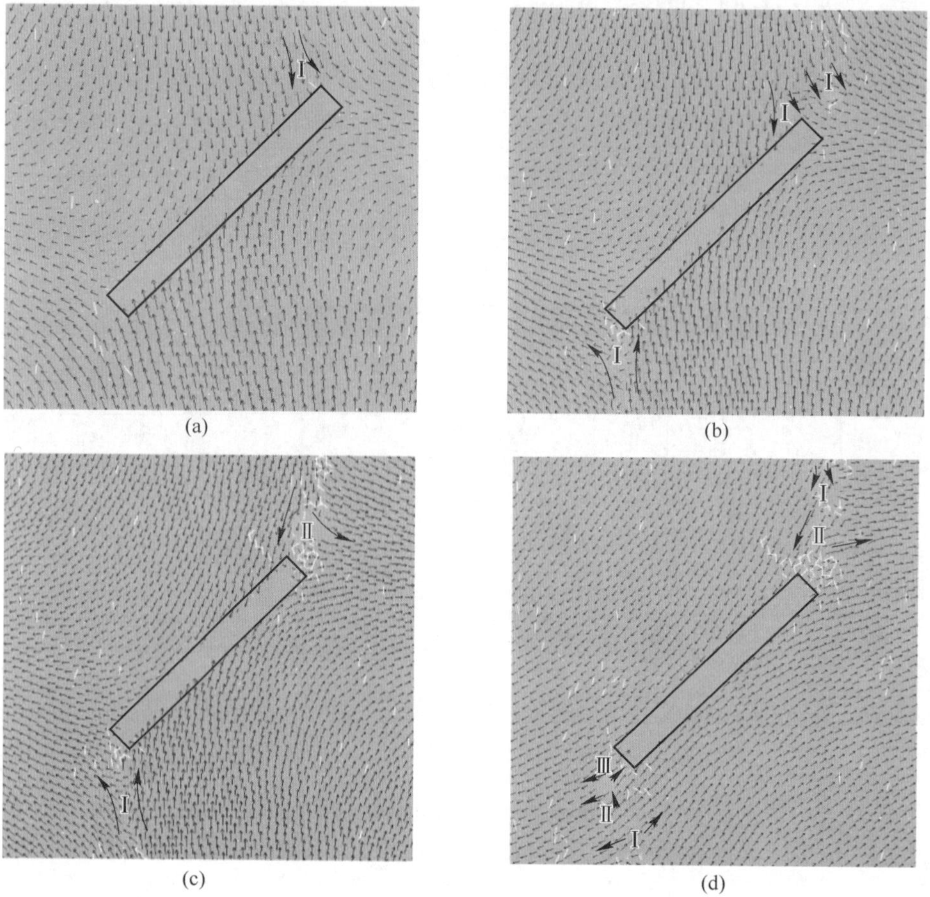

图 3-34　45°倾角饱水裂隙试样模型不同阶段位移矢量图
（a）CIS；（b）95%UCS；（c）UCS；（d）峰后 80%UCS

从图 3-34 中可以看出，当加载应力为模型起裂应力时，原有裂隙右尖端处位移趋势线相互分离，形成Ⅰ型位移场，因而此时产生的裂纹为拉伸翼裂纹。模型继续加载应力，当加载应力变为 95%UCS 时，原有裂隙右尖端处位移场由原本的均一状态变为位移趋势线相互分离的Ⅰ型位移场，此时该区域内产生拉伸翼裂纹。当加载应力增加到峰值应力时，模型原有裂隙右尖端处位移场转变为Ⅱ型位移场，此时裂纹除受到宏观拉伸作用外还将受到宏观剪切作用。当模型加载应力变为峰后 80%UCS 时，原有裂隙左尖端处位移趋势线由相互分离状态向从相反方向汇合状态转变，说明裂纹所受应力由原有的拉伸应力向剪切应力转变。

图 3-35 所示为不同加载阶段，60°倾角饱水裂隙模型中颗粒位移矢量及位移趋势线图。

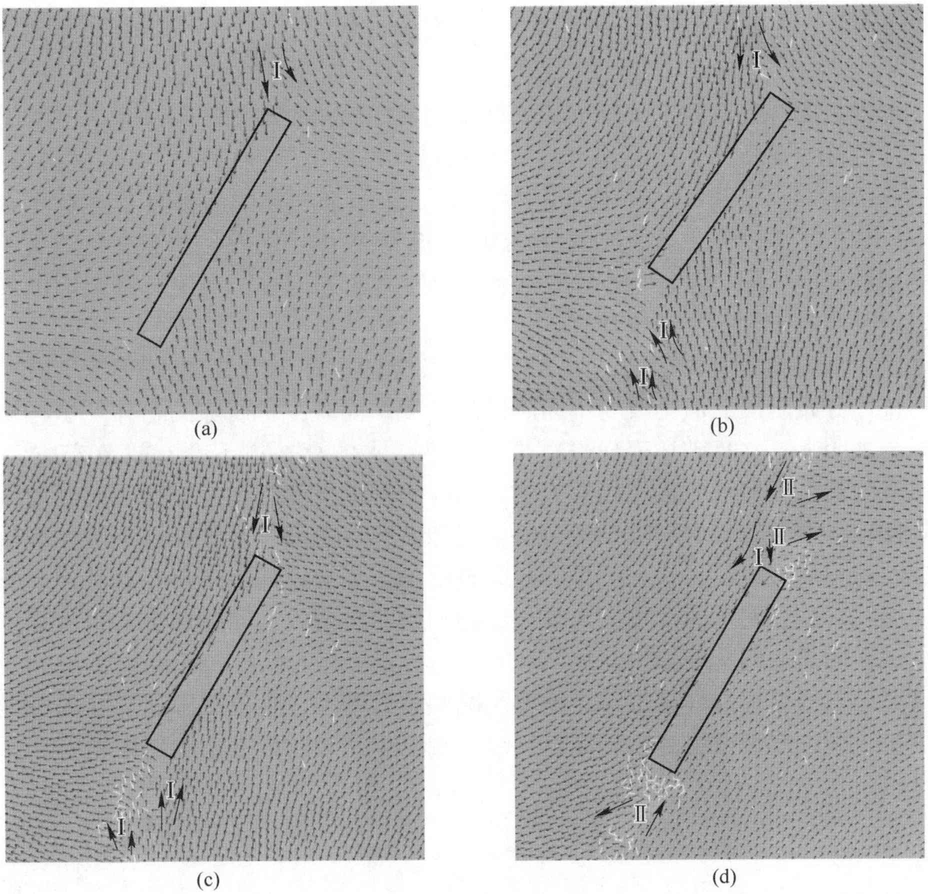

图 3-35　60°倾角饱水裂隙试样模型不同阶段位移矢量图

（a）CIS；（b）95%UCS；（c）UCS；（d）峰后 80%UCS

从图 3-35 中可以看出，当加载应力达到模型起裂应力时，模型原有裂隙右尖端处位移趋势线相互分离形成Ⅰ型位移场，并在此位移场条件下形成宏观拉伸翼裂纹。模型继续加载应力，在模型原有裂隙左尖端处位移场由原来的均一状态转变成位移趋势线相互分离的Ⅰ型状态，由于此种位移条件产生拉伸应力，使原有裂隙尖端处形成了拉伸翼裂纹。当模型加载应力变为峰后 80%UCS 时，模型原有裂隙左右两尖端处位移场向Ⅱ型位移场转变，此时模型中产生的新微观裂纹除受拉伸作用外，还会受到剪切作用力。

由上述分析可知，除通过直接查看 PFC 软件中模型黏结的破坏状态分析新生裂纹的微观类型外，还可以根据模型中颗粒位移场状态及变化情况分析宏观状态下的裂纹破坏类型。

3.5　本章小结

本章主要分析总结了单轴压缩条件下含不同倾角裂隙的干燥和饱水红砂岩试样的强度及变形特性，以及裂纹的起裂状态、扩展类型和试样最终的破坏模式。在试验的基础上，利用 PFC 模拟软件对不同状态下岩样的破坏过程进行了数值模拟，分析了各模型中微裂纹的分布演化过程及模型中颗粒位移场变化对裂纹破坏类型的影响。同时，运用 Inglis 理论及弹性力学等内容，对张开型裂隙的起裂位置以及起裂角进行了理论计算。

室内试验和数值模拟的结果表明，单裂隙的存在不会改变试样应力-应变曲线的整体分布阶段，但会改变不同阶段的长短。同时，单裂隙的存在使试样塑性变形更加明显，并且破坏表现得更具有脆性。水的存在亦不会有效改变应力-应变曲线的形态，但水的存在能有效削弱试样的峰值强度和弹性模量，同时使试样的延性增强。对于含单裂隙试样裂纹扩展和破坏形态而言，干燥单裂隙试样的起裂裂纹均为翼型裂纹，饱水试样的起裂裂纹除翼型裂纹外，还存在着其他形式的拉伸裂纹。这表明水的存在会影响裂纹的初始起裂模式，同时还会在很大程度上减小试样的表面剥落现象。

此外，根据理论计算可知，随着裂隙倾角的增大，含单裂隙试样在单轴压缩过程中，裂纹起裂位置越来越靠近裂纹尖端，但是裂纹起裂角则越来越小。

4　水平交叉裂隙岩体破坏分析

在实际岩土工程施工过程中，经常会遇到含各种各样不连续结构面（如节理、裂隙、断层等）的岩体，而岩土工程的稳定性往往由这些结构面决定。对于这些结构面，其存在形态通常都非常复杂，并不是简单的单一节理或裂隙。虽然在研究初始对复杂问题做出简化，有利于研究的顺利进行，但结果往往并不能十分吻合。因此，对含复杂状态的节理、裂隙岩体的破坏规律及力学响应研究显得尤为必要。

基于上述认识，目前许多学者对含两条或多条裂隙岩体的破坏情况进行了分析，并得到了一定的研究成果[26,34,45-46,57,59-60]。但上述分析中，两条或多条裂隙之间均相互平行。然而，在实际岩土工程中，岩体内各不连续结构面之间不可能全部平行，大多数情况下各结构面之间会成一定角度或交叉存在。因此，本章将从较简单的单轴压缩条件下，两条水平相交裂隙岩体的破坏规律入手，研究水平交叉裂隙岩体的应力及变形特性及裂纹起裂、扩展及最终的破坏模式。

4.1　水平交叉裂隙岩体试验结果与分析

与第 3 章试验类似，本章试验岩样分为两大组：一组为干燥交叉裂隙试样；另一组为饱水交叉裂隙试样，以期分析不同裂隙交叉倾角及水对裂隙岩样力学性能以及破坏模式的影响。

4.1.1　水平交叉裂隙岩样强度与变形特性分析

根据第 2 章所述，本章试样中水平交叉裂隙的交叉角分别为 30°、45°、60° 和 90°，具体裂隙形态如图 2-6（b）所示。表 4-1 给出了单轴压缩条件下，干燥和饱水含不同水平交叉倾角裂隙岩样的力学特性参数。

表 4-1　干燥及饱水状态下含不同水平交叉倾角裂隙试样力学测试参数

试样编号	干湿状态	峰值应力/MPa	峰值应变/%	弹性模量/GPa
Dd-30-1	干燥	26.25	79.67	14.28
Dd-30-1	干燥	16.08	77.79	8.73
Dd-45-1	干燥	18.88	82.89	10.26
Dd-45-2	干燥	24.16	79.89	12.97
Dd-60-1	干燥	29.68	75.83	18.99

续表 4-1

试样编号	干湿状态	峰值应力/MPa	峰值应变/%	弹性模量/GPa
Dd-60-2	干燥	24.94	82.47	15.98
Dd-90-1	干燥	25.86	84.25	15.51
Dd-90-2	干燥	33.59	82.35	17.22
Ds-30-1	饱水	13.36	73.81	8.29
Ds-30-2	饱水	25.30	60.00	10.28
Ds-45-1	饱水	14.82	97.67	6.54
Ds-45-2	饱水	14.97	55.23	8.57
Ds-60-1	饱水	28.76	88.74	16.76
Ds-60-2	饱水	18.01	81.59	12.99
Ds-90-1	饱水	20.26	92.23	11.36
Ds-90-2	饱水	15.93	82.68	8.99

从表 4-1 可知，干燥岩样的峰值应力及弹性模量值均大于含有相应裂隙倾角的饱水试样值。此变化规律与含单裂隙岩样的变化规律相同，说明水对岩体抗压强度的减弱能力是相同的，但不同状态岩体的减弱程度不同，需要具体分析。干燥和饱水的不同水平交叉裂隙岩样的峰值应变变化情况不再像含单裂隙岩样呈单一变化趋势，说明岩样的峰值应变在很大程度上受裂隙形态的影响。

结合图 4-1 和表 4-1 具体分析可知，含水平交叉裂隙干燥岩样的峰值应力主要集中在 16~30 MPa，饱水状态岩样的峰值应力主要集中在 13~25 MPa。相比于

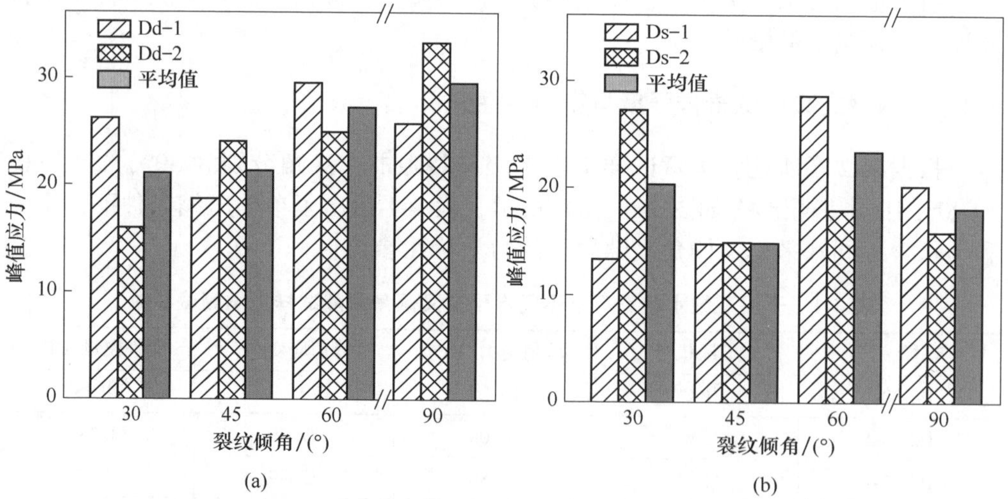

(a) (b)

图 4-1 含不同水平交叉倾角裂隙岩样峰值强度

（a）干燥试样；（b）饱水试样

含单裂隙岩样的峰值应力而言，含水平交叉裂隙岩样无论是干燥状态还是饱水状态，其相同状态岩样间的峰值应力的差异相对较大。

综合分析可知，虽然相同状态岩样的峰值应力有一定差异，但整体变化规律依然明显。对于干燥水平交叉裂隙岩样而言，其峰值强度随裂隙交叉倾角的增大而增大，即含30°裂隙交叉倾角岩样的峰值应力最低，而含90°裂隙交叉倾角岩样的峰值应力最高。对于饱水状态水平交叉裂隙岩样，含45°裂隙交叉倾角岩样的峰值应力较低，而含60°裂隙交叉倾角岩样的峰值应力较高。说明水的存在会改变含水平交叉裂隙倾角岩样的峰值应力及应力变化规律。

根据图4-2和表4-1具体分析可知，对于含不同水平交叉倾角裂隙的干燥岩样而言，无论是相同交叉裂隙倾角岩样还是不同交叉倾角裂隙岩样，其峰值应变值差距都较小，具体数值均分布在75%~84%。除去Dd-60-1试样外，含水平交叉裂隙干燥岩样的峰值应变随裂隙交叉倾角的增大而增大，说明当岩样干燥时，含较大裂隙交叉倾角的岩样更容易发生脆性断裂。对于含水平交叉裂隙的饱水岩样而言，相同状态下岩样的峰值应变相差较大，但仍存在一定的变化规律。从峰值应变的平均值可以看出，饱水岩样的峰值应变亦是随着裂隙交叉倾角的增大而增大。比较含相同交叉倾角裂隙的干燥和饱水岩样峰值应变可知，对于含30°和45°交叉倾角裂隙的岩样，干燥岩样的峰值应变大于饱水岩样的峰值应变；对于含60°和90°交叉倾角裂隙的岩样，干燥岩样的峰值应变小于饱水岩样的峰值应变。因此，说明水的存在并没有明显增加含60°和90°交叉倾角裂隙岩样的延性。

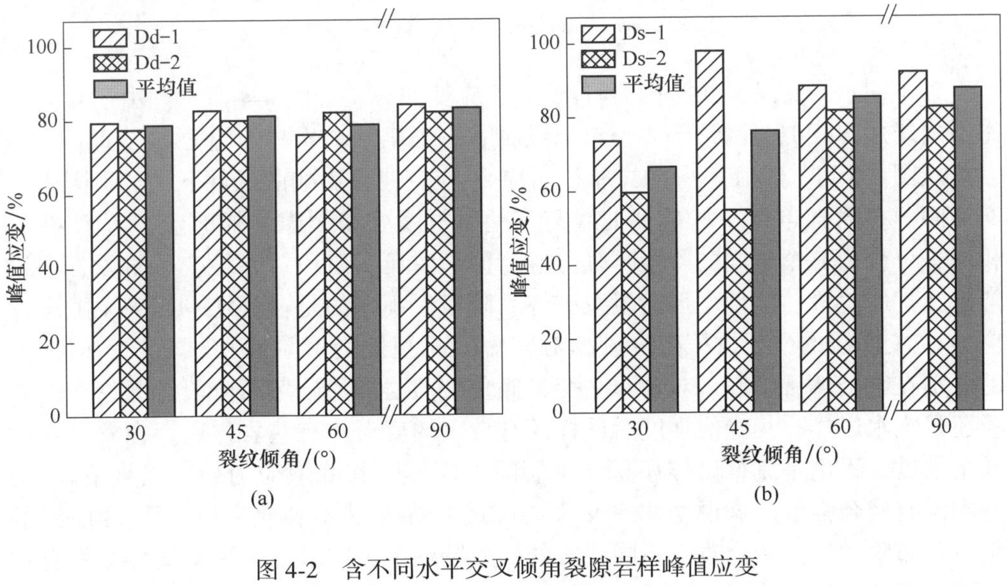

图4-2 含不同水平交叉倾角裂隙岩样峰值应变

（a）干燥试样；（b）饱水试样

结合图4-3和表4-1具体分析可知，无论是干燥试样还是饱水试样，含60°交叉倾角裂隙岩样的弹性模量最大，其平均值分别为17.49 GPa和14.88 GPa。对于干燥岩样，含90°交叉倾角裂隙岩样的弹性模量值大于含30°交叉倾角裂隙岩样的弹性模量；对于饱水岩样正好相反。整体对比干燥岩样和饱水岩样的弹性模量可知，干燥岩样的弹性模量大于饱水试样的弹性模量。这是因为水的存在，降低了饱水试样的单轴抗压强度。弹性模量与试样的单轴抗压强度存在一定正相关性，因此水的存在亦会降低岩样的弹性模量。

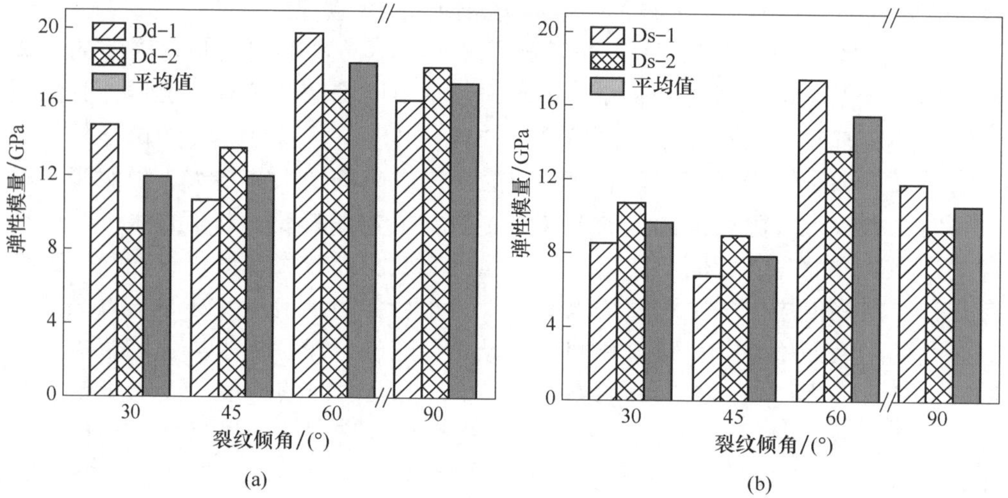

图4-3　含不同水平交叉倾角裂隙岩样弹性模量
(a) 干燥试样；(b) 饱水试样

含不同水平交叉倾角裂隙岩样的应力-应变曲线，如图4-4所示。由于相同状态下曲线形态相似，故该图中仅给出同种状态下某一个岩样的应力-应变曲线。

从图4-4可知，在不考虑试验机对应力-应变曲线影响的条件下，含不同水平交叉倾角裂隙岩样的应力-应变曲线与完整试样及含单裂隙岩样的应力-应变曲线相同，可分为五个不同的阶段。其分别为微裂纹压密阶段、弹性变形阶段、裂纹产生及扩展阶段、塑性变形阶段及破坏后阶段。不同的是：含水平交叉裂隙岩样应力-应变曲线的微裂纹压密阶段相对较短，而塑性变形阶段相对较长，但最大的区别在于破坏后阶段。对含水平交叉倾角裂隙岩样的破坏后阶段，无论干燥岩样还是饱水岩样，其峰值强度后试样还有较大的变形，有些岩样还存在着一定的残余强度。无论是完整试样还是含单裂隙的岩样，其峰值应力后，强度下降快，基本没有残余强度。这说明水平交叉裂隙的存在虽然不会改变应力-应变曲线的整体分布阶段，但是会改变不同阶段的长短及状态。同时，水平交叉裂隙的存在使岩样的脆性破坏减弱，而延性破坏增强。此外，对比干燥岩样和饱水岩样的应

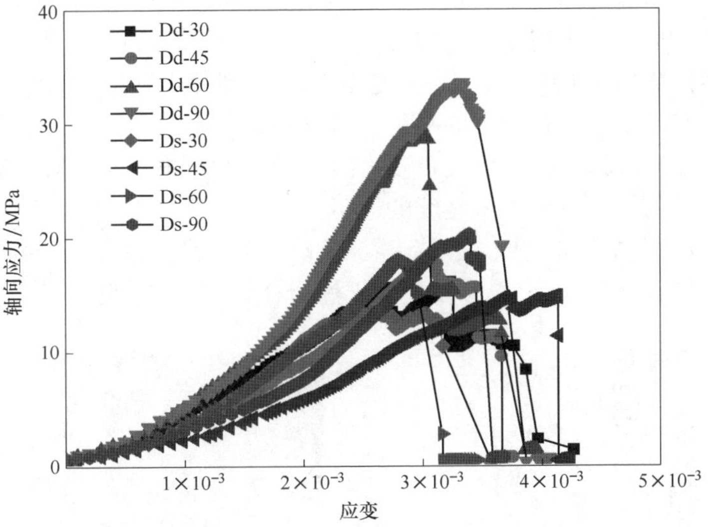

图 4-4　含不同水平交叉倾角裂隙岩样应力-应变曲线

力-应变曲线可以发现，水的存在没有改变应力-应变曲线的总体形态，但是岩样破坏后阶段的应变增加。

4.1.2　水平交叉裂隙岩样裂纹扩展及破坏模式

观察分析本章试验岩样裂纹破坏形态可知，岩样中所含裂纹类型基本符合第 3 章中对裂纹基本形态的分类，但是部分裂纹的起裂部位、起裂角虽然与第 3 章中的裂纹基本类型相同，而裂纹扩展方向却存在着一定的差异。因此，此处总结这些有差异的裂纹形态，作为第 3 章中裂纹基本类型的亚类，如图 4-5 所示。

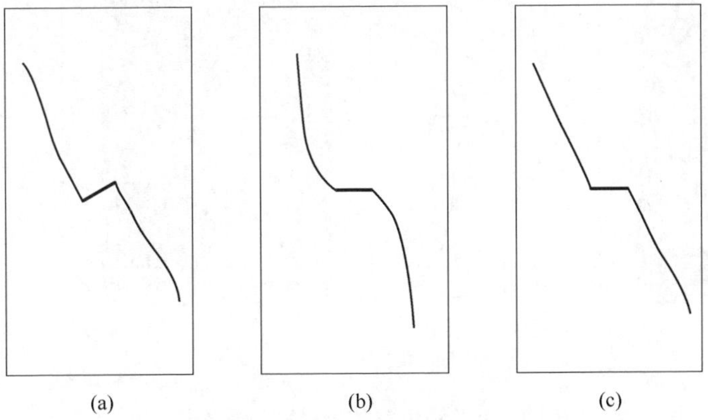

图 4-5　新裂纹起裂扩展类型

（a）Ⅹ-1 型裂纹；（b）ⅩⅢ型裂纹；（c）ⅩⅢ-1 型裂纹

（1） X-1 型起裂扩展裂纹：该裂纹的裂纹形态与 X 型起裂扩展裂纹相同，但是裂纹的扩展方向为裂纹的起裂方向。

（2） XⅢ型起裂扩展裂纹：裂纹起裂于原有裂隙尖端部位，起裂角与原有裂隙呈非直角状态，裂纹扩展方向平行于试样加载方向。

（3） XⅢ-1 型起裂扩展裂纹：该裂纹主要裂纹形态与 XⅢ型起裂扩展裂纹相同，但是裂纹的扩展方向为该裂纹的起裂方向。

4.1.2.1　含不同水平交叉倾角裂隙干燥岩样裂纹扩展形态分析

图 4-6 所示为含 30°交叉倾角裂隙干燥岩样的裂纹形态图。

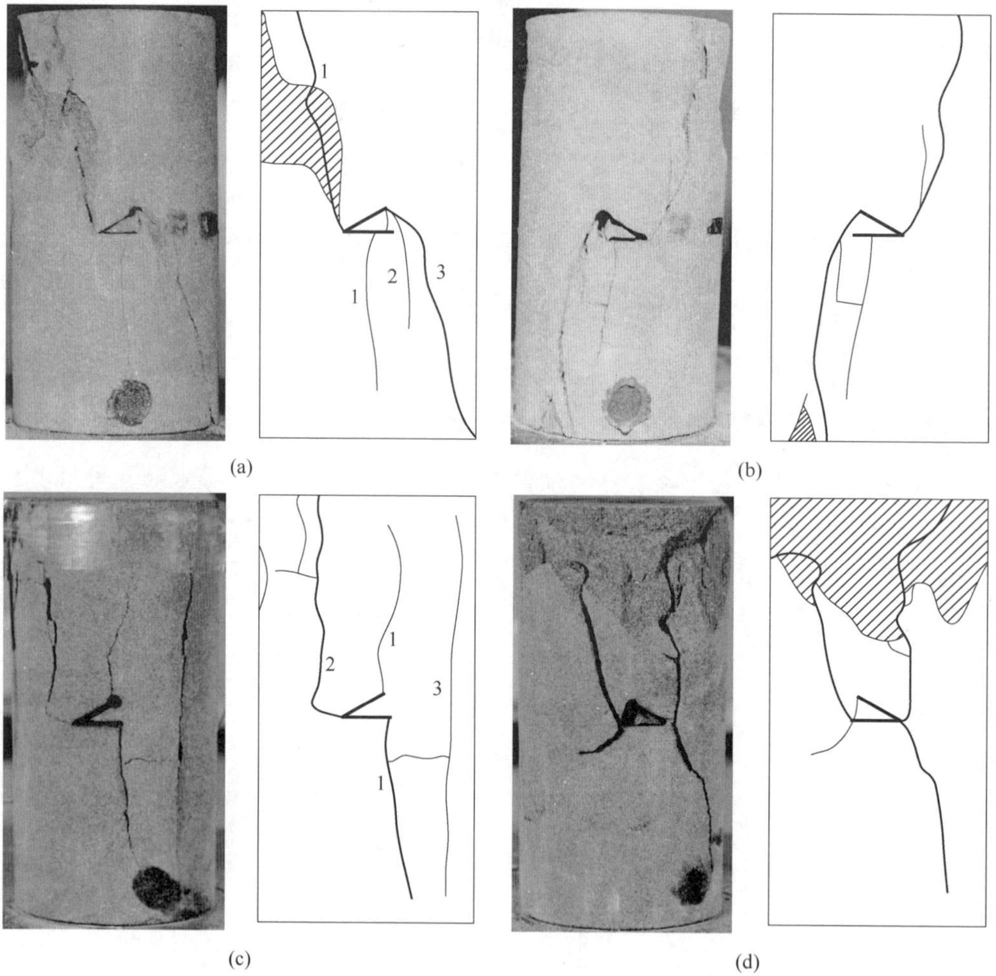

图 4-6　干燥 30°交叉倾角裂隙岩样裂纹形态图（1~3 裂隙）

（a） Dd-30-1（正面）；（b） Dd-30-1（反面）；（c） Dd-30-2（正面）；（d） Dd-30-2（反面）

从图 4-6 中可以看出，试样 Dd-30-1 在加载过程中裂纹首先起裂于原有裂隙 1（为便于描述，将岩样中预制倾斜裂隙称为裂隙 1，水平裂隙称为裂隙 2，下同）的左尖端，起裂方向垂直于裂隙 1，并沿起裂方向继续向上扩展，但裂纹扩展方向有向加载方向转变的趋势。随着加载的继续进行，在原有水平裂隙 2 中间部位生成一条沿加载方向继续向下扩展的拉伸型裂纹。之后，原有裂隙 1 和裂隙 2 的右尖端相互贯通，并且在原有倾斜裂隙 1 的右尖端生成垂直于裂隙 1，沿加载方向扩展的裂纹。加载继续进行，在原有裂隙 1 右尖端生成一条新裂纹，裂纹起裂方向垂直于原有裂隙 1，并沿起裂方向迅速扩展，岩样最终破坏。根据图 4-6（a）和（b）可知，含 30°交叉倾角裂隙干燥试样 Dd-30-1 的起裂扩展裂纹主要类型有Ⅷ~Ⅺ和Ⅹ-1 型裂纹。

含 30°交叉倾角裂隙干燥岩样试样 Dd-30-2 在加载过程中，新裂纹首先起裂于原有裂隙 1 和裂隙 2 的右尖端部位，裂纹起裂方向平行于加载方向，并沿加载方向继续扩展。随着加载的继续进行，在试样上部形成远场裂纹，该远场裂纹迅速扩展，与原有裂隙左尖端贯通。之后，岩样上部形成较大面积的表面剥落，并在岩样原有裂隙右侧形成一条较长的远场裂纹。至此，试样 Dd-30-2 产生最终的破坏。根据图 4-6（c）和（d）可知，含 30°交叉倾角裂隙试样 Dd-30-2 的起裂扩展裂纹主要类型有Ⅲ、Ⅷ、Ⅸ和ⅩⅢ-1 型裂纹。

图 4-7 所示为含 45°交叉倾角裂隙干燥岩样的裂纹形态图。

从图 4-7 中可以看出，对于试样 Dd-45-1 在加载过程中，裂纹首先起裂于原有裂隙 1 的左尖端，裂纹起裂方向垂直于原有裂隙 1，并沿该方向继续扩展。在原有裂隙 1 和裂隙 2 的右尖端分别形成较小的裂纹，裂隙 1 处的裂纹向下扩展，裂隙 2 处的裂纹向上扩展，之后两裂纹汇合，原有裂隙的两个右尖端之间形成贯通连接。在这两条裂纹形成的同时，在原有裂隙 2 的中间部位形成一条起裂方向垂直于裂隙面，并沿加载方向扩展的拉伸型裂纹。随着岩样的继续加载，在原有裂隙 1 右尖端再形成一条裂纹，该裂纹起裂方向垂直于原有裂隙 1，并沿加载方向继续扩展。岩样右侧迅速形成一条较大的远场裂纹，同时岩样表面产生剥落，岩样发生最终的破坏。根据图 4-7（a）和（b）可知，含 45°交叉倾角裂隙干燥试样 Dd-45-1 的起裂扩展裂纹主要类型有Ⅷ~Ⅺ和Ⅹ-1 型裂纹。

含 45°交叉倾角裂隙干燥岩样试样 Dd-45-2 在加载过程中，新裂纹首先产生于原有裂隙 1 和裂隙 2 的左尖端部位，新裂纹起裂方向平行于加载方向，并沿该方向扩展。在原有裂隙 2 的中间部位萌生一条新裂纹，该裂纹起裂方向垂直于原有裂隙面（平行于加载方向），并沿加载方向扩展。在该裂纹形成的同时，原有裂隙 1 右尖端产生一条新裂纹，该裂纹起裂方向垂直于原有裂隙 1，并与原有裂隙 2 的右尖端贯通。此外，在非常靠近贯通两裂隙尖端裂纹的旁边，也萌生了一条裂纹。该裂纹起裂于原有裂隙 1 右尖端，并且起裂角垂直于原有裂隙 1，之后

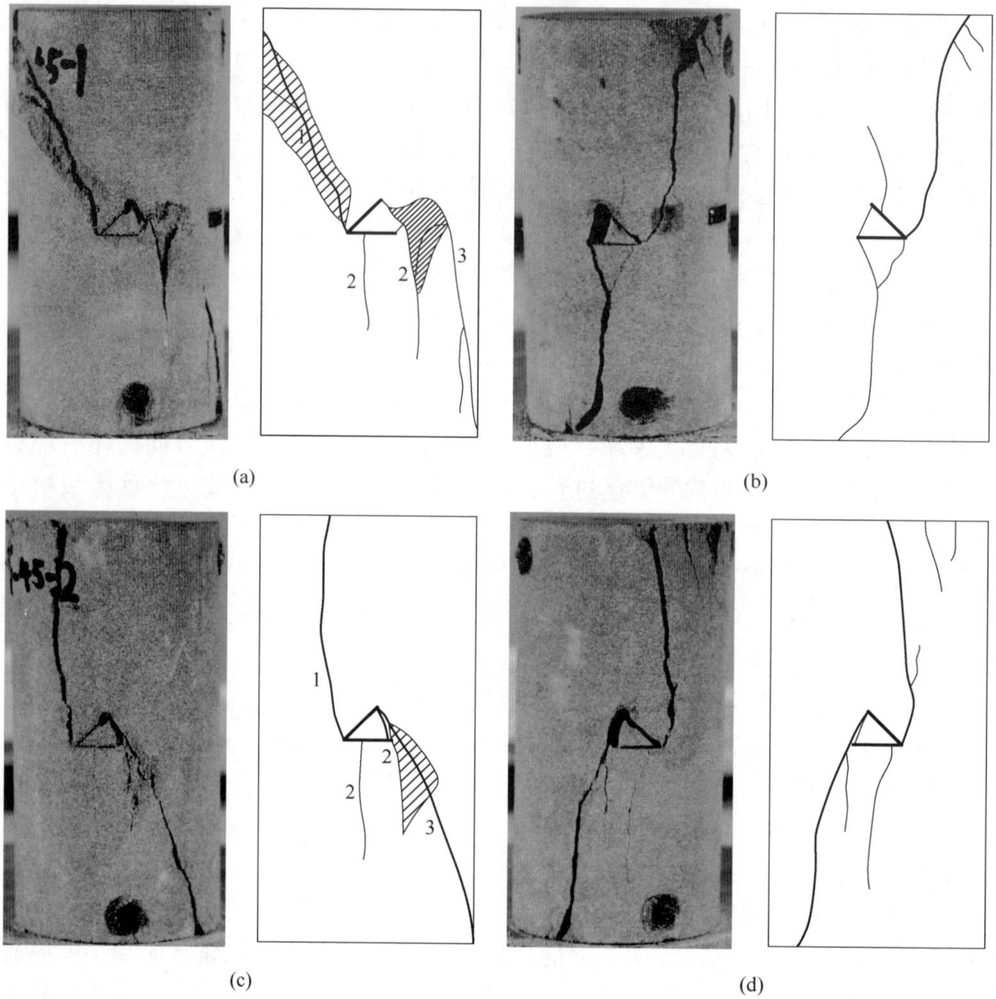

图 4-7　干燥 45°交叉倾角裂隙岩样裂纹形态图（1~3 为裂隙）
（a）Dd-45-1（正面）；（b）Dd-45-1（反面）；
（c）Dd-45-2（正面）；（d）Dd-45-2（反面）

沿加载方向继续扩展。随着加载的继续进行，在原有裂隙 1 右尖端处又形成一条裂纹，该裂纹的起裂方向依然垂直于原有裂隙 1，但其拓展方向并没有沿该试样的加载方向，而是沿着裂纹的起裂方向继续扩展，直到试样的最终破坏。根据图 4-7（c）和（d）可知，含 45°交叉倾角裂隙干燥试样 Dd-45-2 的起裂扩展裂纹主要类型有Ⅲ、Ⅷ~Ⅺ和Ⅹ-1 型裂纹。

图 4-8 所示为含 60°交叉倾角裂隙干燥岩样的裂纹形态图。

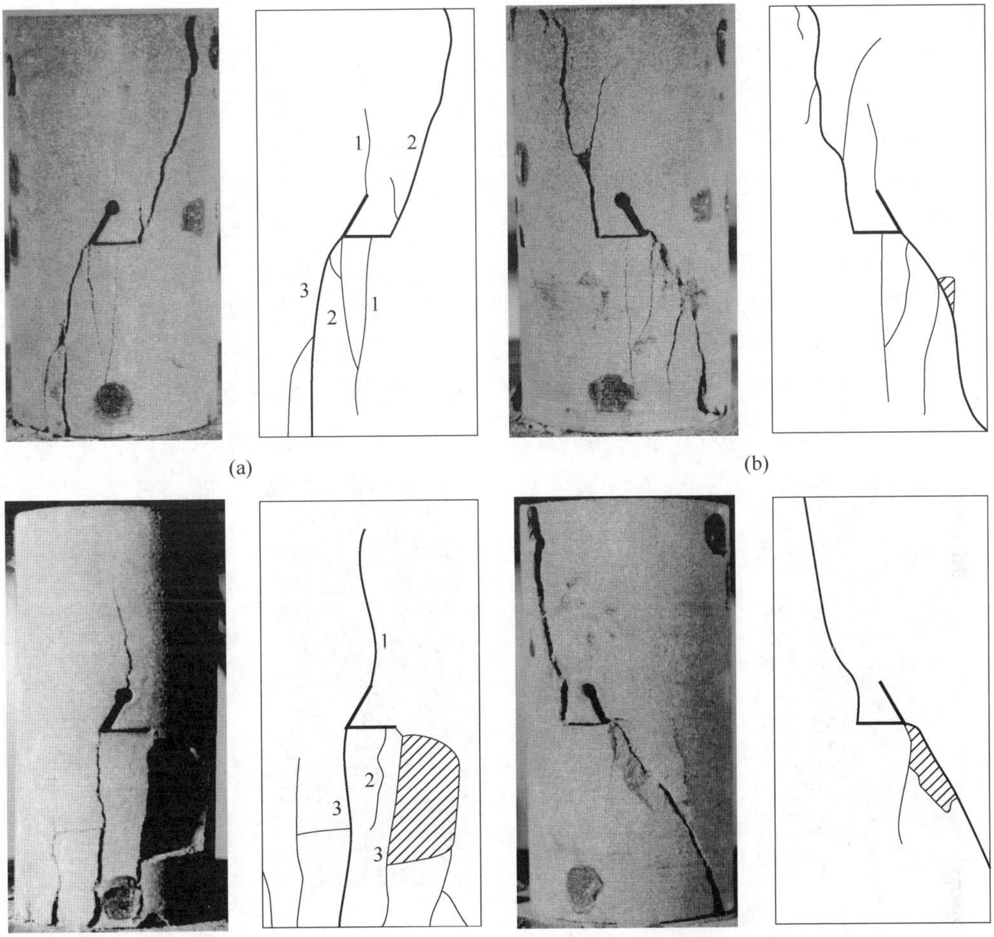

(a) (b) (c) (d)

图 4-8 干燥 60°交叉倾角裂隙岩样裂纹形态图（1~3 为裂隙）

（a）Dd-60-1（正面）；（b）Dd-60-1（反面）；（c）Dd-60-2（正面）；（d）Dd-60-2（反面）

从图 4-8 中可以看出，试样 Dd-60-1 在加载过程中，新裂纹首先起裂于原有裂隙 1 的右尖端及原有裂隙 2 的中间部位。这两条新裂纹的起裂方向均平行于岩样的加载方向，并且沿该方向继续扩展。在原有裂隙 2 的左右两尖端各形成一条裂纹，裂纹的起裂方向垂直于原有裂隙（平行于加载方向），并沿岩样的加载方向继续扩展。随后在原有裂隙 2 的右尖端萌生一条新裂纹，该裂纹起裂方向与原有裂隙成钝角，并沿该起裂方向继续扩展。随着加载的继续进行，在原有裂隙 2 左尖端形成一条新裂纹，该裂纹起裂方向与原有裂隙方向呈钝角，但沿加载方向继续扩展。当该裂纹与试样底部贯通，岩样形成最终破坏。从图 4-8（a）和（b）可知，含 60°交叉倾角裂隙试样 Dd-60-1 的起裂扩展裂纹类型主要有Ⅲ、

Ⅶ~Ⅸ、Ⅺ、ⅩⅢ和ⅩⅢ-1型裂纹。

含60°交叉倾角裂隙干燥岩样试样Dd-60-2在加载过程中，新裂纹首先萌生于原有裂隙1的右尖端。裂纹起裂后沿加载方向继续扩展，该裂纹虽然最先形成，但裂纹较微小，并没有在最初形成明显的裂纹。在原有裂隙2中间靠近右尖端处形成一条新裂纹，该裂纹起裂方向垂直于原有裂隙2，并沿加载方向继续扩展。随着加载的继续进行，最先形成于裂隙1右尖端的裂纹迅速扩展，形成裂纹宽度较大的裂纹。同时，在原有裂隙2的左右两尖端各萌生一条裂纹，两裂纹垂直于原有裂隙方向起裂，并沿加载方向迅速扩展。然后，岩样表面剥落，形成远场裂纹，岩样被最终破坏。从图4-8（c）和（d）可知，含60°交叉倾角裂隙试样Dd-60-2的起裂扩展裂纹类型主要有Ⅱ~Ⅳ、Ⅶ~Ⅸ和Ⅺ型裂纹。

图4-9所示为含90°交叉倾角裂隙干燥岩样的裂纹形态图。

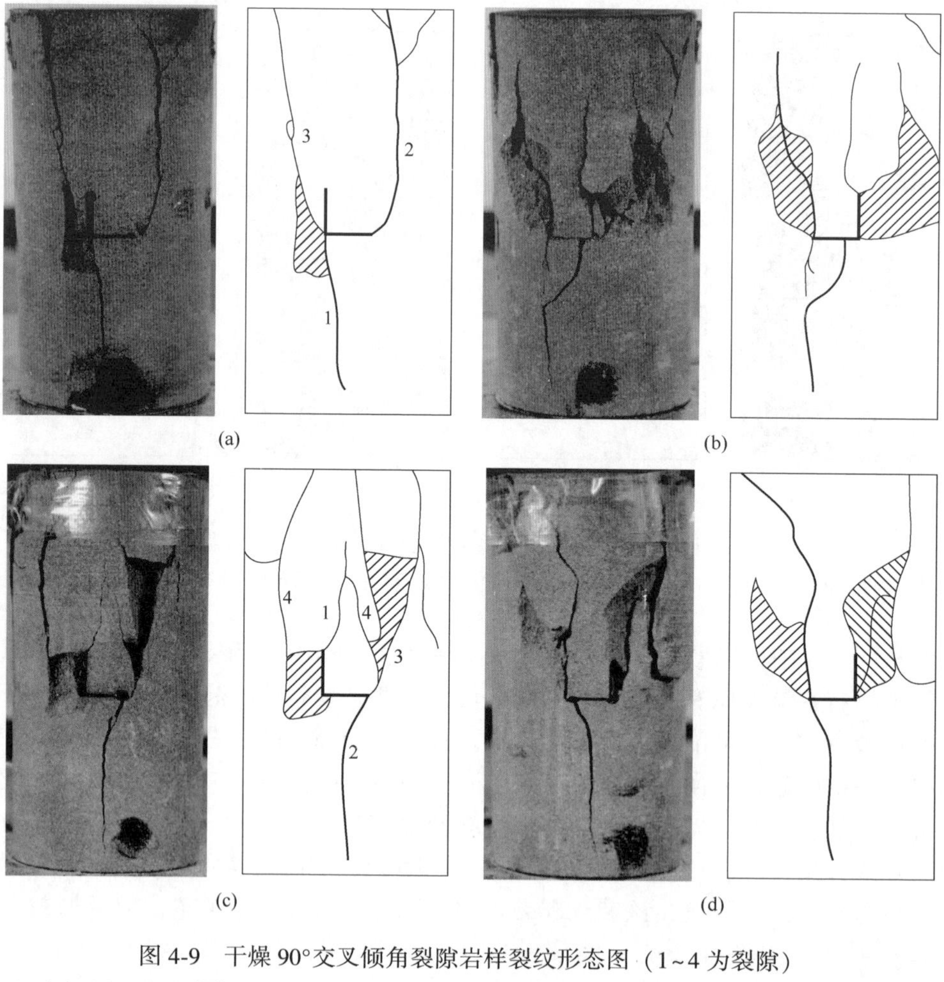

图4-9　干燥90°交叉倾角裂隙岩样裂纹形态图（1~4为裂隙）
（a）Dd-90-1（正面）；（b）Dd-90-1（反面）；（c）Dd-90-2（正面）；（d）Dd-90-2（反面）

从图 4-9 中可以看出，试样 Dd-90-1 在加载过程中，新裂纹首先起裂于原有裂隙 2 的左尖端，起裂方向平行于加载方向，并沿该方向继续扩展。随着加载的继续进行，在原有裂隙 2 右尖端生成一条裂纹，该裂纹起裂方向与原裂隙方向形成钝角，并沿加载方向迅速扩展。该裂纹形成后，在原有裂隙 2 的左尖端部位形成一条相同类型的裂纹，同时形成了表面剥落及少量远场裂纹，试样形成最终破坏。根据图 4-9（a）和（b）分析可知，含 90°交叉倾角裂隙试样 Dd-90-1 主要有Ⅲ、Ⅷ、Ⅸ、Ⅺ、ⅩⅢ和ⅩⅢ-1 型起裂扩展裂纹。

含 90°交叉倾角裂隙干燥岩样试样 Dd-90-2 在加载过程中，新裂纹首先起裂于原有裂隙 1 上尖端，起裂方向垂直于原有裂隙，并沿加载方向继续扩展。在原有裂隙 2 的右尖端形成一条新裂纹，该裂纹与新生成的第一条裂纹类型相同，即裂纹起裂方向垂直于原有裂隙，然后沿加载方向继续扩展。随着加载的继续进行，在原有裂隙 2 的右尖端部位萌生一条新裂纹，该裂纹起裂方向与原有裂隙方向呈钝角，并沿该起裂方向迅速扩展。在此条裂纹扩展的同时，试样左侧形成一条远场裂纹，该裂纹扩展迅速，当该裂纹扩展到原有裂隙附近时，裂纹停止扩展并形成表面剥落，随后岩样产生最终破坏。根据图 4-9（c）和（d）分析可知，含 90°交叉倾角裂隙试样 Dd-90-2 主要有Ⅰ、Ⅲ、Ⅷ、Ⅸ和ⅩⅢ-1 型起裂扩展裂纹。

4.1.2.2 含水平交叉倾角裂隙饱水岩样裂纹扩展形态分析

图 4-10 所示为含 30°交叉倾角裂隙饱水岩样的裂纹形态图。由于试样 Ds-30-2 在加载过程破坏较严重，无法得到准确的裂纹形态图，故此处仅给出试样 Ds-30-1 的裂纹扩展形态图。

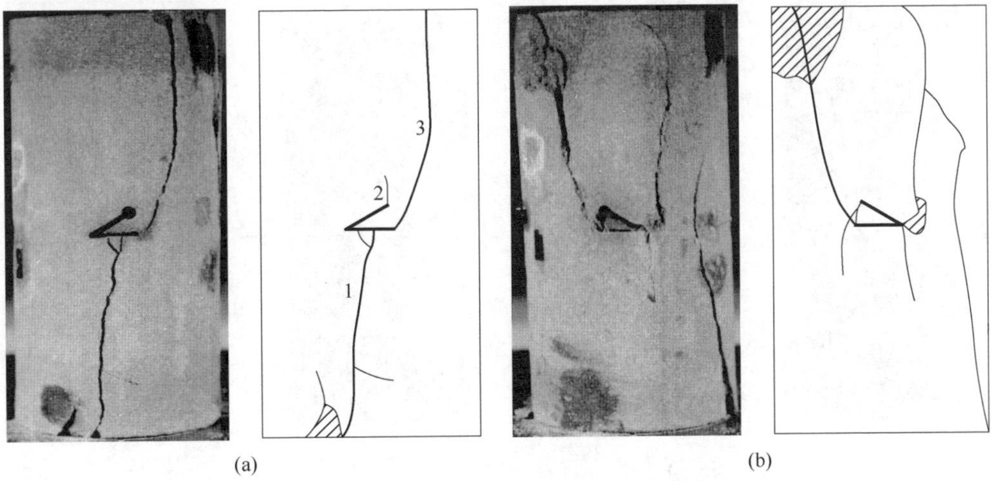

图 4-10 饱水 30°交叉倾角裂隙岩样裂纹形态图（1~3 为裂隙）

（a）Ds-30-1（正面）；（b）Ds-30-1（反面）

从图 4-10 中可以看出，试样 Ds-30-1 在加载过程中，新裂纹首先起裂于原有裂隙 2 的中间部位，起裂方向沿加载方向，并沿该方向继续扩展。当该裂纹萌生、扩展一定程度后，在原有裂隙 1 的右尖端部位形成一条新裂纹，该裂纹沿加载方向起裂，并沿该方向扩展，但扩展量较小，即该裂纹并未成为岩样破坏的主导裂纹。岩样继续加载，在原有裂隙 2 右尖端部位，形成一条新裂纹并迅速扩展。该裂纹起裂方向与原有裂隙成钝角，并沿加载方向扩展，最终岩样破坏。根据图 4-10（a）和（b）分析可知，含 30°交叉倾角裂隙试样 Ds-30-1 主要有Ⅲ、Ⅷ～Ⅺ和ⅩⅢ型起裂扩展裂纹。

图 4-11 所示为含 45°交叉倾角裂隙饱水岩样的裂纹形态图。

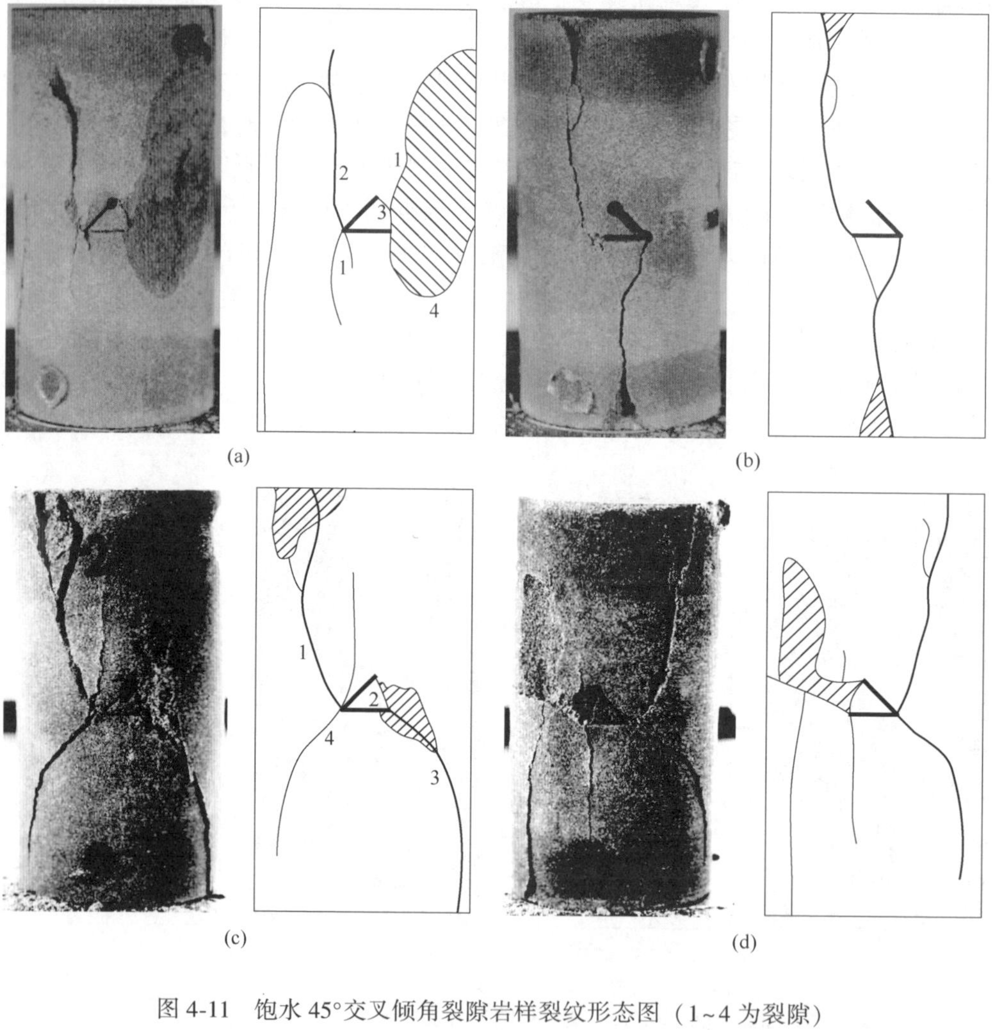

图 4-11　饱水 45°交叉倾角裂隙岩样裂纹形态图（1~4 为裂隙）

（a）Ds-45-1（正面）；（b）Ds-45-1（反面）；（c）Ds-45-2（正面）；（d）Ds-45-2（反面）

从图 4-11 中可以看出，试样 Ds-45-1 在加载过程中，新裂纹首先起裂于原有裂隙 2 右尖端部位，裂纹起裂方向垂直于原有裂隙面，并沿加载方向继续扩展。在其扩展的同时，原有裂隙 1 左尖端生成一条向上扩展的裂纹，该裂纹起裂方向垂直于原有裂隙；同时，在原有裂隙 2 的左尖端处，形成一条向下扩展的微小裂纹。原有裂隙 1 和裂隙 2 的右尖端相互贯通，试样左侧远场裂纹开始发育。随着加载的继续进行，已形成裂纹彻底贯通，试样表面岩块剥落，试样形成最终破坏。根据图 4-11（a）和（b）分析可知，含 45°交叉倾角裂隙饱水试样 Ds-45-1 中所含有的裂纹类型包括：Ⅰ、Ⅲ、Ⅷ～Ⅹ和ⅩⅢ型起裂扩展裂纹。

含 45°交叉倾角裂隙饱水试样 Ds-45-2 在加载过程中，新裂纹首先起裂于原有裂隙 1 左尖端部位，裂纹起裂方向垂直于原有裂隙，并沿起裂方向进行扩展。然后原有裂隙 1 和裂隙 2 的右尖端形成贯通裂纹，并且在该裂纹附近，形成众多微小裂纹，其将产生之后的表面剥落。随着加载的继续进行，在原有裂隙 2 右尖端部位形成新裂纹，该裂纹起裂方向与原有裂隙成钝角，并沿起裂方向扩展。最后，在原有裂隙 2 左尖端，形成一条相同类型的裂纹，并且试样形成最终的破坏。根据图 4-11（c）和（d）分析可知，45°交叉倾角裂隙饱水试样 Ds-45-2 中所包含的起裂扩展裂纹类型主要有：Ⅲ、Ⅶ～Ⅸ、Ⅹ-1 和ⅩⅢ-1 型裂纹。

图 4-12 所示为含 60°交叉倾角裂隙饱水岩样的裂纹形态图。

从图 4-12 中可以看出，试样 Ds-60-1 在加载过程中，新裂纹首先起裂于原有裂隙 2 右尖端部位，裂纹起裂方向沿试样加载方向，并沿该方向继续扩展。在原有裂隙 2 左尖端处形成一条新裂纹，该裂纹起裂方向与原有裂隙方向成钝角状态，并沿该方向继续扩展。模型继续加载，在原有裂隙 2 右尖端部位形成一条迅速沿加载方向扩展的新裂纹，同时，试样产生最终断裂。根据图 4-12（a）和（b）分析可知，含 60°交叉倾角裂隙饱水试样 Ds-60-1 中所含有的起裂扩展裂纹类型主要有Ⅲ、Ⅷ、ⅩⅢ和ⅩⅢ-1 型裂纹。

含 60°交叉倾角裂隙饱水试样 Ds-60-2 在加载过程中，两条新裂纹首先起裂于原有裂隙 2 左尖端部位，并且两条裂纹均垂直于原有裂隙起裂。其中，一条裂纹沿加载方向向上扩展，另一条裂纹沿加载方向向下扩展。之后加载继续进行，在原有裂隙 2 右尖端处萌生一条向上扩展的裂纹。随后，该裂纹与原有裂隙 1 右尖端形成贯通裂纹。同时，在原有裂隙 2 右尖端形成一条起裂方向与原裂隙方向成钝角的新裂纹，该裂纹沿起裂方向迅速扩展，并形成试样的最终破坏。根据图 4-12（c）和（d）分析可知，含 60°交叉倾角裂隙饱水试样 Ds-60-2 中起裂扩展裂纹的主要类型有Ⅲ、Ⅶ～Ⅸ、Ⅹ-1 和ⅩⅢ-1 型裂纹。

图 4-13 所示为含 90°交叉倾角裂隙饱水岩样的裂纹形态图。

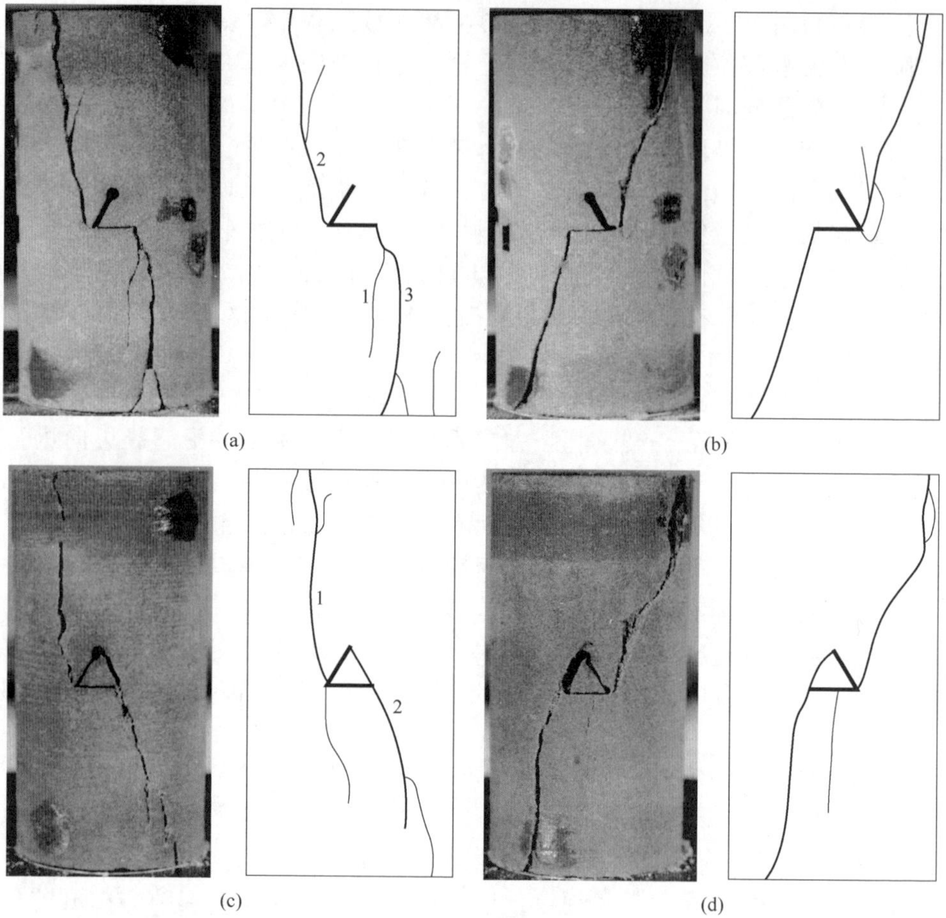

图 4-12　饱水 60°交叉倾角裂隙岩样裂纹形态图（1～3 为裂隙）

（a）Ds-60-1（正面）；（b）Ds-60-1（反面）；（c）Ds-60-2（正面）；（d）Ds-60-2（反面）

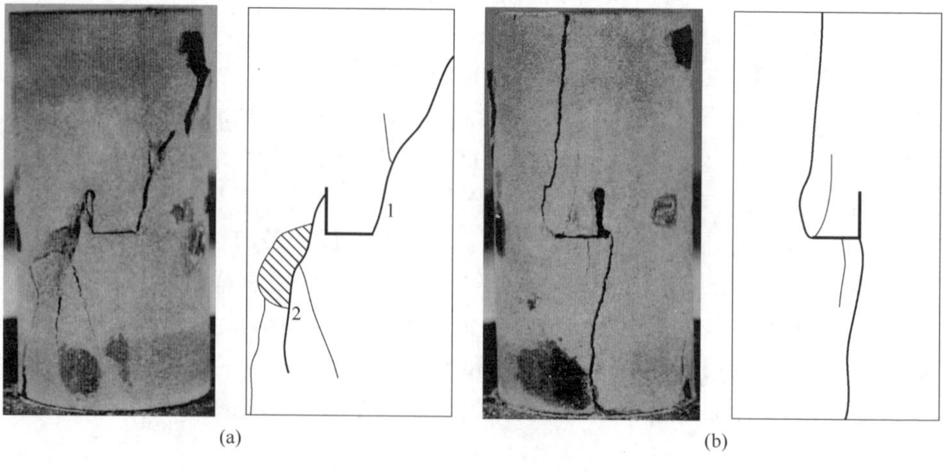

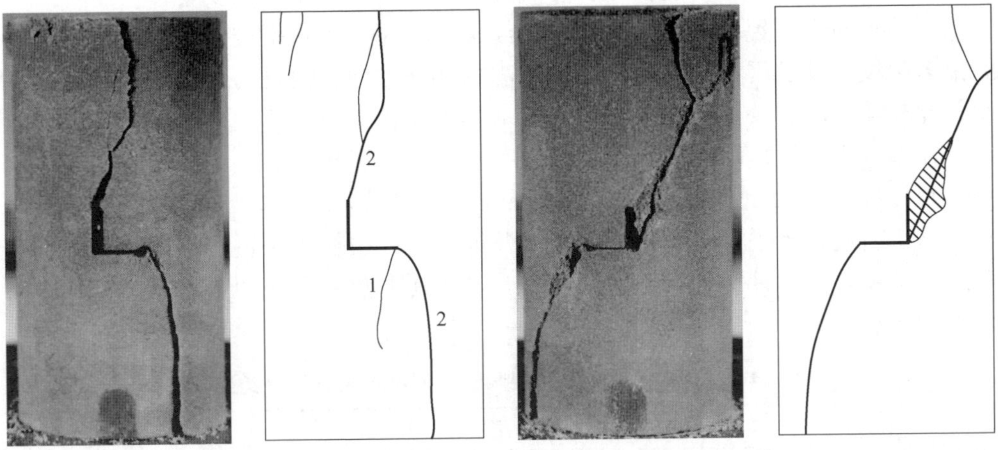

(c) (d)

图 4-13 饱水 90°交叉倾角裂隙岩样裂纹形态图（1~2 为裂隙）

（a）Ds-90-1（正面）；（b）Ds-90-1（反面）；（c）Ds-90-2（正面）；（d）Ds-90-2（反面）

从图 4-13 中可以看出，试样 Ds-90-1 在加载过程中，新裂纹首先起裂于原有裂隙 2 右尖端，裂纹起裂方向与原有裂隙成一定角度，并沿起裂方向继续扩展。之后随着加载的继续进行，在原有裂隙 1 的上尖端部位萌生一条新裂纹，该裂纹与原有裂隙成一定角度，并沿起裂方向继续扩展。随着加载的进行，上述两条裂纹持续扩展，并形成试样的最终破坏。根据图 4-13（a）和（b）分析可知，含 90°交叉倾角裂隙饱水试样 Ds-90-1 中所含有的起裂扩展裂纹类型主要有Ⅲ、Ⅷ、Ⅸ、Ⅺ和ⅩⅢ型裂纹。

含 90°交叉倾角裂隙饱水试样 Ds-90-2 在加载过程中，新裂纹首先起裂于原有裂隙 2 右尖端部位，并沿加载方向向下扩展。加载继续进行，在原有裂隙 1 上端部及原有裂隙 2 右尖端部位同时各生成一条裂纹。生成于裂隙 1 上端部的裂纹起裂方向平行于加载方向，并沿加载方向继续扩展；生成于原有裂隙 2 右尖端部位的裂纹，起裂方向与原有裂隙成钝角，但沿加载方向继续扩展。在加载的过程中，两条裂纹继续扩展，直到试样产生最终的破坏。根据图 4-13（c）和（d）分析可知，含 90°交叉倾角裂隙饱水试样 Ds-90-2 中起裂扩展裂纹的主要类型有：Ⅲ、Ⅶ、Ⅸ和ⅩⅢ型裂纹。

根据图 4-6~图 4-13 及上述分析可知，在水平交叉裂隙岩样加载过程中，原有倾斜裂隙 1 的右尖端部位，虽然会产生一定的新裂纹（并不是每个裂隙试样均会在此部位产生新裂纹），但是从整体上看，这些裂纹一般情况下较微小，裂纹宽度小，基本不会导致试样的最终破坏。因此，可以认为含水平交叉倾角裂隙岩样破坏的主导裂隙为水平裂隙，故而在工程实际施工过程中，应该特别注意控制交叉裂隙中水平裂隙的扩展情况，以确保实际工程的稳定性及安全性。

此外，与含单裂隙岩样破坏后的裂纹类型相比，含水平交叉裂隙岩样破坏后的很多裂纹，其扩展方向并不沿试验时力的加载方向，而是与加载方向成一定角度。此种类型的裂纹从形态上看，很像剪切型裂纹形态，说明两条交叉裂纹的存在，在不改变裂纹类型的情况下，将在一定程度上影响着裂纹的扩展方向。

4.1.2.3　含水平交叉倾角裂隙干燥及饱水岩样裂纹类型对比分析

基于前述含水平交叉倾角裂隙干燥及饱水岩样裂纹扩展过程描述，将试样破坏过程中包含的各种裂纹类型总结于表 4-2，其中数字和字母代表的含义与第 3 章中相同。

表 4-2　含水平交叉倾角裂隙红砂岩试样裂纹扩展类型

试样编号	裂纹类型											
	Ⅰ	Ⅱ	Ⅲ	Ⅳ	Ⅶ	Ⅷ	Ⅸ	Ⅹ	Ⅹ-1	Ⅺ	ⅩⅢ	ⅩⅢ-1
Dd-30-1						√	√M	√	√1	√		
Dd-30-2			√1			√M	√M					√
Dd-45-1						√	√	√	√1	√		
Dd-45-2			√1			√	√	√	√	√		
Dd-60-1			√1		√	√	√			√	√	√
Dd-60-2		√	√1	√	√	√	√M			√		
Dd-90-1			√1			√	√M			√	√	√
Dd-90-2	√1		√			√M	√M				√	√
Ds-30-1			√			√	√	√		√1	√	
Ds-45-1	√		√1			√	√M	√			√	
Ds-45-2			√		√	√	√M		√1			√
Ds-60-1			√1			√					√	√
Ds-60-2			√1	√		√				√		√
Ds-90-1			√			√	√			√	√1	
Ds-90-2			√1			√	√				√	

从表 4-2 中可以看出，Ⅲ、Ⅷ和Ⅸ型起裂扩展裂纹在水平交叉裂隙岩样中最容易萌生，在单裂隙岩样中较容易萌生的Ⅰ和Ⅱ型起裂扩展裂纹及Ⅳ和Ⅶ型起裂扩展裂纹仅能在个别水平交叉裂隙岩样中被观察到。此外，Ⅴ、Ⅵ和Ⅻ型起裂扩展裂纹并没有在水平交叉裂隙岩样的单轴压缩试验中被观察到，说明Ⅲ型起裂扩展裂纹是单轴压缩条件下，含水平交叉裂隙岩样破坏的主要裂纹类型。该裂纹为拉伸裂纹，因此可以说明拉伸应力仍然是含交叉裂纹岩样破坏的主要原因。同时，与单裂隙岩样类似，远场裂纹和表面剥落基本上会出现于每一块岩样中。除

此之外，Ⅺ、ⅩⅢ和ⅩⅢ-1 型起裂扩展裂纹，也是出现较多的裂纹类型。

从表 4-2 中也可以看出，Ⅲ型起裂扩展裂纹不仅是出现次数最多的裂纹，其还是主要的初始起裂裂纹。对于干燥试样而言，每一种裂隙夹角的岩样都存在Ⅲ型起裂扩展裂纹作为初始起裂裂纹的情况，其中裂隙倾角为 60°岩样的初始起裂裂纹均为Ⅲ型裂纹。此外，Ⅹ-1 型起裂扩展裂纹也是 30°和 45°倾角裂隙试样的初始起裂裂纹，而Ⅰ型起裂扩展裂纹也是 90°倾角裂隙试样的初始起裂裂纹。对于饱水试样而言，除含 30°倾角裂隙试样外，Ⅲ型起裂扩展裂纹是 45°、60°和 90°倾角裂隙试样的初始起裂裂纹。与干燥试样相同，裂隙倾角为 60°饱水岩样的初始起裂裂纹亦均为Ⅲ型裂纹。Ⅺ型裂纹是 30°倾角裂隙试样的初始起裂裂纹。从上述分析可以看出，无论水存在与否，Ⅲ型起裂扩展裂纹即拉伸型裂纹都是含交叉裂隙岩样开始破坏的主要形式。这说明水的存在，并没有像单裂隙试样一样会影响含交叉裂隙岩样的起裂模式，尤其对 60°倾角裂隙试样影响最小。

比较表 4-2 中干燥和饱水试样的裂纹类型可以看出，Ⅺ型起裂扩展裂纹主要出现在干燥试样中，ⅩⅢ型裂纹主要出现在饱水试样中。其中，Ⅺ型起裂扩展裂纹均萌生于试样水平裂隙的中部，其与上一章中理论部分计算结果相符，再一次证明理论计算结果的正确性，同时也从侧面说明，试样中原有水平裂隙处生成中间新裂纹时受到倾角裂隙的影响较小。ⅩⅢ型起裂扩展裂纹是本章试验内容中产生的新裂纹，其主要特点就是裂纹的起裂方向与原有裂隙之间成非直角。笔者认为，产生该非直角的原因主要是两条裂纹之间产生了相互影响。虽然原有倾角裂隙对水平裂隙中间部分产生的新裂纹影响较小，但对于裂纹尖端的新生裂纹，无论是起裂角还是裂纹扩展方式均有较大的影响，而且水的存在将促进这种影响的产生。

此外，无论干燥试样还是饱水试样，其基本上均发生了表面剥落，但干燥试样表面剥落现象更为明显、分布面积更大。这说明水的存在能有效减小试样表面的剥落现象，此种现象与单裂隙试样相同。

4.2 水平交叉裂隙岩样 PFC 模拟结果与分析

与第 3 章目的相同，为了更好地分析含水平交叉裂隙岩样的力学性能及破坏规律，运用 PFC 数值模拟软件对本章试验岩样的破坏过程进行了模拟分析，以期得到更有规律可循的岩样破坏情况。下面将具体阐述模拟结果，并对其进行整理分析。

4.2.1 模型的建立

本章含水平交叉裂隙岩样模型与第 3 章单裂隙岩样模型相同，均是建立在完整试样模型的基础之上。在完整试样模型中，删除交叉裂隙所在区域的颗粒，以生成模拟所需的水平交叉裂隙模型，最终生成的裂隙模型，如图 4-14 所示。

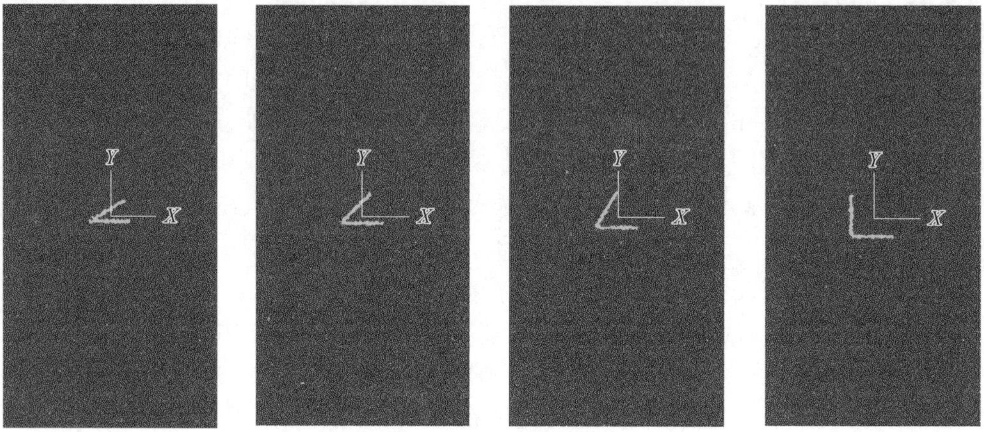

(a)　(b)　(c)　(d)

图 4-14　水平交叉倾角裂隙试样 PFC 模型

（a）30°裂隙模型；（b）45°裂隙模型；（c）60°裂隙模型；（d）90°裂隙模型

4.2.2　PFC 模拟结果与分析

与第 3 章 PFC 模拟分析内容相同，本章也将从水平交叉裂隙模型的各关键时刻应力、应变及裂纹扩展情况等方面分析单轴压缩条件下，含水平交叉裂隙岩样的力学响应行为以及破坏规律。其中，各关键时刻分别为模型所受应力为模型起裂应力（CIS）时、模型所受应力为峰值强度的 95%时（95%UCS）、模型所受应力为峰值应力（UCS）时以及峰后应力（峰后 80%UCS）。

4.2.2.1　水平交叉裂隙模型力学特性分析

图 4-15 所示为干燥及饱水交叉裂隙岩样 PFC 模型起裂应力、峰值应力以及弹性模量与试验所测平均峰值应力及平均弹性模量对比图。

从图 4-15（a）可以看出，无论是峰值应力还是弹性模量，PFC 所测值均大于试验所测值，但是其变化规律相同。对于峰值应力而言，其大小随着交叉裂隙倾角的增加而增加，即 30°交叉倾角裂隙模型的峰值强度最小，而含 90°交叉倾角裂隙模型的峰值强度最高。对于弹性模量而言，其大小先随交叉裂隙倾角的增加而增加，当交叉裂隙倾角值达到 60°时，模型的弹性模量达到最大，而后开始降低，但降低幅度较小。笔者认为，造成 PFC 模型计算值高于试验实测值是因为在 PFC 模型中，模型颗粒均匀分布，内部不含微小裂隙等缺陷，而试验岩样

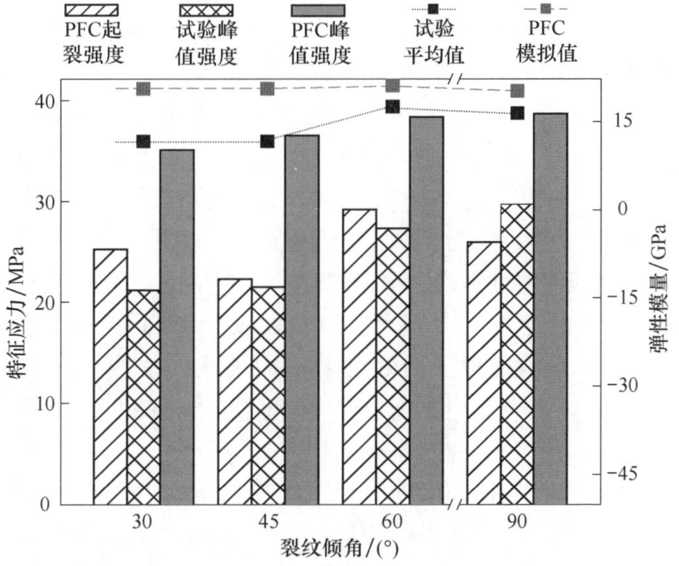

(a)

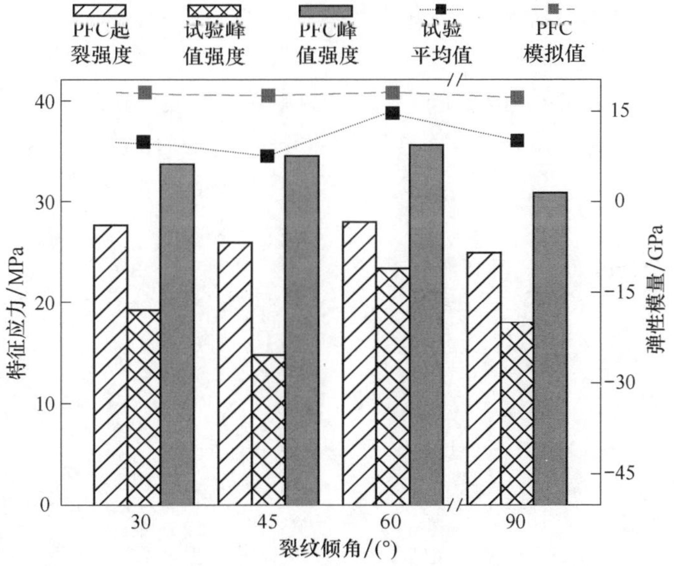

(b)

图 4-15 干燥及饱水不同水平交叉倾角裂隙模型起裂和峰值应力及弹性模量值

（a）干燥裂隙试样；（b）饱水裂隙试样

中或多或少都会含有一些微小缺陷，更容易形成宏观裂纹导致最终破坏，故 PFC 模拟值会高于试验实测值。对于起裂强度而言，其强度随交叉裂隙倾角的增加并不成线性变化规律。其中，含 45°交叉倾角裂隙岩样的起裂应力最小，并且其所占峰值强度的比例也最小，说明含 45°交叉倾角裂隙岩样最容易起裂并产生破坏。相反的，含 60°交叉倾角裂隙模型的起裂应力最大，且所占峰值强度比例最高，说明含 60°交叉倾角裂隙岩样最不容易开始产生破坏。

从图 4-15（b）中可以看出，饱水试样 PFC 模型的峰值强度首先随着交叉裂隙倾角的增加而增加，当交叉裂隙倾角为 60°时达到最大值，之后强度值下降到最小值。但是试验实测值中，含 45°交叉倾角裂隙岩样的平均峰值强度最小，并比其他试样值小很多。笔者认为，产生上述差距的原因可能是含 45°交叉倾角裂隙试样内部局部不均匀性及所含微小缺陷较多。对于饱水模型起裂强度而言，含 60°交叉倾角裂隙模型的起裂应力最大，说明含 60°交叉倾角裂隙岩样最不容易开始产生破坏；90°交叉倾角裂隙模型的起裂应力最小，说明该角度下饱水岩样最容易开始产生破坏。对于弹性模量而言，相同角度下，PFC 模型计算值要明显大于试验实测值。

从上述分析可知，水的存在能明显改变岩样的起裂强度以及不同交叉裂隙倾角岩样的单轴抗压强度和弹性模量。因此，在工程实际中，要有效预防开挖等建设过程中水对裂隙岩体的影响。

4.2.2.2　水平交叉裂隙模型裂纹扩展情况分析

A　干燥岩样

含 30°水平交叉倾角裂隙干燥岩样 PFC 模型裂纹演化过程如图 4-16 所示，其相应阶段的位移矢量及位移趋势线如图 4-17 所示，其中各箭头及数字代表内容与第 3 章相同。

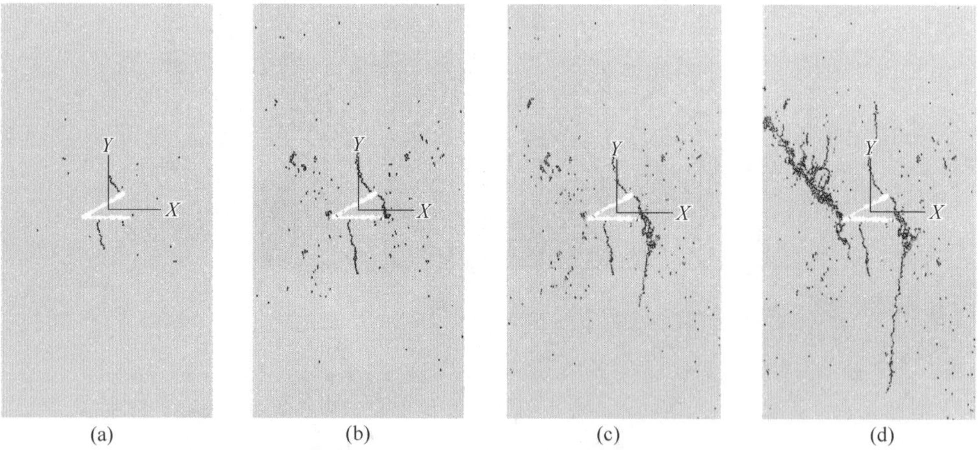

图 4-16　干燥 30°水平交叉倾角裂隙模型裂纹分布演化图

（a）CIS；（b）95%UCS；（c）UCS；（d）峰后 80%UCS

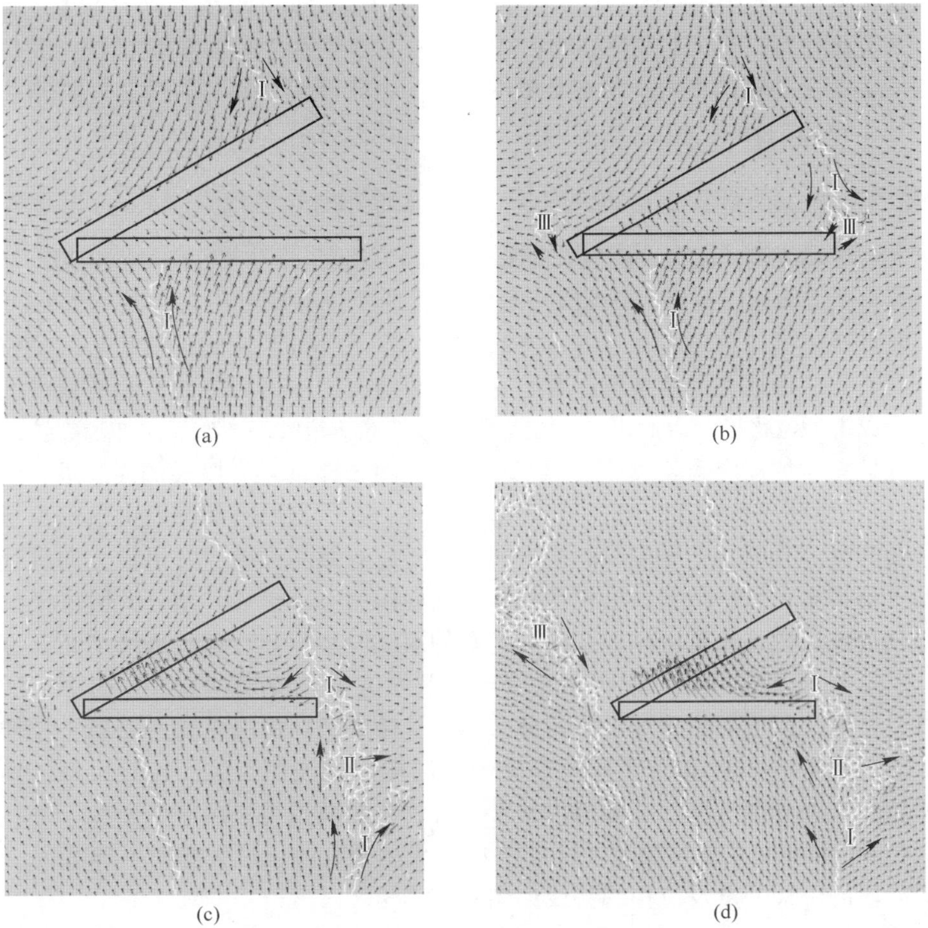

图 4-17 干燥 30°水平交叉倾角裂隙模型不同阶段位移矢量图

（a）CIS；（b）95%UCS；（c）UCS；（d）峰后 80%UCS

结合图 4-16 和图 4-17 分析可知，当模型加载应力达到模型的起裂应力时，在模型原有倾斜裂隙的右尖端部位生成一条起裂方向垂直于原有裂隙的宏观裂纹。同时，在原有水平裂隙靠中间部位，生成一条宏观裂纹，该裂纹起裂方向平行于模型的加载方向，并沿该方向继续扩展。由该阶段的位移矢量和趋势线可知，当加载应力为模型的起裂应力时，上述两条裂纹两端的位移趋势线彼此分离，根据第 3 章位移场类型分类标准，此时该位移场为Ⅰ型位移场，可以说明此阶段的两条新生裂纹均为拉伸型裂纹，其中倾斜裂隙右尖端的裂纹为拉伸翼型裂纹。

随着加载的继续进行，当模型加载应力达到其 95%UCS 时，上一阶段的两条裂纹产生了一定程度的新扩展，同时远场处生成较多分散微裂纹。此阶段最显著的变化是原有倾斜裂隙和水平裂隙的右尖端之间形成新裂纹，并形成贯通。从此阶段位移矢量和位移趋势线可以看出，萌生于两条原有裂隙之间的新裂纹所在位置的位移趋势线彼此分离，形成Ⅰ型位移场；在靠近原有水平裂隙的右尖端部位，其位移趋势线由相反的方向汇合，形成Ⅲ型位移场。由此可知，原有裂隙之间的新裂纹主要属于拉伸型裂纹，但在水平裂隙右尖端部位存在着一定的剪切破坏。

当加载应力达到模型的峰值应力时，模型中远场分散微裂纹进一步增加，但生成于 CIS 阶段的两条宏观裂纹基本没有扩展。在原有水平裂隙的右尖端部位生成一条更大的宏观裂纹，该裂纹起裂方向平行于加载方向，并沿该方向继续扩展。从此阶段位移趋势线可以看出，95%UCS 阶段时的Ⅲ型位移场处的位移趋势线彼此分离，转换成Ⅰ型位移场；在原有水平裂隙右尖端下部分区域的位移趋势线呈拉伸和剪切趋势，形成Ⅱ型位移场；更远离水平裂隙右尖端区域的位移趋势线彼此分离，形成Ⅰ型位移场。由此可知，在本阶段形成的新裂纹基本属于拉伸型裂纹。

最后，当加载应力超过峰后 80%UCS 时，生成于前述各阶段的裂纹进一步扩展，并且远场分散微裂纹亦进一步增多。此外，在模型原有裂隙左尖端部位形成两条新裂纹。其中：一条裂纹起裂方向垂直于原有倾斜裂隙，并沿该方向继续向模型上部扩展；另一条裂纹沿模型加载方向向模型下部扩展。结合此阶段模型的位移趋势线及位移矢量可知，在向上扩展的裂纹周边，其位移趋势线从相反方向汇合，形成Ⅲ型位移场，说明此区域内的裂纹为宏观剪切型裂纹；向下扩展的裂纹，其所处区域的位移场虽均匀分布，但从微观破坏情况可知，其属于拉伸型裂纹。与图 4-6 中含 30°交叉倾角裂隙干燥岩样最终破坏裂纹图比较可知，模拟分析裂纹扩展分布情况与试验结果非常接近，说明模拟结果可靠。

含 45°水平交叉倾角裂隙干燥岩样 PFC 模型裂纹演化过程如图 4-18 所示，其相应阶段的位移矢量及位移趋势线如图 4-19 所示。

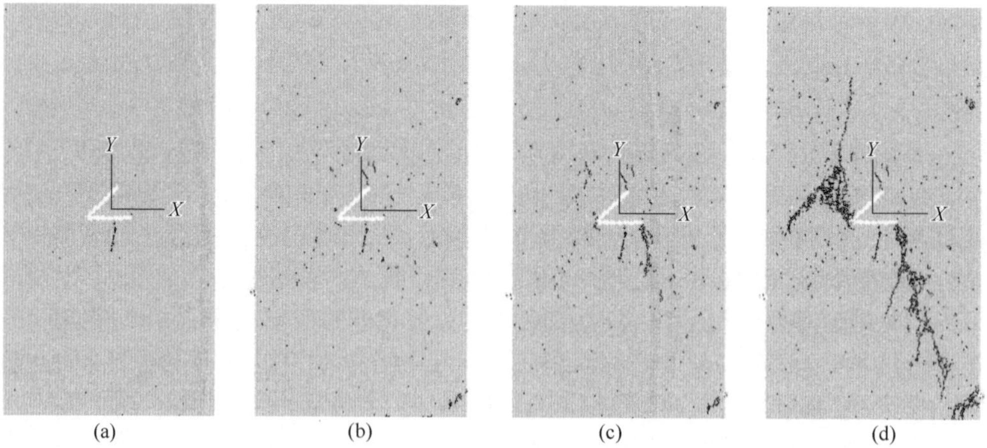

图 4-18　干燥 45°水平交叉倾角裂隙模型裂纹分布演化图

（a）CIS；（b）95%UCS；（c）UCS；（d）峰后 80%UCS

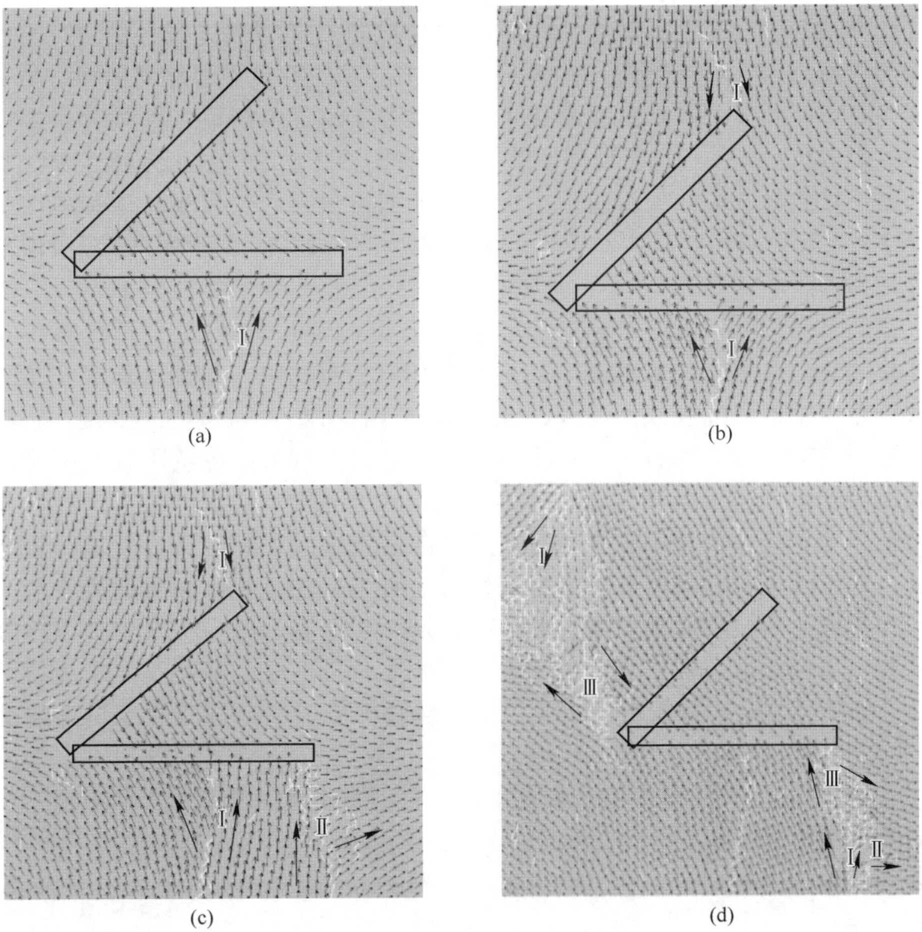

图 4-19 干燥 45°水平交叉倾角裂隙模型不同阶段位移矢量图

(a) CIS；(b) 95%UCS；(c) UCS；(d) 峰后 80%UCS

结合图 4-18 和图 4-19 分析可知，当模型加载应力达到模型的起裂应力时，在原有水平裂隙中间部位生成一条宏观裂纹，该裂纹起裂方向平行于模型加载方向，并沿该方向继续扩展。此外，在原有裂隙远场处，零星分布着少量微裂纹。该阶段新生裂纹附近两条位移趋势线彼此分离，形成Ⅰ型位移场。由此可知，此时形成的第一条宏观裂纹为拉伸型裂纹。

随着模型的继续加载，当加载应力达到 95%UCS 时，模型内部分散性微裂纹明显增多，但形成于 CIS 阶段的宏观裂纹并没有明显增长。同时，在原有倾斜裂隙右尖端部位形成新的宏观裂纹，该裂纹起裂方向垂直于原有裂隙，并沿该方向继续扩展。从图 4-19（b）可知，此时该部位的位移趋势线彼此分离，形成Ⅰ型位移场，也说明在本阶段形成的裂纹是一条宏观的拉伸裂纹。

当模型的加载应力达到模型的峰值应力时，模型内部的远场分散微裂纹进一步增加，与此相反的，形成于前两个阶段的宏观裂纹并没有明显的扩展。与上一阶段明显不同的是，本阶段在原有水平裂隙右尖端部位形成一条较大的宏观裂隙，该裂隙起裂方向平行于模型加载方向，并沿该方向继续扩展延伸。根据本阶段模型位移趋势线可知，新萌生的裂纹所处部位位移趋势线呈拉伸和剪切的趋势，形成Ⅱ型位移场。具体分析该宏观裂纹的微观破坏形式可知，此裂纹依然为拉伸型裂纹。

最后，当模型加载应力超过峰值应力变为峰后 80%UCS 时，远场微裂纹进一步增加，与此同时，形成于 UCS 阶段的宏观裂纹进一步扩展，形成一条几乎贯通模型底部的贯通裂纹。此外，在模型原有裂隙左尖端部位，形成一条新裂纹。该裂纹起裂方向垂直于原有水平裂隙，并沿加载方向继续扩展。同时，在该裂纹中部扩展出一条平行于原有倾斜裂隙的远场宏观裂纹。从本阶段位移矢量及位移趋势线方面可知，在原有水平裂隙右尖端的下部区域，位移趋势线呈相反方向汇合，位移场由Ⅱ型位移场转变为Ⅲ型。在该裂纹相对远离尖端的区域，左侧成Ⅰ型位移场而右侧呈Ⅱ型位移场。在原有裂隙左尖端处，位移趋势线从相反方向汇合，形成Ⅲ型位移场，因此本阶段形成的新裂纹为宏观剪切型裂纹。与图 4-7 对比分析可知，模拟所得裂纹扩展类型与试验裂纹形态吻合性较高。

含 60°水平交叉倾角裂隙干燥岩样 PFC 模型裂纹演化过程如图 4-20 所示，其相应阶段的位移矢量及位移趋势线如图 4-21 所示。

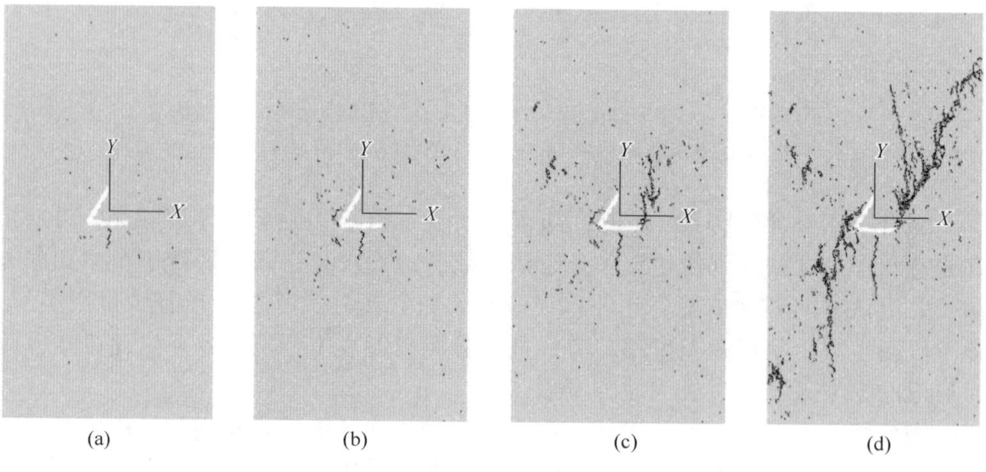

图 4-20　干燥 60°水平交叉倾角裂隙模型裂纹分布演化图

(a) CIS；(b) 95%UCS；(c) UCS；(d) 峰后 80%UCS

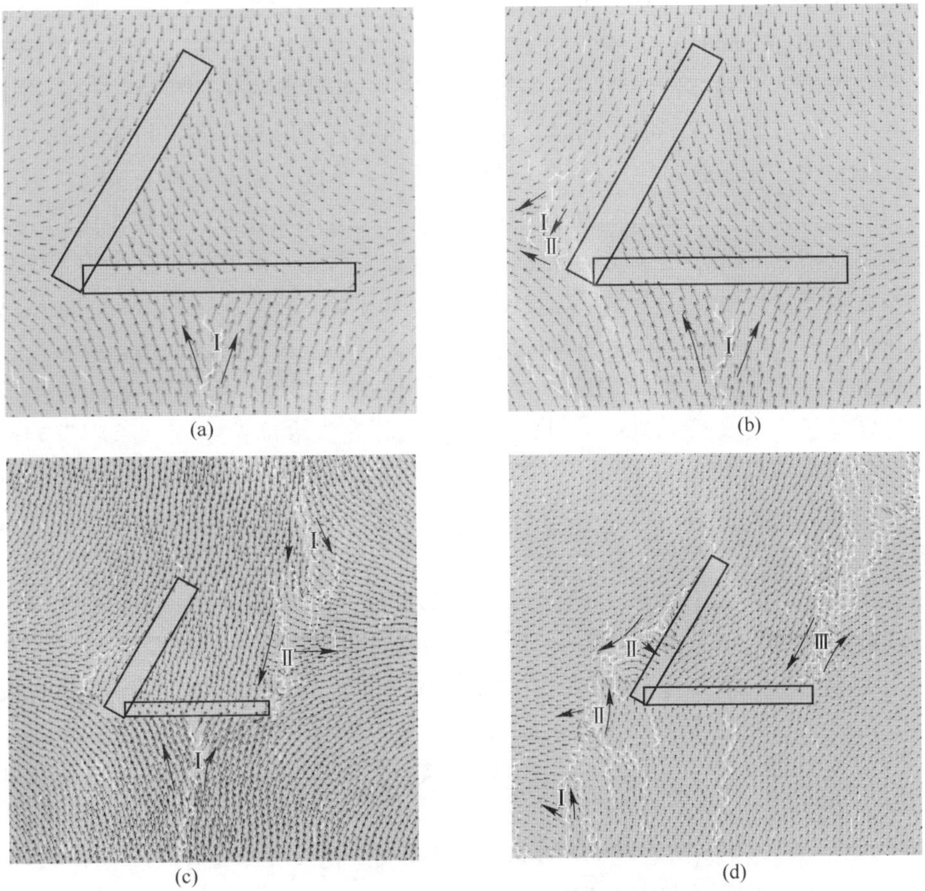

图 4-21 干燥 60°水平交叉倾角裂隙模型不同阶段位移矢量图

(a) CIS；(b) 95%UCS；(c) UCS；(d) 峰后 80%UCS

结合图 4-20 和图 4-21 分析可知，当模型加载应力达到模型的起裂应力时，在原有水平裂隙中间部位萌生一条起裂方向垂直于原有裂隙的裂纹，该裂纹沿加载方向继续扩展。此外，在模型裂隙远场处零星分布着一些离散微裂纹。根据模型此阶段位移趋势线可知，此时两位移趋势线彼此分离，形成Ⅰ型位移场。因此，模型中首条宏观裂纹为拉伸型裂纹。

当模型加载应力达到 95%UCS 时，模型中远场微裂纹明显增多，同时上阶段形成的宏观裂纹进行了一定程度的扩展。此外，在模型原有裂隙左尖端处形成一条微小的新裂纹，同时在其上部平行于原有倾斜裂隙的方向上亦形成一条新裂纹。结合本阶段位移趋势线可知，在裂纹尖端处的位移趋势线呈拉伸和剪切趋势，形成Ⅱ型位移场；平行于原有倾斜裂隙的裂纹处，其位移趋势线彼此分离，呈Ⅰ型位移场。因此，此处裂纹为由微观拉伸和剪切共同破坏作用下的宏观拉伸型裂纹。

随着模型的进一步加载，当加载应力达到模型的峰值应力时，模型内部分散型微裂纹显著增加，同时，生成于 CIS 阶段的裂纹进一步稳定扩展。此外，在模型原有水平裂隙的右尖端部位形成了一条新的裂纹，该裂纹起裂方向垂直于原有裂隙方向，并沿加载方向继续扩展。同时，在该裂纹的右侧，形成一条平行于加载方向的宏观远场裂纹。分析此时模型的位移趋势线可知，生成于原有裂隙右尖端处裂纹附近的位移场为Ⅱ型位移场，因为其位移趋势线呈现出拉伸和剪切共同作用趋势。宏观远场裂纹附近的位移趋势线呈彼此分离的状态，因此，该处的位移场为Ⅰ型位移场。基于上述分析可知，生成于本阶段的位于原有水平裂隙右尖端部位的裂纹为由微观拉伸和剪切破坏共同作用的宏观拉伸型裂纹；远场裂纹为拉伸型裂纹。

当加载应力超过模型峰值应力，并变为峰后 80%UCS 时，前述各阶段生成的裂纹继续增长，主要变化在于：在原有水平裂隙右尖端部位生成一条起裂方向与原有裂隙方向成钝角的新裂纹，之后该裂纹沿其起裂方向继续扩展至模型右边界。分析其位移趋势线可知，此条新生裂纹周边位移场为Ⅲ型位移场，故该裂纹为宏观剪切型裂纹。此外，生成于 95%UCS 阶段的裂纹在本阶段扩展为一条很大的宏观裂纹，该裂纹沿加载方向向模型下部扩展。比较图 4-21（b）和（d）中原有裂隙左尖端处位移矢量可知，本阶段该处模型位移场发生了较大的改变，具体为由原本的Ⅰ、Ⅱ型位移场转变为纯Ⅱ型位移场，而该裂纹远离模型原有裂隙尖端处的位移场则为Ⅰ型位移场。故可以认为，本阶段扩展形成于原有裂隙左尖端处的裂纹为宏观拉伸型裂纹。与图 4-8 比较可知，模拟结果能很好地反映试验中岩样的裂纹形态。

干燥含 90°交叉倾角裂隙岩样 PFC 模型裂纹演化过程如图 4-22 所示，其相应阶段的位移矢量及位移趋势线如图 4-23 所示。

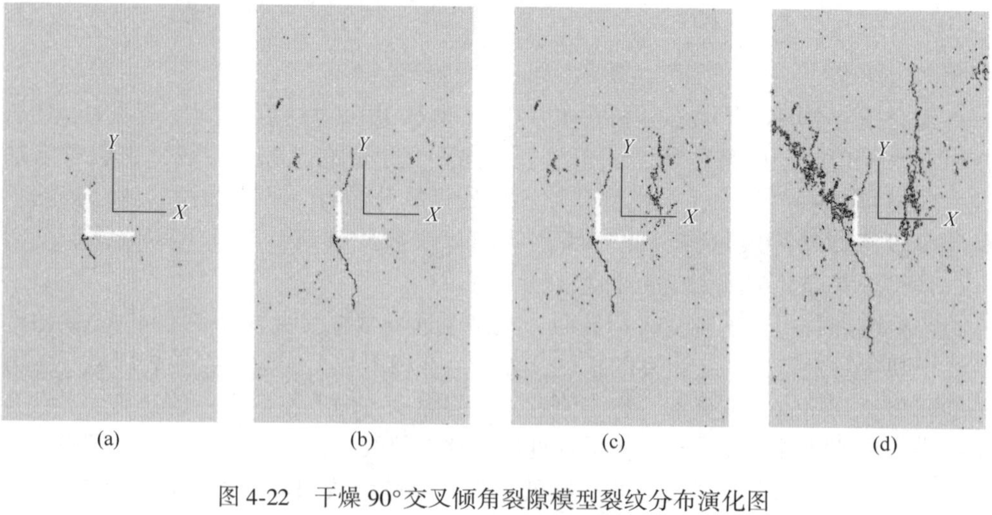

图 4-22　干燥 90°交叉倾角裂隙模型裂纹分布演化图

（a）CIS；（b）95%UCS；（c）UCS；（d）峰后 80%UCS

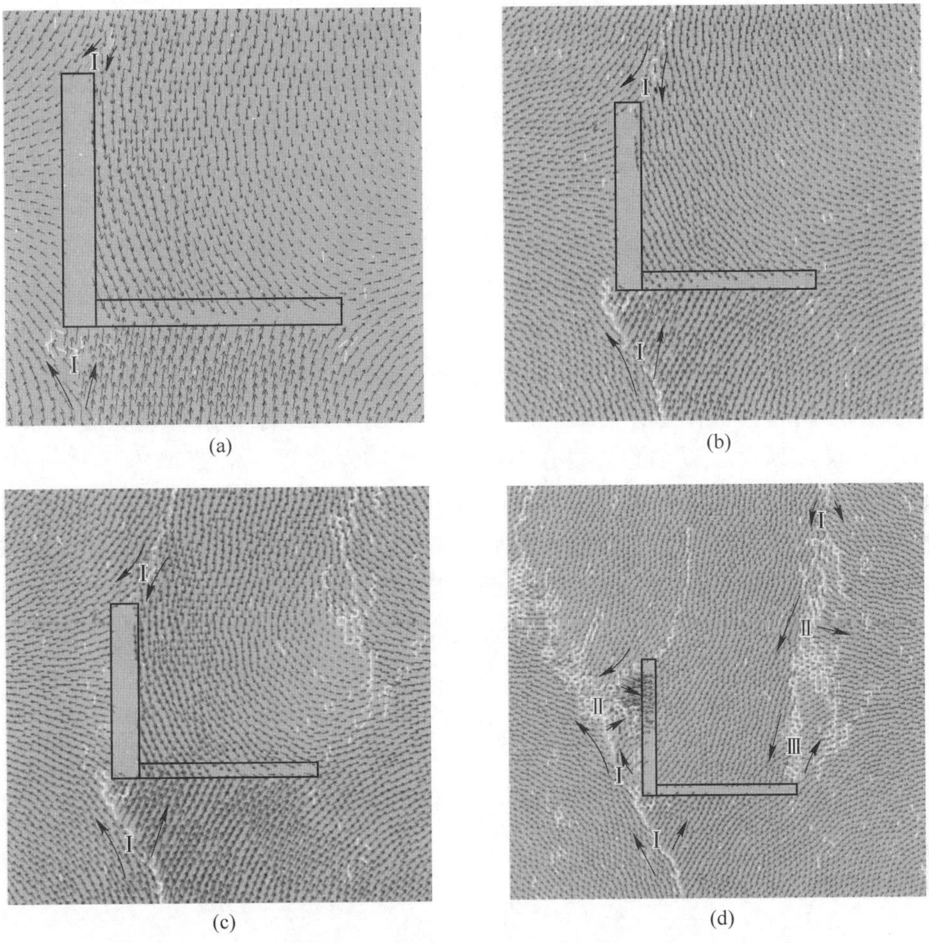

图 4-23 干燥 90°交叉倾角裂隙模型不同阶段位移矢量图
（a）CIS；（b）95%UCS；（c）UCS；（d）峰后 80%UCS

结合图 4-22 和图 4-23 分析可知，当模型加载应力达到模型的起裂应力时，在原有垂直裂隙两尖端各生成一条新裂纹，且新裂纹起裂方向与原有裂隙均成一定的角度。此外，在模型原有裂隙远场处形成了零散分布的微裂纹。从此阶段位移趋势线可知此状态下，上下两条新裂纹所在位置的位移趋势线均呈彼此分离的状态，即新裂纹所处的位移场为 I 型位移场。故而可知，本阶段形成的新裂纹均为拉伸型裂纹。

随着模型的继续加载，当加载应力达到模型峰值应力的 95%UCS 时，模型内部零星分布的微裂纹明显增加，同时 CIS 阶段生成的两条新裂纹均产生较为明显的扩展。除此之外，并没有新的宏观裂纹产生。分析此时模型的位移矢量以及位移趋势线可知，上述新裂纹周边位移场没有转换类型，依然为Ⅰ型位移场。因此，本阶段内裂纹在拉应力的作用下产生了相应的扩展。

当模型加载应力达到模型的峰值强度时，模型内的分散微裂纹产生进一步增加，但CIS阶段生成的宏观裂纹并没有明显的增长。本阶段内，在原有裂隙的右侧生成一条新远场裂纹，该裂纹平行于加载方向。根据图4-23（c）可以看出，此时远场裂纹周边位移矢量分布均匀，不属于前述3种位移场中的任何一种，但从已有微裂纹的破坏模式可以看出，该远场裂纹属于宏观拉伸型裂纹。

模型继续加载，当模型加载应力变为峰后80%UCS时，模型中分散微裂纹进一步增加，同时模型左尖端处裂纹产生进一步扩展，但扩展量相对较小。此外，生成于CUS阶段的远场裂纹同时向模型上下两方向扩展，且与原有水平裂隙右尖端贯通。同时，在模型原有裂隙左尖端处生成一条与原有水平裂隙成钝角的新裂纹，并且该裂纹沿裂纹的起裂方向扩展至模型左边界。从图4-23（d）可以看出，原有水平裂隙右尖端处裂隙所在区域的位移场成三种状态，从裂隙尖端向上依次为Ⅲ型、Ⅱ型和Ⅰ型位移场。故而可知，该裂纹靠近原有裂隙尖端处为宏观剪切裂纹，远离原有裂隙尖端处为宏观拉伸型裂纹，原有裂隙左尖端处的位移场为Ⅰ型和Ⅱ型位移场。因此，该裂纹的起裂应力为拉伸应力，该裂纹为微观拉伸破坏形成的拉伸裂纹。比较图4-9可发现模拟结果与试验裂纹形态十分相似，其可以代表该状态下裂纹的破坏形式。

B　饱水试样

含30°水平交叉倾角裂隙饱水岩样PFC模型裂纹演化过程如图4-24所示，其相应阶段的位移矢量及位移趋势线如图4-25所示。

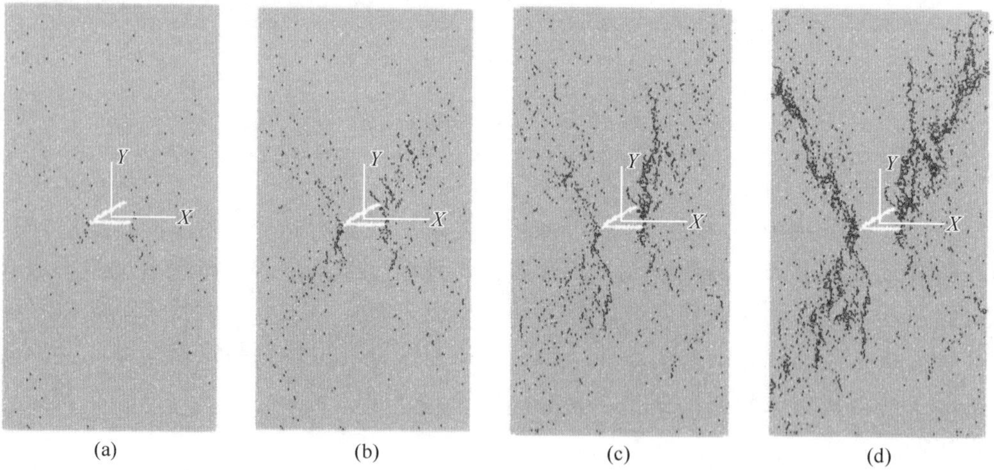

图4-24　饱水30°交叉倾角裂隙模型裂纹分布演化图

（a）CIS；（b）95%UCS；（c）UCS；（d）峰后80%UCS

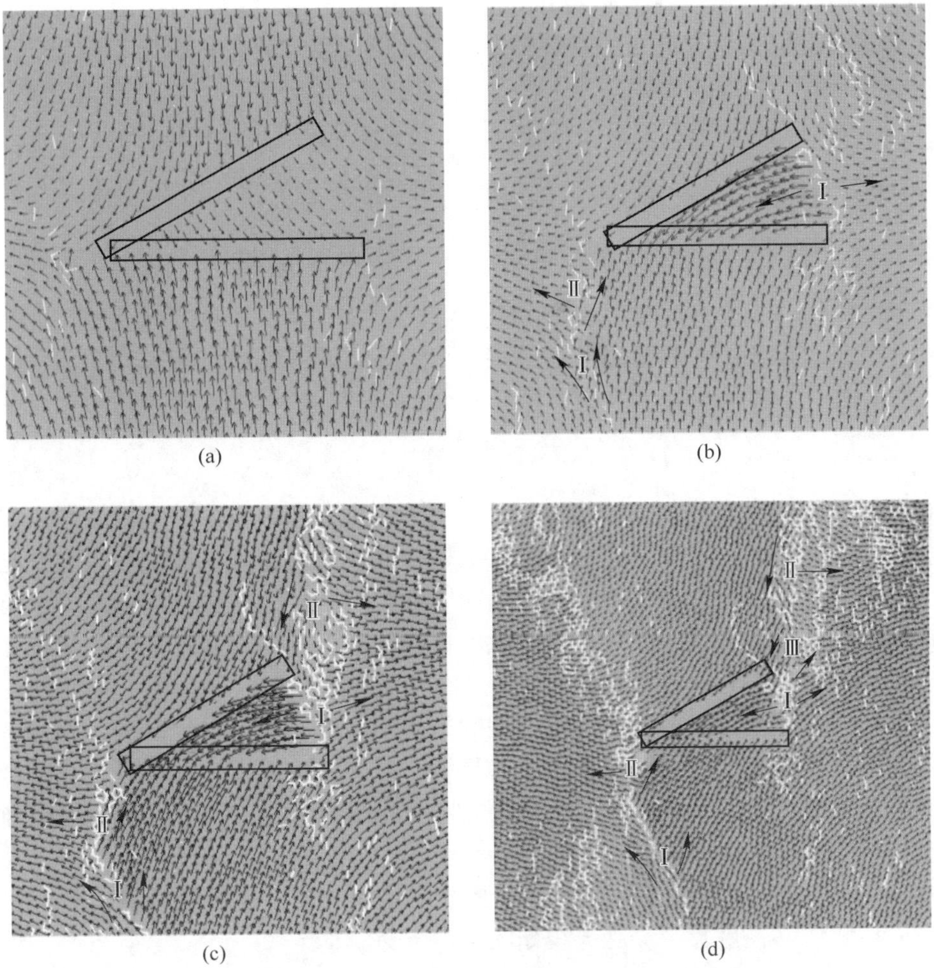

图 4-25　饱水 30°交叉倾角裂隙模型不同阶段位移矢量图

（a）CIS；（b）95%UCS；（c）UCS；（d）峰后 80%UCS

结合图 4-24 和图 4-25 分析可知，当模型加载应力达到模型的起裂应力时，模型内部生成较多分散微裂纹，并且在原有裂隙尖端亦存在微裂纹。从本阶段的位移矢量图可以看出，此时模型内部位移矢量分布均匀，无特殊位移场存在。但是，从这些微裂纹的破坏形式可知，其均属于拉伸破坏。

随着模型的继续加载，当加载应力达到 95%UCS 时，模型内部分散微裂纹明显增加。同时，在模型原有裂隙左尖端部位形成宏观新裂纹，该裂纹起裂方向垂直于原有水平裂隙，并沿加载方向扩展。此外，在原有倾斜裂隙右尖端部位生成一条垂直于倾斜裂隙的新裂纹，并且在两条原有裂隙之间形成新裂纹，该裂纹贯通两原有裂隙右尖端。结合图 4-25（b）可知，在原有裂隙左尖端处生成的新裂纹周边，其位移趋势线呈拉伸和剪切趋势，但是同一裂纹靠原有裂隙较远处其位移趋势线彼此分离。因此，原有裂隙左尖端处形成裂纹的位移场为Ⅰ型和Ⅱ型位移场。同时分析该裂纹的微观破坏方式为拉伸破坏，故而可知，该裂纹为宏观拉伸型裂纹。贯通原有裂隙右尖端的裂纹，其周边位移趋势线彼此分离，形成Ⅰ型位移场，因此，此处的裂纹亦为拉伸型裂纹。原有裂隙左尖端处萌生的向上扩展的新裂纹，其周边位移矢量分布均匀，从其破坏形式可知，该裂纹为翼型拉伸裂纹。

当模型加载应力达到模型峰值强度时，模型内部分散型微裂纹显著增加，同时，在原有水平裂隙右尖端部位形成新裂纹。该裂纹起裂方向垂直于原有裂隙，并且沿加载方向继续扩展。分析图4-25（c）可知，模型在CIS和95%UCS阶段生成的宏观裂纹周边的位移场均未发生改变。而本阶段新生成裂纹周围的位移趋势线呈拉伸和剪切趋势，形成Ⅱ型位移场。综合分析其微观破坏类型，可知该裂纹为宏观拉伸裂纹。

当模型加载应力超过其峰值强度，并变为峰值强度的80%时，模型内微裂纹进一步增加。同时，在模型原有裂隙左尖端处形成一条宏观新裂纹。该裂纹起裂方向垂直于原有倾斜裂隙，并沿起裂方向继续扩展至模型的左边界。此外，模型内部形成两条较大的远场裂纹。从该远场裂纹的微观破坏类型可知，这两条远场裂纹均属于拉伸型裂纹。结合图4-25（d）可知，除原有倾斜裂隙右尖端处位移场由Ⅱ型转变为Ⅲ外，其他区域内模型的位移场均未发生形态的改变。此时，原有倾斜裂隙左尖端处的位移场虽然变为Ⅲ型，但其对该裂纹的破坏形式并未产生影响，故而此处裂纹依旧是拉伸型裂纹。比较图4-10可知，模拟结果能正确地反映试验中岩样的破坏形式。

含45°水平交叉倾角裂隙饱水岩样PFC模型裂纹演化过程如图4-26所示，其相应阶段的位移矢量及位移趋势线如图4-27所示。

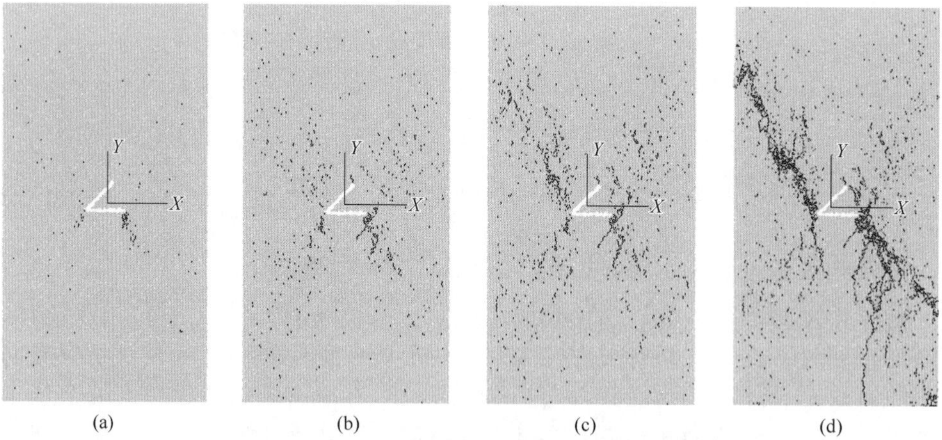

图4-26　饱水45°交叉倾角裂隙模型裂纹分布演化图

（a）CIS；（b）95%UCS；（c）UCS；（d）峰后80%UCS

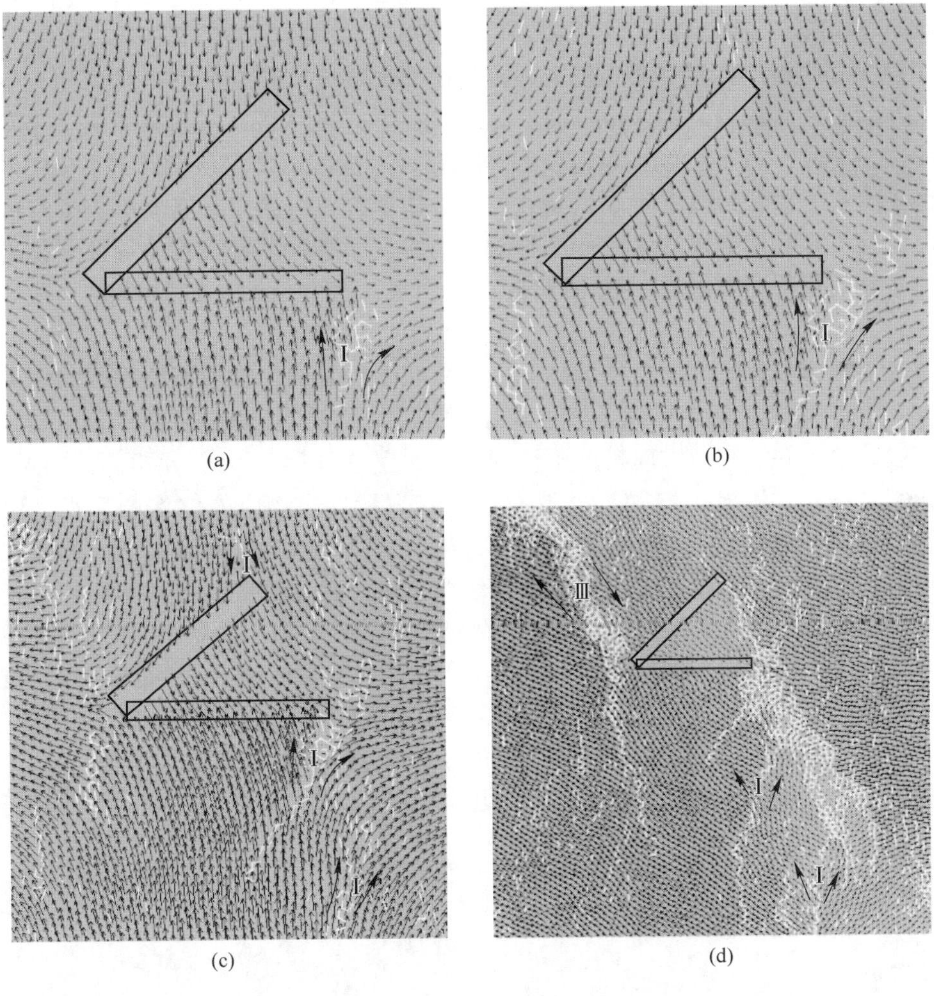

图 4-27 饱水 45°交叉倾角裂隙模型不同阶段位移矢量图
(a) CIS；(b) 95%UCS；(c) UCS；(d) 峰后 80%UCS

结合图 4-26 和图 4-27 分析可知，当模型加载应力达到模型的起裂应力时，模型原有水平裂隙右尖端处生成一条宏观裂纹，该裂纹起裂方向垂直于原有裂隙，并沿加载应力方向继续扩展。此外，模型中生成较多的远场分散微裂纹。从图 4-27（a）中可看出，在该宏观裂纹周边其位移趋势线彼此分离，形成Ⅰ型位移场。由此可知，该宏观裂纹为拉伸型裂纹。

随着加载应力的继续进行，当加载应力达到 95%UCS 时，模型内部分散微裂纹继续增加，同时上阶段生成的宏观裂纹进一步扩展。从本阶段位移矢量和趋势线可以看出，本阶段位移矢量虽有小部分的改变，但并没有影响宏观裂纹处位移场状态。因此，本加载阶段可以认为仅促进了裂纹长度的增加。

当加载应力达到模型的峰值应力时，模型内部分散微裂纹进一步增加，生成于 CIS 阶段的宏观裂纹进一步扩展。此外，在原有倾斜裂隙右尖端部位生产新的裂纹，该裂纹平行于加载方向起裂，并沿该方向扩展延伸。从图 4-27（c）可以看出，生成于倾斜裂纹右尖端处裂纹周边的位移趋势线彼此分离，形成Ⅰ型位移场。因而可知，该裂纹亦为拉伸型裂纹。同时，原有水平裂纹右尖端处裂纹扩展出的新裂纹周边位移趋势线亦彼此分离，形成Ⅰ型位移场，使拉伸裂纹进一步扩展。

当加载应力超过模型的峰值应力为峰后 80%UCS 时，在模型原有裂隙左尖端和原有水平裂隙右尖端生成较大的宏观裂纹。这两条宏观裂纹起裂方向均与原有裂隙成钝角，并沿起裂方向扩展延伸到模型的左右边界。此外，原有裂隙右尖端被新裂纹贯通。从图 4-27 可知，原有裂隙左尖端处裂纹所处位移场为Ⅲ型位移场，但其微观破坏形态基本为拉伸破坏，故该裂纹为微观拉伸破坏形成的宏观剪切破坏。原有水平裂隙右尖端处的新裂纹及贯通原有裂隙右尖端处的裂纹，其所处位移场此时刻均较为均一，分析其微观破坏形态以及位移矢量变化趋势可知，这两条裂纹均为拉伸型裂纹。对比图 4-11 可知，模拟结果与试验裂纹形态相近，模拟结果能反映实际试验过程。

含 60°水平交叉倾角裂隙饱水岩样 PFC 模型裂纹演化过程如图 4-28 所示，其相应阶段的位移矢量及位移趋势线，如图 4-29 所示。

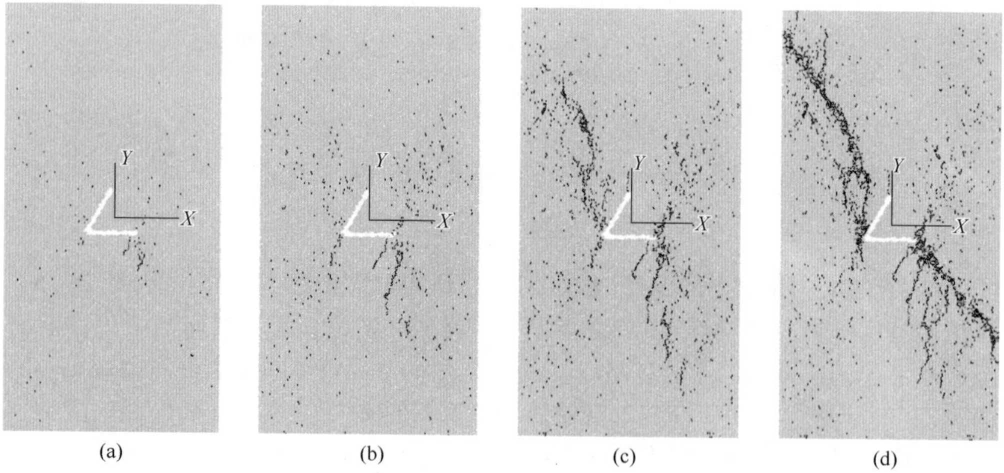

图 4-28　饱水 60°交叉倾角裂隙模型裂纹分布演化图

（a）CIS；（b）95%UCS；（c）UCS；（d）峰后 80%UCS

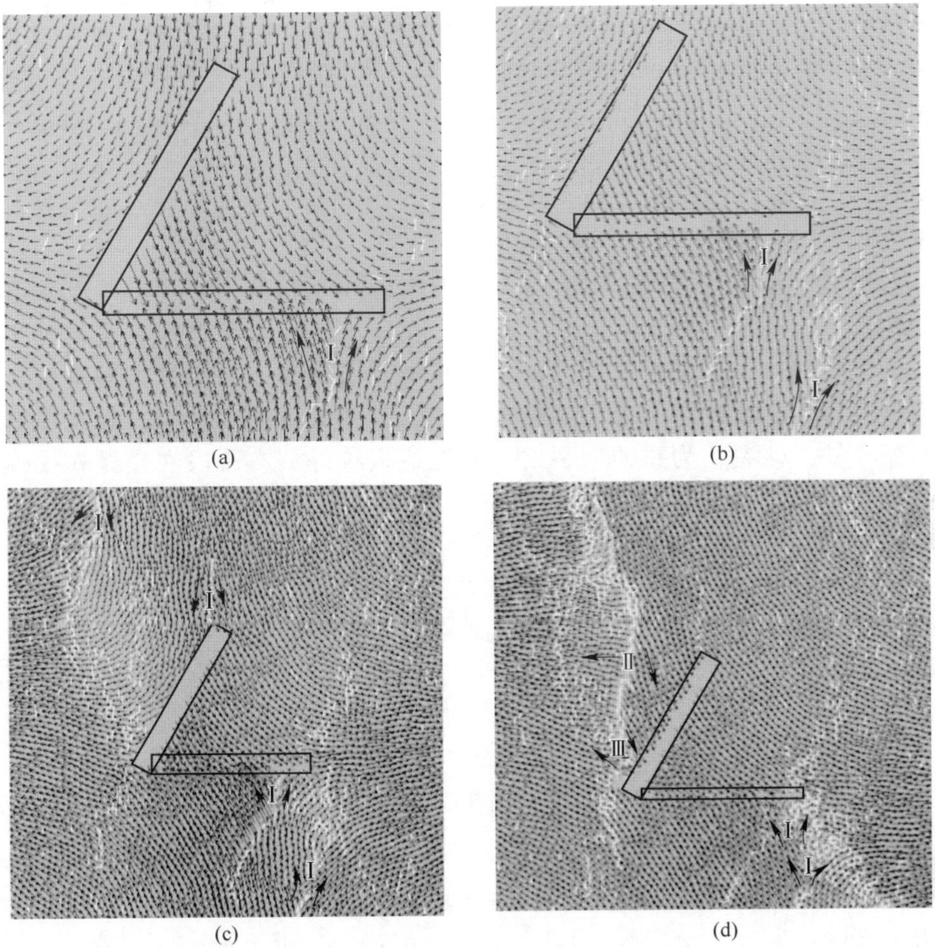

图 4-29 饱水 60°交叉倾角裂隙模型不同阶段位移矢量图

（a）CIS；（b）95%UCS；（c）UCS；（d）峰后 80%UCS

结合图 4-28 和图 4-29 分析可知，当模型加载应力达到模型的起裂应力时，在模型原有水平裂隙右尖端处生成一条宏观裂纹，该裂纹起裂方向垂直于原有裂隙，并沿加载方向扩展。此外，模型中生成零星分布的微裂纹。从本阶段位移矢量和趋势线图可知，在新生成的裂纹周边位移趋势线呈彼此分离状态，形成Ⅰ型位移场。因而可知，该新裂纹为拉伸型裂纹。

模型继续加载到 95%UCS 时，模型中分散微裂纹明显增加。同时，原有水平裂隙右尖端处裂纹进一步扩展，并且在该裂纹下侧生成一条远场裂纹。从位移矢量图中可以看出，该远场裂纹周围位移场为Ⅰ型位移场，故可以认为该远场裂纹为拉伸型裂纹。

当模型加载应力到达其峰值应力时，模型内部分散微裂纹显著增加，并且水平裂隙右尖端处裂纹进一步扩展。从其位移矢量图可知，此裂纹处位移矢量有所改变，但位移场与上一阶段相同。此外，在原有倾斜裂隙右尖端处生成一条新裂纹，该裂纹沿加载方向起裂和扩展。结合该裂纹所处区域的位移场类型可知，该新生裂纹为拉伸型裂纹。与此同时，在模型的左侧区域形成较大的远场裂纹，从该裂纹周边的位移趋势线彼此分离可知，该远场裂纹亦为拉伸型裂纹。

当模型加载应力超过其峰值应力变为峰后 80%UCS 时，模型中远场裂纹继续扩展，有些形成较大的裂纹。此外，在模型原有水平裂隙右尖端处形成一条新宏观裂纹，该裂纹起裂方向与水平裂隙成钝角，并沿该方向继续扩展至模型右边界。在此时，该裂纹所处区域的位移矢量均匀分布，但从微观破坏类型可知，该裂纹为拉伸型裂纹。除上述裂纹外，本阶段在模型左尖端处亦生成一条新裂纹，该裂纹起裂和初始扩展方向均沿模型的加载方向。从图 4-29（d）中可知，该裂纹紧邻原有裂隙左尖端处位移趋势线从相反方向汇合，形成Ⅲ型位移场，即此处裂纹的扩展主要受宏观剪切力。但稍远处，该裂纹所处位移场为Ⅱ型位移场，可知该宏观裂纹既受宏观拉应力作用又受宏观剪切力作用。将本模型裂纹状态与试验结果对比可知，两者的裂纹形态非常相似。

含 90°水平交叉倾角裂隙饱水岩样 PFC 模型裂纹演化过程如图 4-30 所示，其相应阶段的位移矢量及位移趋势线如图 4-31 所示。

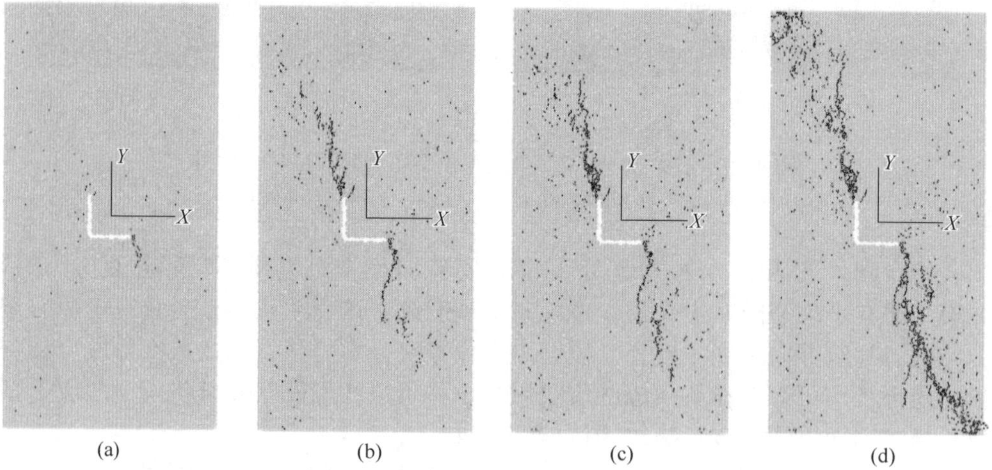

图 4-30　饱水 90°交叉倾角裂隙模型裂纹分布演化图

（a）CIS；（b）95%UCS；（c）UCS；（d）峰后 80%UCS

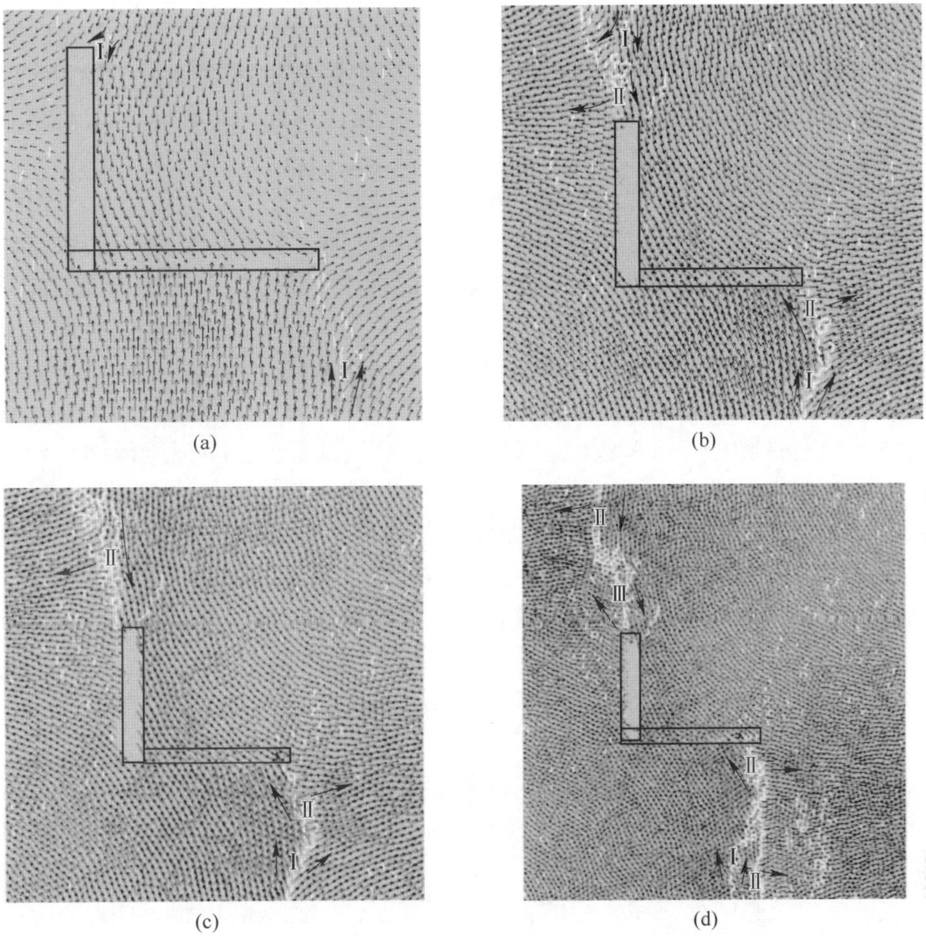

图 4-31 饱水 90°交叉倾角裂隙模型不同阶段位移矢量图

(a) CIS；(b) 95%UCS；(c) UCS；(d) 峰后 80%UCS

结合图 4-30 和图 4-31 分析可知，当模型加载应力达到模型的起裂应力时，在模型原有水平裂隙右尖端部位生成一条垂直于原有裂隙并沿加载方向扩展的裂纹。从位移矢量图中可以看到，该裂纹靠近原有裂隙尖端位置，位移矢量均匀分布，而稍远位置处位移场成 I 型，故可以认为此裂纹为拉伸型裂纹。除该裂纹外，本阶段在模型内部还生成少量分散微裂纹。

加载应力逐渐增大至 95%UCS，模型中分散微裂纹明显增加，且原有水平裂隙右尖端处的裂纹进一步扩展。此外，在原有竖直裂隙的上尖端处形成一条新裂纹，该裂纹起裂方向沿模型加载方向，并向上扩展。此时，该新生裂纹处于 I 型和 Ⅱ 型位移场中，形成宏观拉伸型裂纹。原有水平裂隙右尖端处位移场由均匀分布转变为Ⅱ型，并且该区域内微裂纹明显增加，因此可以认为在Ⅱ型位移场的作用下产生了新裂纹。

当加载应力达到模型的峰值应力时，模型中裂纹继续增加，生成于 CIS 和 95%UCS 阶段的裂纹进一步延伸扩展。同时，在远场处形成较大的宏观远场裂纹。从此阶段的位移矢量图可以看出，此时刻较上一阶段位移矢量虽然有一定程度的变化，但主要位移场并没有发生转变。

继续加载应力，加载应力变为峰后 80%UCS 时，模型中已生成裂纹继续扩展；同时，在原有水平裂隙右尖端生成新裂纹，该裂纹起裂及初始扩展方向均平行于模型加载方向。对比图 4-31（c）和（d）可知，该裂纹所处位移场为Ⅱ型位移场，因此可以认为该裂纹为宏观拉伸和剪切力共同作用产生的。此外，还可以发现，垂直裂隙上尖端部位位移场转换为Ⅲ型，可以认为新增裂纹均为该位移场条件下产生的宏观剪切型裂纹。对比图 4-13 可以看出，模拟所得裂纹形态与试验裂纹形态非常的相似。

通过上述分析可知，PFC 模型所得的裂纹形态与试验实测裂纹形态非常接近，因此可以认为，PFC 软件能较好地模拟岩样的裂纹扩展，可以被运用于工程实际中分析大型边坡等工程中的裂纹扩展与工程体稳定性问题。

4.3　本章小结

本章主要总结分析了单轴压缩条件下含水平交叉裂隙岩样的力学特性及其裂纹扩展和试样最终破坏形态。在试验的基础上，运用 PFC 模拟软件对干燥和饱水两种状态下岩样的破坏过程进行了数值分析。基于上述试验和数值模拟分析发现，水平交叉裂隙的存在使岩样的脆性破坏减弱，延性破坏增强。同时，水的存在可以降低含水平交叉裂隙试样的峰值强度和弹性模量，但其对峰值应变的改变没有明显规律。

对于含水平交叉裂隙试样的裂纹扩展情况而言，试样内预制水平裂隙是含水平交叉裂隙岩样破坏的主导裂隙。无论试样处于干燥状态还是饱水状态，Ⅲ型裂纹都是含水平交叉裂隙岩样开始破坏的主要裂纹形式。此外，在含水平交叉裂隙试样的新生裂纹中，众多裂纹不再沿加载力方向扩展，而是沿与加载方向成一定角度的方向扩展，水的存在会对这种改变产生促进作用。同时，水的存在亦能有效减少试样表面剥落现象的产生。

5 垂直交叉裂隙岩体破坏分析

在实际岩土工程中，裂隙等不连续结构面以各种各样的状态存在于岩体中。有时在大面积岩体范围内仅存在一个单一裂隙或其他不连续面，有时在一片区域内存在大量的节理裂隙等结构面。这些共同存在于一定区域的不连续面，有些独立存在不与其他不连续面相连，与其他不连续面呈平行或延长线斜交状态，有些裂隙等不连续面与其他不连续面呈交叉状态。分析以往众学者的研究成果可知，目前已有的研究主要集中在彼此不相连的结构面之间，而对于已成一定连接状态的节理、裂隙等结构面的破坏情况研究较少。此外，在岩土工程施工过程中，岩土体可能受到来自不同方向的作用力，即存在于岩土体中的节理、裂隙等结构面将受到不同方向的作用力。为更好地分析含节理、裂隙岩体的破坏情况，需对不同情况下裂隙岩体的破坏过程进行分析。本书第 3 章和第 4 章已分析了单裂隙和水平交叉裂隙岩样在单轴压缩条件下的破坏过程及力学响应机制，本章将分析垂直交叉裂隙岩体的破坏过程，以期更全面地了解交叉裂隙岩体破坏过程中裂纹的起裂、扩展情况以及岩体最终的破坏形式，为岩土工程的可靠施工提供理论依据。

5.1 垂直交叉裂隙岩体试验结果与分析

本章试验岩样分组情况与第 3 章和第 4 章相同，即将不同垂直交叉裂隙倾角的岩样分为干燥岩样和饱水岩样两大部分，以期分析不同交叉倾角裂隙以及含水状态对岩样的力学参数以及破坏形态的影响。在试验的基础上，本章也对试验岩样的破坏过程进行了数值模拟，将从试验和数值模拟两方面分析岩样的破坏过程以及相关力学参数。

5.1.1 垂直交叉裂隙岩样强度与变形特性分析

根据第 2 章所述，本章试样的垂直裂隙交叉倾角分别为 30°、45°、60° 和 90°，具体裂隙形态如图 2-6（c）所示。表 5-1 为单轴压缩条件下，垂直交叉倾角裂隙的干燥和饱水岩样的力学特性参数。

表 5-1　干燥及饱水状态下不同垂直交叉倾角裂隙试样力学测试参数

试样编号	干湿状态	峰值应力/MPa	峰值应变/%	弹性模量/GPa
Vd-30-1	干燥	26.23	84.11	18.64
Vd-30-1	干燥	21.48	87.91	15.42
Vd-45-1	干燥	26.84	83.59	16.05
Vd-45-2	干燥	32.80	83.32	19.51
Vd-60-1	干燥	23.06	80.49	14.05
Vd-60-2	干燥	17.49	84.54	10.54
Vd-90-1	干燥	15.26	76.32	8.43
Vd-90-2	干燥	19.87	80.13	11.82
Vs-30-1	饱水	24.18	83.33	16.95
Vs-30-2	饱水	20.13	86.90	13.11
Vs-45-1	饱水	24.66	85.26	16.21
Vs-45-2	饱水	27.36	85.69	14.95
Vs-60-1	饱水	22.70	87.25	13.31
Vs-60-2	饱水	15.68	82.13	9.28
Vs-90-1	饱水	14.08	67.24	7.40
Vs-90-2	饱水	8.66	67.46	4.18

从表 5-1 中可知，干燥岩样的峰值强度和弹性模量值均高于含相同交叉倾角裂隙的饱水岩样，该结论与前两章中含单裂隙及水平交叉倾角裂隙岩样的变化规律相同，再一次说明水的存在能在很大程度上影响岩体的抗压能力。但含不同交叉倾角裂隙的饱水岩样，其峰值应力及弹性模量被水弱化的程度并不相同，也说明裂隙的倾角对岩样的抗压强度有较大影响。分析岩样的峰值应变变化规律可知，含垂直交叉倾角裂隙的干燥和饱水岩样的峰值应变变化规律不再是单一的增加或减小，说明此种状态下岩样的峰值应变在很大程度上受裂隙交叉倾角的影响。

结合图 5-1 和表 5-1 具体分析可知，含垂直交叉裂隙干燥岩样的峰值应力主要集中在 15~33 MPa，而含垂直交叉裂隙饱水岩样的峰值应力范围为 8~28 MPa。虽然同种状态下岩样的峰值强度值有所差距，但无论观察单个岩样还是同种状态下岩样峰值强度的平均值，其均存在着相同的规律：相同交叉倾角裂隙的饱水试样峰值强度值均低于相应的干燥试样，但无论是干燥试样还是饱水试样，含 45°交叉倾角裂隙岩样的峰值强度值最高，含 90°交叉倾角裂隙岩样的峰值强度最低。含 30°和 60°交叉倾角裂隙岩样的峰值强度值居中，其中含 30°交叉倾角裂隙岩样的峰值强度值略高。以上分析可以说明，水的存在会降低含垂直交叉倾角裂隙岩样的峰值强度，但不会改变各倾角状态下岩样峰值强度的变化规律，且垂直交叉裂隙的交叉倾角对岩样的峰值强度有较大的影响。

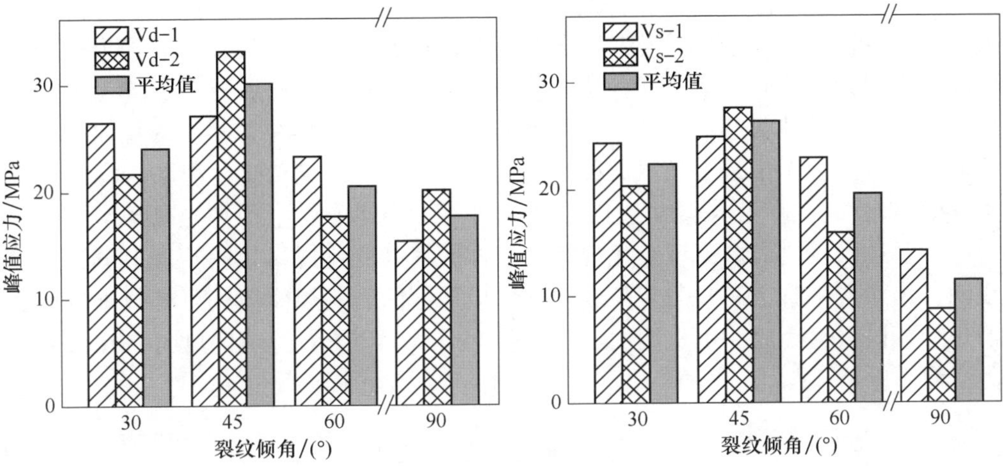

(a)　　　　(b)

图 5-1　含不同垂直交叉倾角裂隙岩样峰值应力

（a）干燥试样；（b）饱水试样

结合图 5-2 和表 5-1 分析可知，本章试验岩样的峰值应变主要集中在 78%~86%。与峰值强度不同，饱水岩样的峰值应变变化规律与干燥岩样的变化规律并不相同。对于含垂直交叉裂隙干燥岩样而言，含 30°交叉倾角裂隙岩样的峰值应变最大，而含 45°交叉倾角裂隙饱水岩样的峰值应变最大。因此可以认为，水的存在很大程度上影响了含垂直交叉倾角裂隙岩样的变形特性。

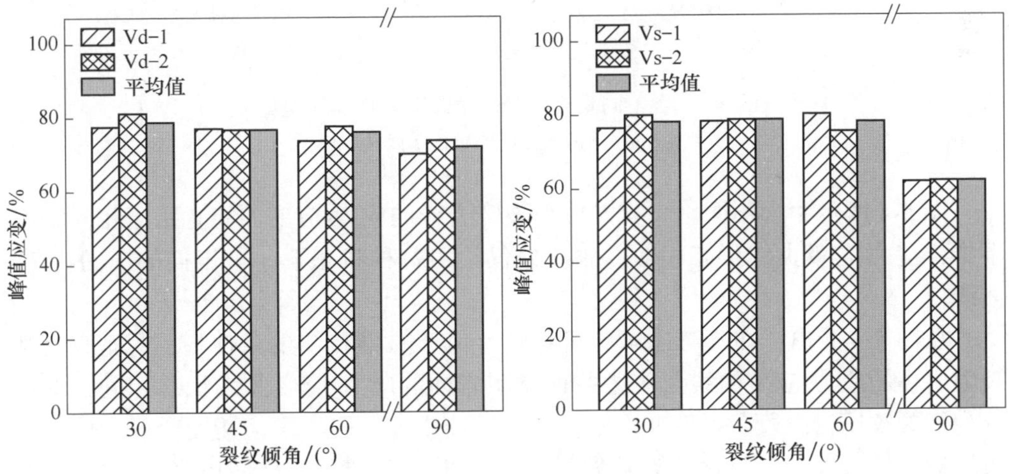

(a)　　　　(b)

图 5-2　含不同垂直交叉倾角裂隙岩样峰值应变

（a）干燥试样；（b）饱水试样

结合图 5-3 和表 5-1 分析可知，含垂直交叉裂隙干燥岩样的弹性模量值主要为 8~20 GPa，而垂直交叉裂隙饱水岩样的弹性模量值在 4~17 GPa。与岩样的峰值强度变化情况相同，虽然同种状态下岩样的弹性模量值有所差距，但无论观察单个岩样还是同种状态下岩样弹性模量的平均值，其均存在着相同的规律。从具体数据中可知，无论是干燥试样还是饱水试样，含 45°交叉倾角裂隙岩样的弹性模量值最高，含 30°交叉倾角裂隙岩样的弹性模量值次之，含 90°交叉倾角裂隙岩样的弹性模量值最低，该变化规律与岩样的强度变化规律相同。以上分析可以说明，水对含垂直交叉倾角裂隙岩样弹性模量值的影响规律与其对峰值强度的影响规律相同，这个规律也从侧面反映了弹性模量是与岩石峰值强度有一定关联的力学参数。

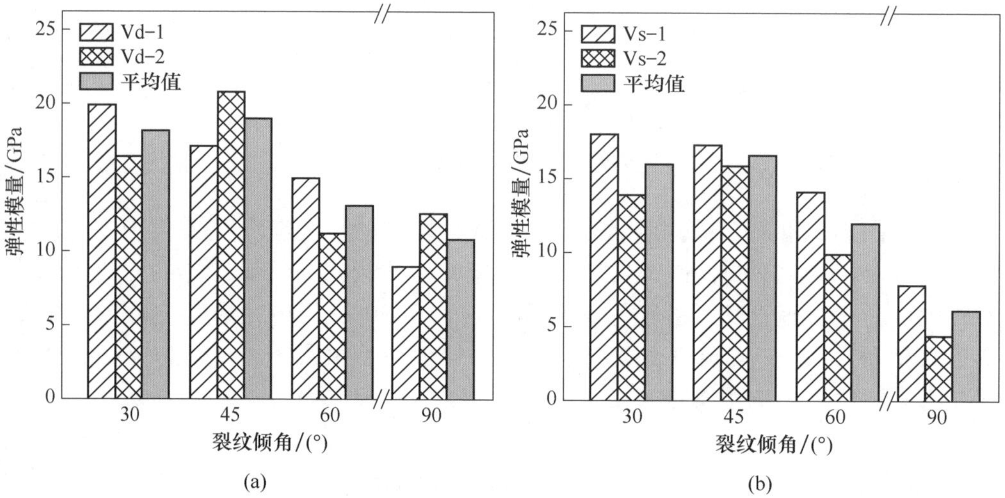

图 5-3　含不同垂直交叉倾角裂隙岩样弹性模量
（a）干燥试样；（b）饱水试样

图 5-4 所示为含不同垂直交叉倾角裂隙岩样的应力-应变曲线。由于相同状态下岩样应力-应变曲线形态相似，故此处仅给出每种状态下一个岩样的应力-应变曲线。

从图 5-4 看出，在不考虑试验机对应力-应变曲线影响的条件下，含垂直交叉裂隙岩体的应力-应变曲线与前述各种类型岩样的应力-应变曲线状态相同，即可分为微裂纹压密阶段、弹性变形阶段、裂纹产生及扩展阶段、塑性变形阶段以及破坏后阶段五部分。与含单裂隙岩样和含水平交叉裂隙岩样的应力-应变曲线对比分析可知，无论干燥试样还是饱水试样，含垂直交叉裂隙岩样的微裂纹压密阶段相对较短，且塑性变形阶段亦相对较短。此外，对于含垂直交叉倾角裂隙岩样的破坏后阶段，其不像含单裂隙试样破坏后变形很小，也不像含水平交叉倾角裂

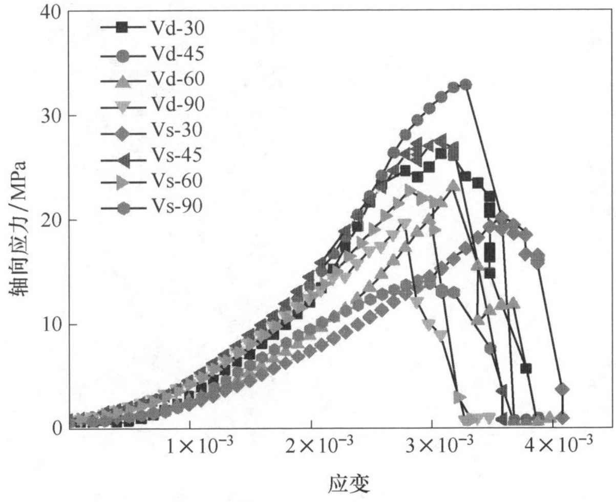

图 5-4 含不同垂直交叉倾角裂隙岩样应力-应变曲线

隙岩样在破坏后还存在较大的变形。这说明含垂直交叉倾角裂隙岩样的脆性不如单裂隙岩样，而同时又没有较大的延性。对比以上三种含不同状态裂隙岩样的应力-应变可知，裂隙的存在虽不会改变应力-应变曲线的分布，但会影响岩样不同阶段的具体表现状态。

5.1.2 垂直交叉裂隙岩样裂纹扩展及破坏模式

观察分析本章试验岩样裂纹破坏形态可知，岩样中所含裂纹类型均包含于在第 3 章和第 4 章中对裂纹形态的定义，因此本章将不再定义新裂纹类型，而是直接引用前两章已定义的裂纹类型。

5.1.2.1 垂直交叉裂隙干燥岩样裂纹扩展形态分析

图 5-5 所示为含 30°垂直交叉倾角裂隙干燥岩样的裂纹形态图。

从图 5-5 中可以看出，试样 Vd-30-1 在加载过程中新裂纹首先起裂于原有裂隙 1（为便于描述，将岩样中预制的左侧裂隙称为裂隙 1，预制的右侧裂隙称之为裂隙 2）上尖端，起裂方向垂直于原有裂隙 1，并沿试样加载应力方向继续扩展。在原有裂隙下尖端位置萌生一条起裂方向平行于加载方向的新裂纹，并且该裂纹之后沿加载方向继续扩展。与此同时，在原有裂隙 2 的上尖端部位亦萌生出一条翼型裂纹，该裂纹与从原有裂隙 1 扩展出的翼形裂纹汇合后就不再继续扩展。加载继续进行，岩样中原有裂隙 1 上尖端处产生一条垂直于原有裂隙，但沿加载方向向下扩展的新裂纹。此外，岩样原有裂隙远场处，在快速形成远场裂纹后，岩样产生最终破坏。从图 5-5（a）和（b）可知，含 30°垂直交叉倾角裂隙干燥试样 Vd-30-1 的起裂扩展裂纹主要类型有Ⅰ、Ⅲ和Ⅶ~Ⅹ型裂纹。

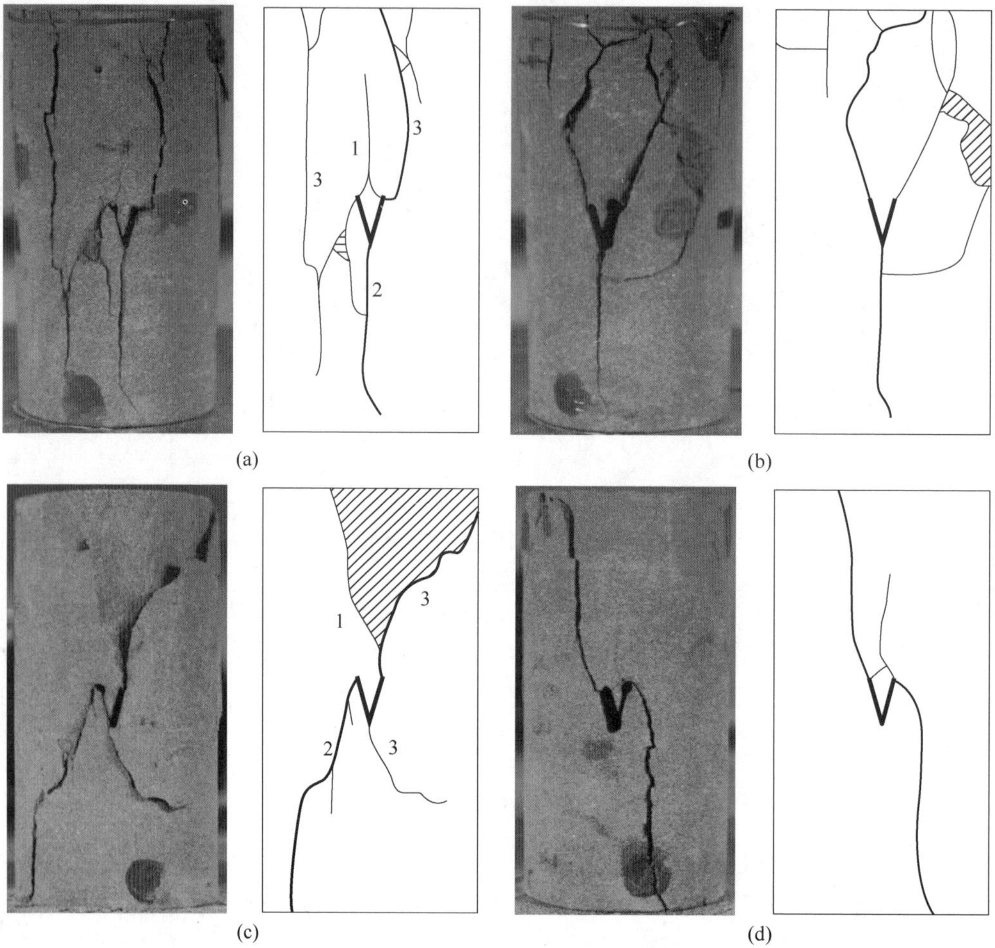

图 5-5　干燥 30°垂直交叉倾角裂隙岩样裂纹形态图（1~3 为裂隙）

（a）Vd-30-1（正面）；（b）Vd-30-1（反面）；（c）Vd-30-2（正面）；（d）Vd-30-2（反面）

含 30°垂直交叉倾角裂隙干燥试样 Vd-30-2 在加载过程中，新裂纹首先起裂于原有裂隙 2 上尖端部位，起裂和扩展方向均沿试样的加载方向。之后，在原有裂隙 1 上尖端部位萌生一条新裂纹，该裂纹起裂方向与原有裂隙成一定角度，并沿起裂方向继续扩展。随着加载的进一步进行，在岩样原有裂隙下尖端部位萌生出一条起裂方向平行于试样加载方向的新裂纹。与此同时，在原有裂隙 2 上尖端部位形成一条起裂方向沿原有裂隙倾角方向的新裂纹。然后试样上端部形成较大面积的表面剥落，试样最终被破坏。从图 5-5（c）和（d）可知，含 30°垂直交叉倾角裂隙干燥试样 Vd-30-2 的起裂扩展裂纹主要类型有Ⅰ~Ⅲ、Ⅷ~Ⅹ和ⅩⅢ-1 型裂纹。

图 5-6 所示为含 45°垂直交叉倾角裂隙干燥岩样的裂纹形态图。

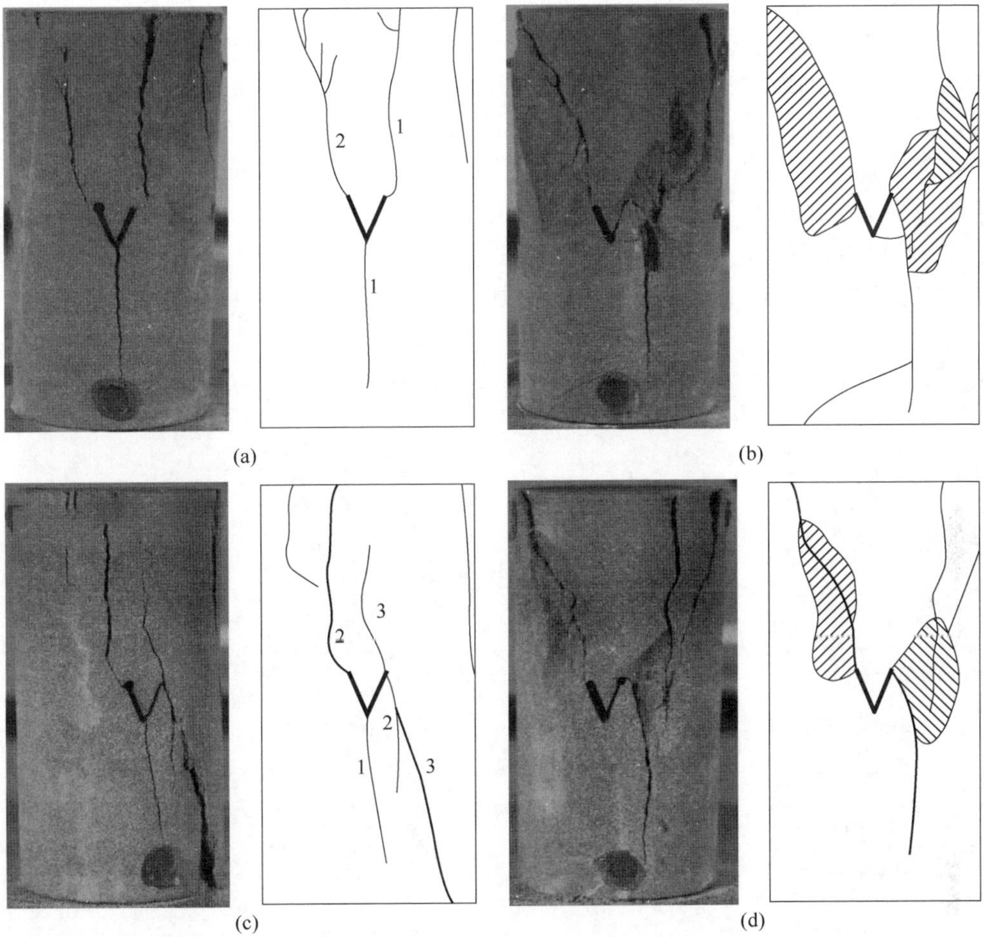

图 5-6　干燥 45°垂直交叉倾角裂隙岩样裂纹形态图（1~3 为裂隙）
（a）Vd-45-1（正面）；（b）Vd-45-1（反面）；（c）Vd-45-2（正面）；（d）Vd-45-2（反面）

从图 5-6 中可以看出，试样 Vd-45-1 在加载过程中新裂纹首先起裂于原有裂隙 2 两尖端处。萌生于裂隙 2 上尖端的新裂纹，起裂方向与原有裂隙存在一定角度，之后沿试样加载方向继续扩展；萌生于原有裂隙 2 下尖端的新裂纹，起裂和后续裂纹扩展方向均平行于试样的加载方向。随着加载的继续进行，在原有裂隙 1 上尖端部位形成新裂纹，该裂纹起裂方向平行于原有裂隙 1，并沿加载方向产生扩展。与此同时，在试样内部形成远场裂纹。当新裂纹与试样端部贯通，试样产生了最终破坏。从图 5-6（a）和（b）可知，含 45°垂直交叉倾角裂隙干燥试样 Vd-45-1 的起裂扩展裂纹主要类型有Ⅱ、Ⅲ、Ⅵ、Ⅷ~Ⅹ和ⅩⅢ型裂纹。

含 45°垂直交叉倾角裂隙干燥试样 Vd-45-2 在加载过程中，新裂纹首先起裂于原有裂隙下尖端部位，起裂方向和后续扩展方向均平行于试样的加载方向。在原有裂隙 1 和裂隙 2 的上尖端部位分别生成一条新裂纹：生成于原有裂隙 1 上尖端处的新裂纹沿原有裂隙方向起裂，之后沿试样的加载方向扩展；生成于原有裂隙 2 上尖端处的裂纹，起裂角为锐角，并沿加载方向向试样下端部扩展。随着试样加载的继续进行，在试样原有裂隙 2 上尖端部位同时生成向上和向下扩展的两条新裂纹。其中，向上扩展的新裂纹起裂方向平行于加载方向，虽然扩展过程中扩展方向有一定的改变，但最终扩展方向为试样的加载方向。向下扩展的裂纹起裂方向与原有裂隙 2 存在一定角度，并沿该方向继续扩展。此外，在加载过程中，试样远场处形成了远场裂纹。当上述裂纹扩展至试样端部时，试样产生最终破坏。从图 5-6（c）和（d）可知，含 45°垂直交叉倾角裂隙干燥试样 Vd-45-2 的起裂扩展裂纹主要类型有Ⅱ、Ⅲ、Ⅷ～Ⅹ、ⅩⅢ和ⅩⅢ-1 型裂纹。

图 5-7 所示为含 60°垂直交叉倾角裂隙干燥岩样的裂纹形态图。

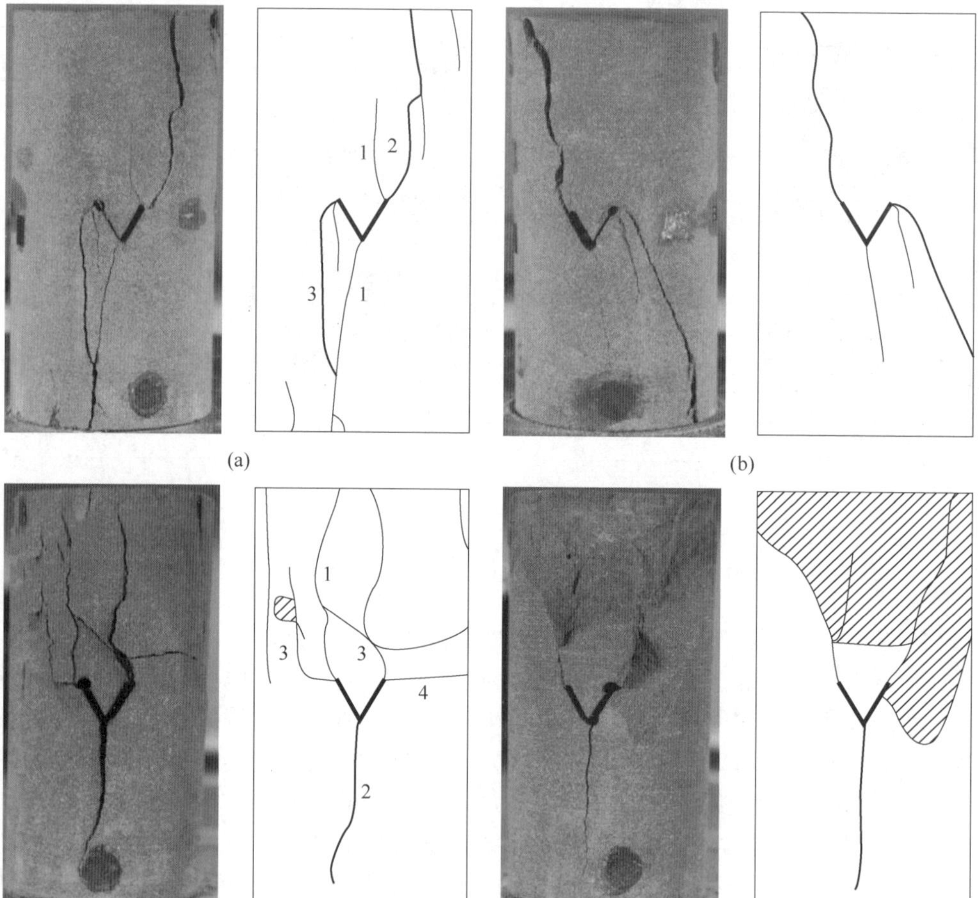

图 5-7　干燥 60°垂直交叉倾角裂隙岩样裂纹形态图（1～4 为裂隙）

（a）Vd-60-1（正面）；（b）Vd-60-1（反面）；（c）Vd-60-2（正面）；（d）Vd-60-2（反面）

从图 5-7 中可以看出，试样 Vd-60-1 在加载过程中新裂纹首先起裂于原有裂隙 2 上下两尖端部位。起裂于原有裂隙 2 上尖端部位的新裂纹为典型的翼形裂纹，即其起裂方向垂直于原有裂隙 2，并沿加载方向继续扩展。萌生于原有裂隙 2 下尖端部位的新裂纹，起裂方向平行于原有裂隙，并沿加载方向继续扩展。之后，在原有裂隙 2 上尖端部位又萌生一条新裂纹，该裂纹沿原有裂隙 2 方向起裂，并沿加载方向扩展。随着试样的继续加载，在原有裂隙 1 上尖端处形成一条起裂方向垂直于原有裂隙 1，并沿加载方向向下扩展的新裂纹。此外，在加载过程中，试样内部形成了一些远场裂纹。从图 5-7（a）和（b）可知，含 60°垂直交叉倾角裂隙干燥试样 Vd-60-1 主要有Ⅰ~Ⅲ、Ⅷ和Ⅹ型起裂扩展裂纹。

含 60°垂直交叉倾角裂隙干燥试样 Vd-60-2 在加载过程中，新裂纹首先起裂于原有裂隙 1 上尖端部位，起裂方向平行于原有裂隙 1，并沿加载方向继续扩展，在原有裂隙下尖端处萌生一条起裂和扩展方向均平行于加载方向的新裂纹。随着试样的继续加载，在试样原有裂隙 1 和裂隙 2 上尖端部位各形成一条新裂纹。萌生于原有裂隙 2 上尖端处的裂纹，起裂方向垂直于原有裂隙，并沿加载方向扩展；生成于原有裂隙 1 上尖端的裂纹，起裂方向为水平方向，并且该裂纹沿水平方向扩展了一定的距离。在此之后，在试样原有裂隙 2 上尖端部位形成一条水平扩展的新裂纹。此外，在试样的加载过程中，试样内部产生了远场裂纹。从图 5-7（c）和（d）可知，含 60°垂直交叉倾角裂隙干燥试样 Vd-60-2 的起裂扩展裂纹主要有Ⅰ~Ⅲ、Ⅵ、Ⅶ、Ⅷ和Ⅸ型裂纹。

图 5-8 所示为含 90°垂直交叉倾角裂隙干燥岩样的裂纹形态图。

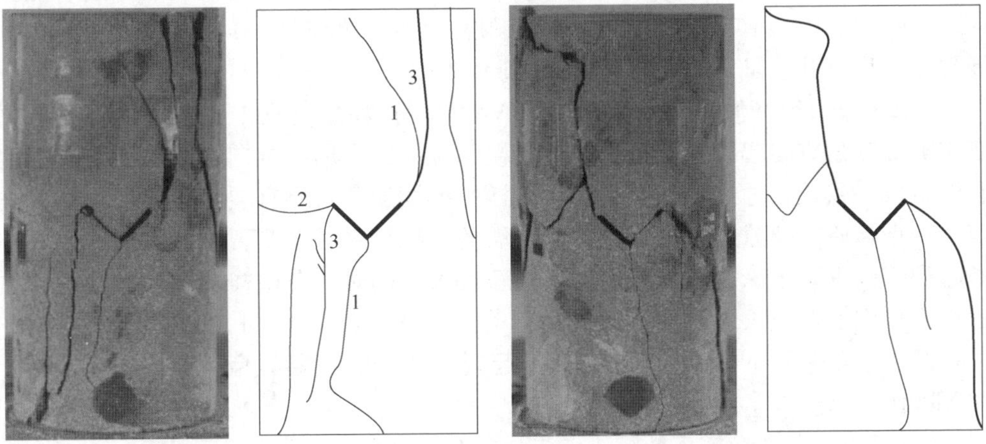

(a) (b)

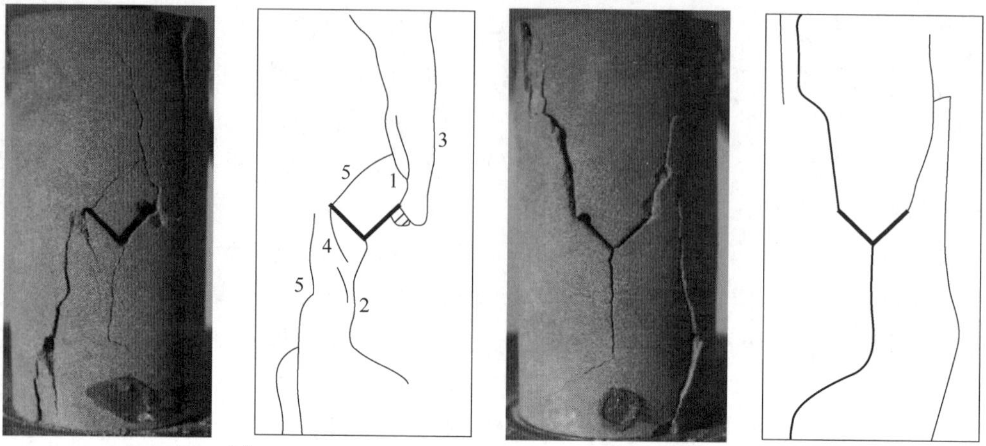

(c)　　(d)

图 5-8　干燥 90°垂直交叉倾角裂隙岩样裂纹形态图（1~5 为裂隙）
（a）Vd-90-1（正面）；（b）Vd-90-1（反面）；（c）Vd-90-2（正面）；（d）Vd-90-2（反面）

从图 5-8 中可以看出，试样 Vd-90-1 在加载过程中新裂纹首先沿原有裂隙 2 倾角方向起裂于原有裂隙 2 上尖端部位。同时，在原有裂隙下尖端部位，萌生一条起裂方向平行于加载方向的新裂纹，其随着加载的进行不断向试样下端部扩展，在原有裂隙 1 上尖端部位生成一条水平新裂纹直至扩展到试样边缘。随着模型的继续加载，在原有裂隙 1 和裂隙 2 上尖端部位各生成一条新裂纹。其中，生成于原有裂隙 1 上尖端的新裂纹起裂方向垂直于原有裂隙，并沿模型加载方向继续扩展。生成于原有裂隙 2 上尖端处的新裂纹起裂方向与原有裂隙倾角方向相同，并沿加载方向继续扩展。在模型加载过程中，亦有少数远场裂纹生成。从图 5-8（a）和（b）可知，含 90°垂直交叉倾角裂隙干燥试样 Vd-90-1 的主要起裂扩展裂纹类型有Ⅱ、Ⅲ、Ⅵ、Ⅷ、Ⅹ和ⅩⅢ型裂纹。

含 90°垂直交叉倾角裂隙干燥试样 Vd-90-2 在加载过程中，新裂纹首先沿原有裂隙 2 倾角方向起裂于原有裂隙上尖端部位，并沿加载方向继续扩展，在模型右侧生成一条较长的远场裂纹。随着试样的继续加载，原有裂隙 1 上尖端处首先萌生一条与原有裂隙成一定角度向下扩展的裂纹，之后在该裂纹上尖端处生成一条起裂方向垂直于该裂隙并向上扩展的新裂纹。同时，在试样加载的过程中，在远场亦形成了新裂纹以及少量的表面剥落。从图 5-8（c）和（d）可知，含 90°垂直交叉倾角裂隙干燥试样 Vd-90-2 的起裂扩展裂纹主要类型有Ⅱ、Ⅲ、Ⅷ、Ⅹ和ⅩⅢ型。

5.1.2.2　含垂直交叉裂隙饱水岩样裂纹扩展形态分析

图 5-9 所示为含 30°垂直交叉倾角裂隙饱水岩样的裂纹形态图。

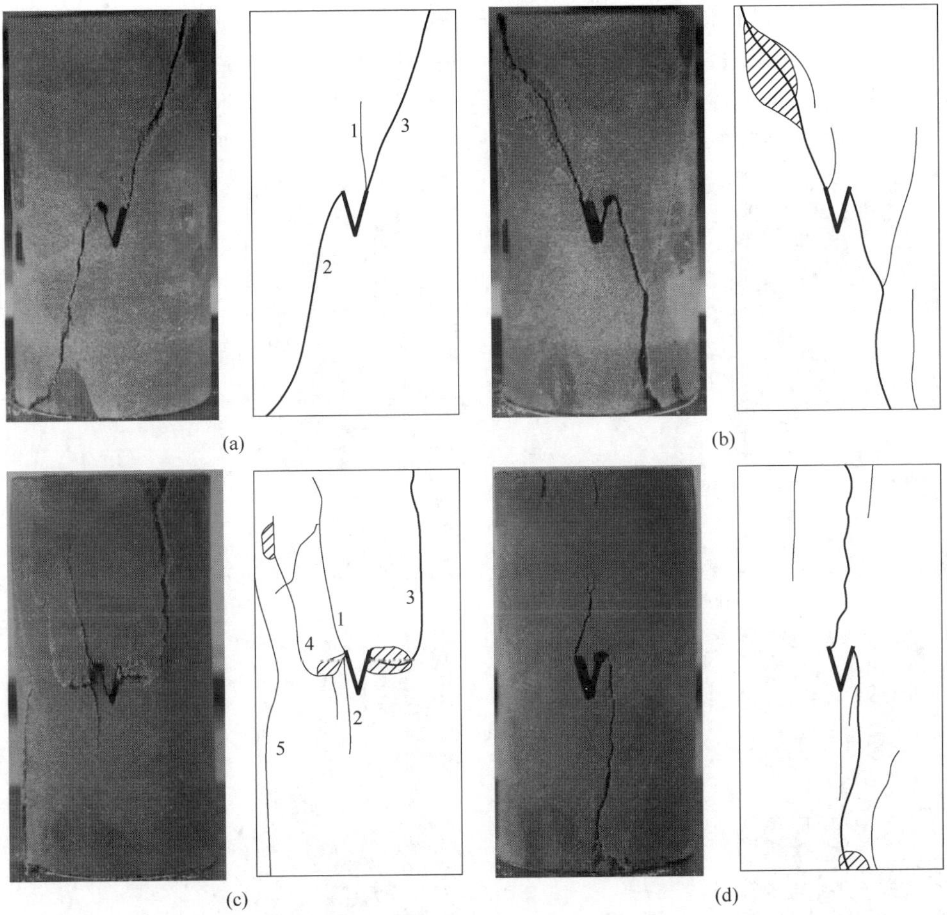

图 5-9 饱水 30°垂直交叉倾角裂隙岩样裂纹形态图（1～5 为裂隙）

（a）Vs-30-1（正面）；（b）Vs-30-1（反面）；（c）Vs-30-2（正面）；（d）Vs-30-2（反面）

从图 5-9 中可以看出，试样 Vs-30-1 在加载过程中新裂纹首先垂直向上起裂于原有裂隙 2 上尖端部位，并沿加载方向扩展。之后，在试样原有裂隙 1 上尖端部位萌生一条与原有裂隙 1 成一定角度，并沿该起裂方向继续扩展的新裂纹。随着试样的继续加载，在原有裂隙 2 上尖端处又形成一条新裂纹，从此裂纹形态可知，该裂纹为一条剪切型裂纹。当向上、向下扩展的裂纹与试样端部贯通时，试样产生了最终的破坏。从图 5-9（a）和（b）可知，含 30°垂直交叉倾角裂隙饱水试样 Vs-30-1 的主要起裂扩展裂纹类型有Ⅰ、Ⅲ、Ⅶ～Ⅸ和ⅩⅢ-1 型。

含 30°垂直交叉倾角裂隙饱水试样 Vs-30-2 在加载过程中，新裂纹首先沿原有裂隙 1 方向从该裂隙上尖端处倾斜向上扩展。在该裂隙上尖端部位又形成一条向下扩展的新裂纹，该裂纹起裂及扩展方向均平行于试样的加载方向。在上述裂纹起裂后，在原有裂隙 2 上尖端处形成一条水平裂纹，之后该裂纹与远场裂纹形成了贯通。随着试样的继续加载，在试样左侧部位形成新的远场裂纹以及表面剥落后，试样形成了最终破坏。从图 5-9（c）和（d）可知，含 30°垂直交叉倾角裂隙饱水试样 Vs-30-2 的主要起裂扩展裂纹有Ⅰ、Ⅲ～Ⅴ和Ⅶ～Ⅸ型裂纹。

图 5-10 所示为含 45°垂直交叉倾角裂隙饱水岩样的裂纹形态图。

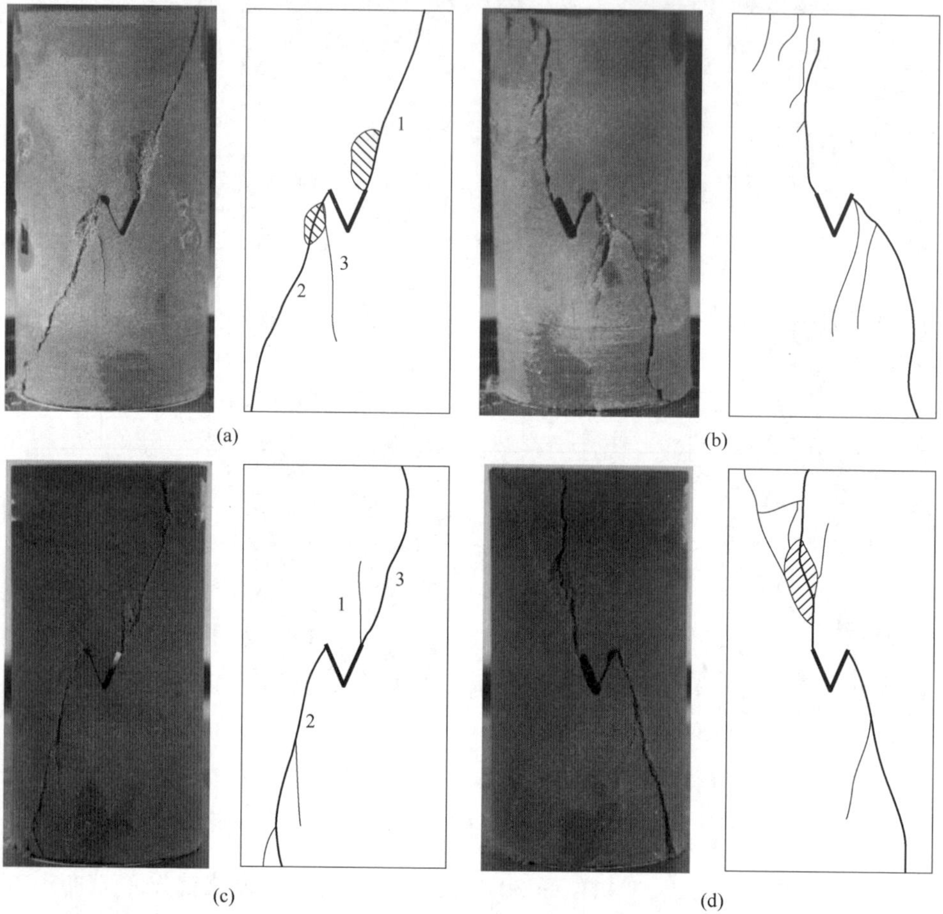

图 5-10　饱水 45°垂直交叉倾角裂隙岩样裂纹形态图（1～3 为裂隙）

（a）Vs-45-1（正面）；（b）Vs-45-1（反面）；（c）Vs-45-2（正面）；（d）Vs-45-2（反面）

从图 5-10 中可以看出，试样 Vs-45-1 在加载过程中新裂纹首先起裂于原有裂隙 2 上尖端部位，该裂纹起裂及扩展方向均沿原有裂隙 2 倾角方向，可知其为典型的剪切型裂纹。在原有裂隙 1 上尖端处形成一条起裂方向与原有裂隙方向成一定角度的新裂纹，该裂纹沿其起裂方向继续扩展，与最先形成的裂纹彼此平行。随着试样的继续加载，在原有裂隙 1 上尖端处又形成一条新裂纹，该裂纹起裂方向垂直于原有裂隙方向，并沿试样加载方向继续扩展。此外，在试样加载的后续阶段，试样中形成少量的表面剥落。从图 5-10（a）和（b）可知，含 45°垂直交叉倾角裂隙饱水试样 Vs-45-1 的主要起裂扩展裂纹类型有Ⅱ、Ⅶ~Ⅹ和ⅩⅢ-1 型。

含 45°垂直交叉倾角裂隙饱水试样 Vs-45-2 在加载过程中，新裂纹首先起裂于原有裂隙 2 上尖端部位，该裂纹起裂和扩展方向均平行于试样加载方向，属于典型的拉伸型裂纹。在原有裂隙 1 上尖端部位形成一条起裂方向垂直于原有裂隙方向，但扩展方向平行于加载方向的新裂纹。随着试样的继续加载，在原有裂隙 2 上尖端形成一条剪切新裂纹，但在靠近试样上端部处，该裂纹扩展方向逐渐转变为平行试样的加载方向。同时，在加载过程中，试样内部亦形成少量的远场裂纹和表面剥落。从图 5-10（c）和（d）可知，含 45°垂直交叉倾角裂隙饱水试样 Vs-45-2 的主要起裂扩展裂纹有Ⅱ、Ⅲ、Ⅶ~Ⅹ和ⅩⅢ型裂纹。

图 5-11 所示为含 60°垂直交叉倾角裂隙饱水岩样的裂纹形态图。

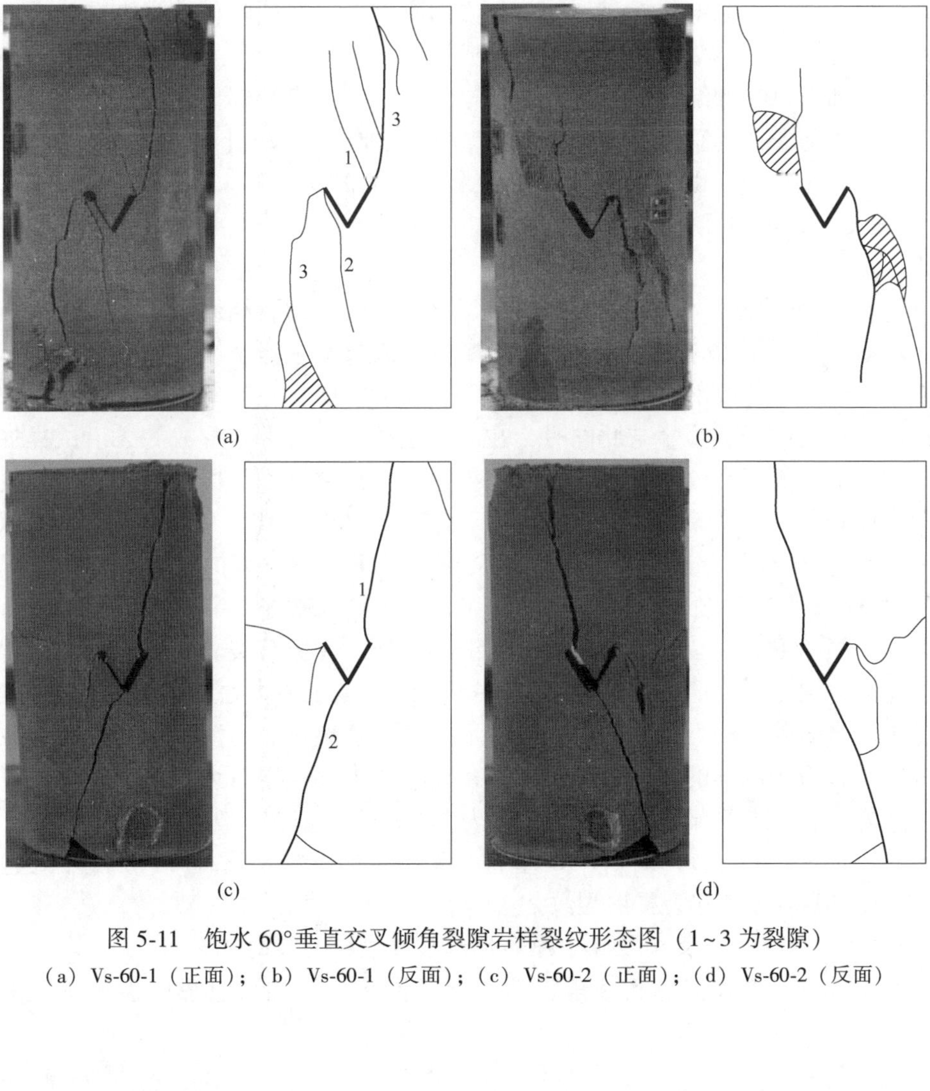

图 5-11 饱水 60°垂直交叉倾角裂隙岩样裂纹形态图（1~3 为裂隙）

（a）Vs-60-1（正面）；（b）Vs-60-1（反面）；（c）Vs-60-2（正面）；（d）Vs-60-2（反面）

从图 5-11 中可以看出，试样 Vs-60-1 在加载过程中新裂纹首先起裂于原有裂隙 2 上尖端部位，该裂纹起裂方向垂直于原有裂隙方向，并且最终沿试样加载方向扩展。在原有裂隙 1 上尖端部位生成一条起裂方向垂直于原有裂隙，最终扩展方向平行于加载方向的新裂纹。随着试样的继续加载，在原有裂隙 1 和裂隙 2 的上尖端部位各生成一条新裂纹。其中，生成于原有裂隙 1 上尖端处的新裂纹起裂方向垂直于原有裂隙，但沿加载方向扩展。生成于原有裂隙 2 上尖端部位的新裂纹，其起裂方向平行于原有裂隙方向，沿试样的加载方向扩展。此外，在试样加载过程中，试样内部也生成了远场裂纹和表面剥落。从图 5-11（a）和（b）可知，含 60°垂直交叉倾角裂隙饱水试样 Vs-60-1 主要含有 Ⅰ ~ Ⅲ 和Ⅷ ~ Ⅹ型起裂扩展裂纹。

含 60°垂直交叉倾角裂隙饱水试样 Vs-60-2 在加载过程中，新裂纹首先起裂于原有裂隙 2 上尖端部位。该裂纹起裂方向垂直于原有裂隙，并且沿加载方向继续扩展。在原有裂隙 2 下尖端部位，形成一条沿裂隙 2 倾角方向起裂和扩展的剪切裂纹。随着试样的继续加载，在试样原有裂隙 1 上尖端部位形成了一条水平裂纹以及一条起裂方向垂直于与原有裂隙，但沿加载方向向下扩展的裂纹。此外，在试样加载过程中，也有少量远场裂纹形成。从图 5-11（c）和（d）可知，含 60°垂直交叉倾角裂隙饱水试样 Vs-60-2 主要包含有 Ⅰ、Ⅵ ~ Ⅷ和 Ⅹ 型起裂扩展裂纹。

图 5-12 所示为含 90°垂直交叉倾角裂隙饱水岩样的裂纹形态图。

从图 5-12 中可以看出，试样 Vs-90-1 在加载过程中新裂纹首先起裂于原有裂隙 2 上尖端，该裂纹沿原有裂隙方向起裂后向上扩展，在原有裂隙 2 上尖端部位形成水平起裂的新裂纹。与此同时，在原有裂隙 1 上尖端处形成一条沿试样加载方向向下扩展的新裂纹。此外，试样加载过程中，在试样远场处也形成了远场裂纹和表面剥落。从图 5-12（a）和（b）可知，含 90°垂直交叉倾角裂隙饱水试样 Vs-90-1 主要含有Ⅱ、Ⅲ、Ⅴ、Ⅷ、Ⅸ、XⅢ和XⅢ-1 型起裂扩展裂纹。

含 90°垂直交叉倾角裂隙饱水试样 Vs-90-2 在加载过程中，新裂纹首先沿原有裂隙 1 倾角方向起裂，并沿加载方向继续扩展。在原有裂隙 2 上尖端部位生成一条起裂方向垂直于原有裂隙，但向试样下部扩展的新裂纹。随着试样的继续加载，在原有裂隙 2 的上下两尖端部位各形成一条新裂纹。这两条新裂纹起裂及扩展方向均平行于试样的加载方向，但一条向试样上部扩展，另一条向试样下部扩展。此外，在试样加载过程中，试样内部也形成了远场裂纹及表面剥落。从图 5-12（c）和（d）可知，含 90°垂直交叉倾角裂隙饱水试样 Vs-90-2 主要包含有Ⅱ、Ⅲ和Ⅷ ~ Ⅹ型起裂扩展裂纹。

5.1.2.3　含垂直交叉裂隙干燥和饱水岩样裂纹类型对比分析

基于本章对含垂直交叉倾角裂隙干燥及饱水试样加载过程中裂纹扩展的描

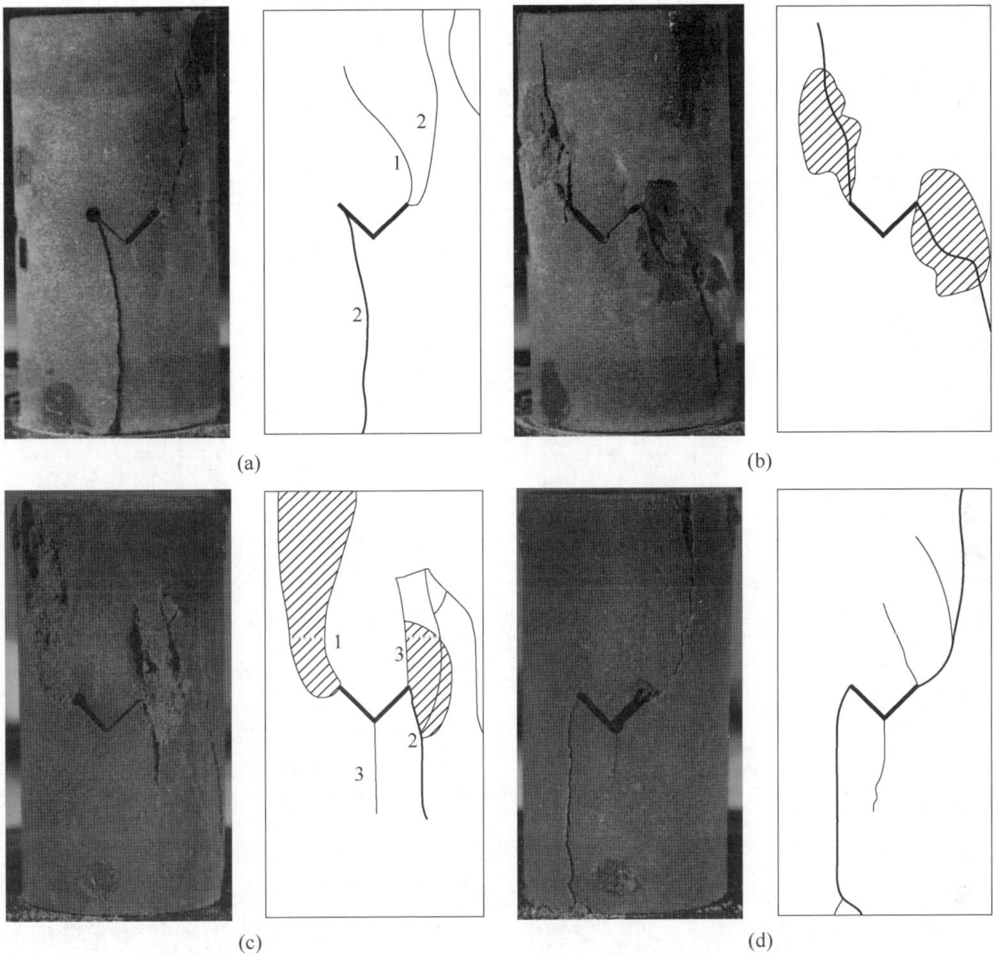

图 5-12 饱水 90°垂直交叉倾角裂隙岩样裂纹形态图（1~3 为裂隙）

（a）Vs-90-1（正面）；（b）Vs-90-1（反面）；（c）Vs-90-2（正面）；（d）Vs-90-2（反面）

述，将上述各试样破坏过程中包含的各种裂纹类型总结于表 5-2 中（表中数字和字母代表的内容与前两章相同）。分析表 5-2 可知，Ⅰ~Ⅲ和Ⅶ~Ⅹ型起裂扩展裂纹在含垂直交叉倾角裂隙岩样的加载过程中较容易萌生，而Ⅳ、Ⅵ型起裂扩展裂纹虽然也有出现，但出现的次数并不多。这说明除远场裂纹和表面剥落外，垂直交叉倾角裂隙岩样的主要破坏裂纹为拉伸型裂纹，即试样的破坏主要受拉应力控制。对比表 3-3 和表 4-2 可知，含垂直交叉倾角裂隙岩样的裂纹类型与含单裂隙岩样的裂纹类型非常接近，但与含水平交叉倾角裂隙岩样的裂纹类型相差较多。因此可以认为，单裂隙裂纹是本章垂直交叉裂纹的一种基础形式，故破坏后裂纹类型基本相同。

表 5-2　含不同垂直交叉倾角裂隙红砂岩试样裂纹扩展类型

试样编号	裂纹类型										
	Ⅰ	Ⅱ	Ⅲ	Ⅳ	Ⅵ	Ⅶ	Ⅷ	Ⅸ	Ⅹ	ⅩⅢ	ⅩⅢ-1
Vd-30-1	√1		√			√	√	√	√		
Vd-30-2	√	√	√1				√	√M	√		√
Vd-45-1		√	√1		√		√	√M	√	√	
Vd-45-2		√	√1				√	√M	√	√	√
Vd-60-1	√1	√	√				√		√		
Vd-60-2	√	√1	√		√	√	√	√M			
Vd-90-1		√	√1		√		√		√	√	
Vd-90-2		√1	√				√	√		√	
Vs-30-1	√		√1			√	√	√			√
Vs-30-2	√		√	√	√	√1	√	√			
Vs-45-1		√				√1	√	√	√		√
Vs-45-2		√	√1			√	√	√	√		√
Vs-60-1	√1	√	√				√	√	√		
Vs-60-2	√1				√	√	√		√		
Vs-90-1		√1	√		√		√	√		√	√
Vs-90-2		√1	√				√	√M	√		

从表 5-2 中可以看出，对于本章试验的干燥试样而言，Ⅲ型裂纹是其最主要的初始起裂裂纹。除此之外，Ⅰ型和Ⅱ型起裂扩展裂纹也是某些干燥试样的初始起裂裂纹。这说明对于含垂直交叉裂隙的干燥岩样，其初始起裂裂纹均为拉伸型裂纹。对于本章试验中的饱水试样而言，Ⅰ～Ⅲ型起裂扩展裂纹也是其初始起裂裂纹，但是除上述起裂裂纹类型外，Ⅶ型起裂扩展裂纹亦是饱水试样的初始起裂裂纹。这说明饱水试样中，初始起裂裂纹的类型除拉伸型裂纹外，还有剪切型裂纹。

对比干燥试样和饱水试样中的裂纹类型可以发现，除含 90°交叉倾角裂隙岩样外，饱水试样相较于干燥试样更容易产生剪切型裂纹。因此可以认为，对于本章试验岩样而言，水的存在能促使剪切型裂纹的产生。

与前两章试验结果相同的是，几乎每一个岩样中均出现了远场裂纹和表面剥落现象。说明这两种裂纹类型并不受试样中原有裂隙类型的影响，即只要试样进行单轴压缩试验就在很大程度上会产生远场裂纹和表面剥落。此外，从表 5-2 中也可知，干燥试样的表面剥落面积要明显大于饱水试样，且前两章试验具有相同的试验结果，说明水的存在能有效减小单轴压缩条件下试样表面剥落情况的产生。

与前两章试验结果不同的是，本章试验岩样中较多出现了Ⅵ型即水平裂纹，尤其是当垂直交叉裂隙的交叉角为 60°和 90°时，无论是干燥试样还是饱水试样，其内部水平裂纹更容易出现。对比本章试验岩样及前两章试验岩样可知，当垂直交叉裂隙的交叉角为 60°和 90°时，岩样中裂隙占岩样直径的比例最大。这说明当试样中裂隙在直径（宽度）上所占比例较大时，裂纹较容易向试样的垂直边界扩展。

5.2　垂直交叉裂隙岩样 PFC 模拟结果与分析

与第 3 章和第 4 章分析的目的相同，为更好地了解垂直交叉裂隙岩样的力学性能及破坏规律，本章亦用 PFC 数值模拟软件对垂直交叉倾角裂隙岩样的破坏过程进行了模拟分析，并将对模拟结果进行分析总结。

5.2.1　模型的建立

本章垂直交叉裂隙试样模型与第 3 章和第 4 章试样模型相同，均是建立在完整试样模型的基础之上。在完整试样模型中，删除交叉裂隙所在区域的颗粒，以便生成所需模拟的垂直交叉裂隙模型，故最终生成的裂隙模型，如图 5-13 所示。

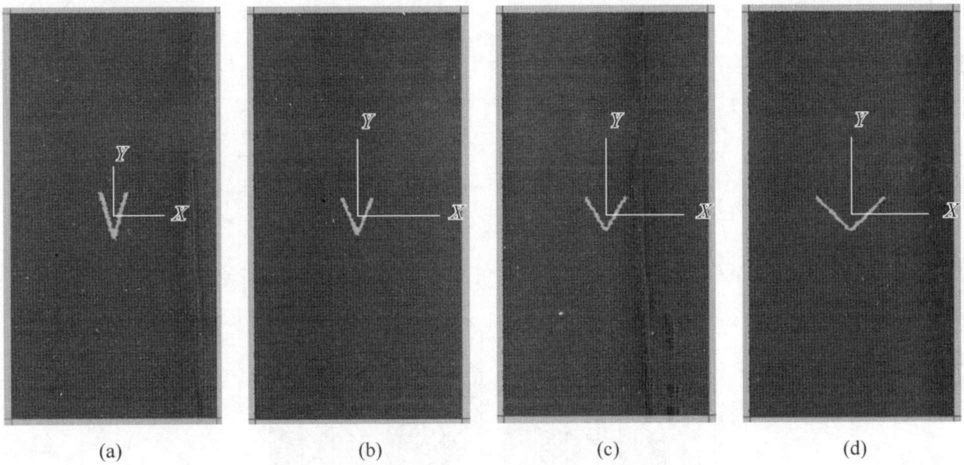

图 5-13　不同垂直交叉倾角裂隙试样 PFC 模型

（a）30°裂隙模型；（b）45°裂隙模型；（c）60°裂隙模型；（d）90°裂隙模型

5.2.2　PFC 模拟结果与分析

与第 4 章模拟分析内容相同，本章将从垂直交叉裂隙模型各关键时刻应力、位移及裂纹扩展情况等方面分析单轴压缩条件下，垂直交叉裂隙岩样的力学响应行为和破坏规律。其中，各关键时刻定义与第 4 章相同，此处不再赘述。

5.2.2.1　垂直交叉裂隙模型力学特性分析

图 5-14 所示为干燥及饱水垂直交叉裂隙岩样 PFC 模型起裂应力、峰值应力以及弹性模量与试验所测强度较大试样的峰值应力及其弹性模量对比。从图中可知，无论是峰值应力还是弹性模量，PFC 所测值均大于试验所测值，但是其变化规律相同。此现象与第 4 章中试样实测值和模拟计算值的表现形式相同，笔者认为产生上述相同现象的原因亦相同，故此处不再赘述。

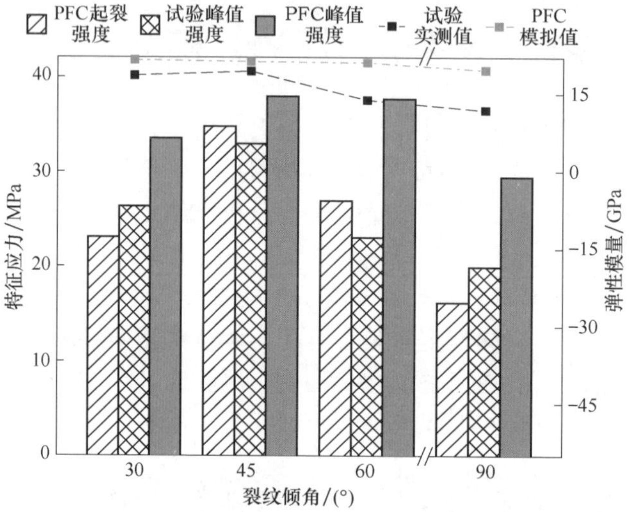

(a)

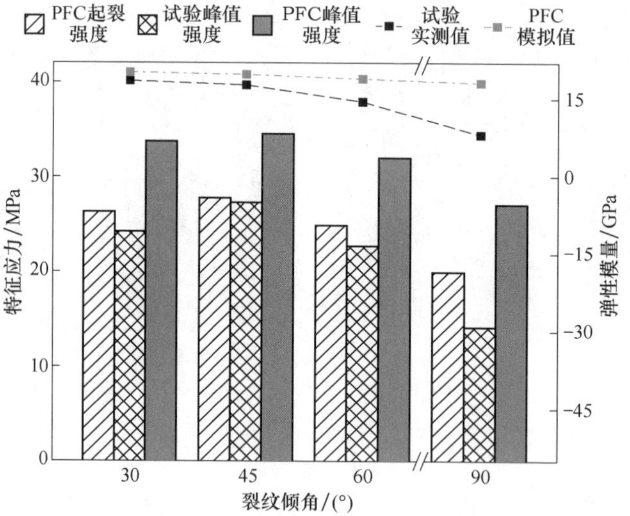

(b)

图 5-14　干燥及饱水状态不同垂直交叉倾角裂隙模型起裂和峰值强度及弹性模量值

(a) 干燥裂隙试样；(b) 饱水裂隙试样

从图 5-14 可以看出，干燥试样和饱水试样的起裂应力、峰值应力及弹性模量的变化规律相同，故此处将对其规律一起进行总结。对于峰值应力而言，其大小随着垂直交叉裂隙的交叉倾角先增大后减小，其中当裂隙交叉倾角为 45°时，试样及模型的峰值应力达到最大；裂隙交叉倾角为 90°时，试样和模型的峰值应力变为最小。对于起裂强度而言，无论其数值还是所占峰值应力比例的变化规律均与模型峰值应力的变化规律相同，说明 45°交叉倾角裂隙模型最不容易产生破坏，而含 90°垂直交叉倾角裂隙模型却最容易产生破坏。

5.2.2.2 垂直交叉裂隙模型裂纹扩展情况分析

A 干燥试样

含 30°垂直交叉倾角裂隙干燥岩样 PFC 模型裂纹演化过程如图 5-15 所示，其相应阶段的位移矢量及位移趋势线如图 5-16 所示，其中各箭头及数字代表内容与第 3 章和第 4 章代表的内容相同。

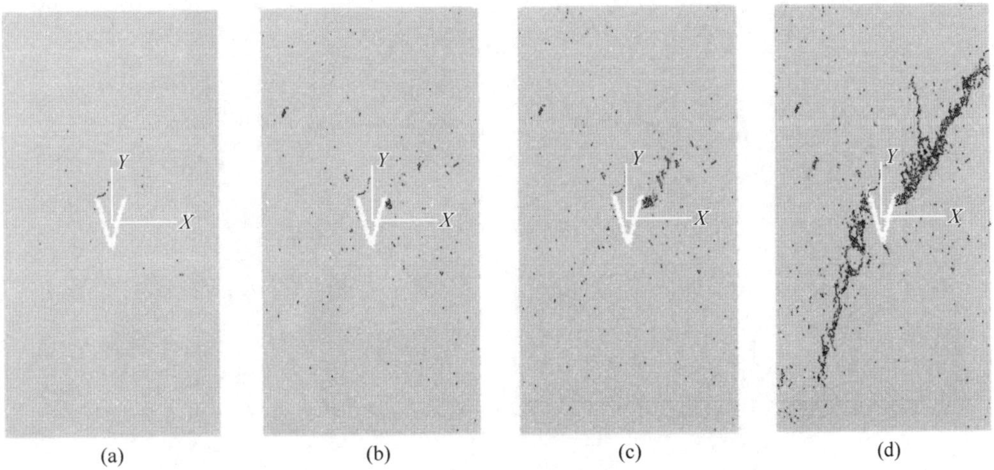

图 5-15 干燥 30°垂直交叉倾角裂隙模型裂纹分布演化图

（a）CIS；（b）95%UCS；（c）UCS；（d）峰后 80%UCS

结合图 5-15 和图 5-16 分析可知，当模型加载应力达到模型的起裂应力时，在模型原有左裂隙上尖端部位生成一条起裂方向垂直于原有裂隙方向的宏观裂纹，并且从本阶段该裂纹状态可知，该裂纹有沿加载方向向上扩展的趋势。从图 5-16（a）中新裂纹两侧位移趋势线彼此分离可知，该裂纹处的位移场为 I 型位移场，其会产生拉伸型裂纹。结合该裂纹起裂及可能的扩展方向可知，该裂纹为拉伸翼型裂纹。

之后模型继续加载，从图 5-15 和图 5-16 可以看出，当加载应力为 95%UCS 和 UCS 时，模型中裂纹生成及位移情况相差不大。具体而言，对于在起裂阶段

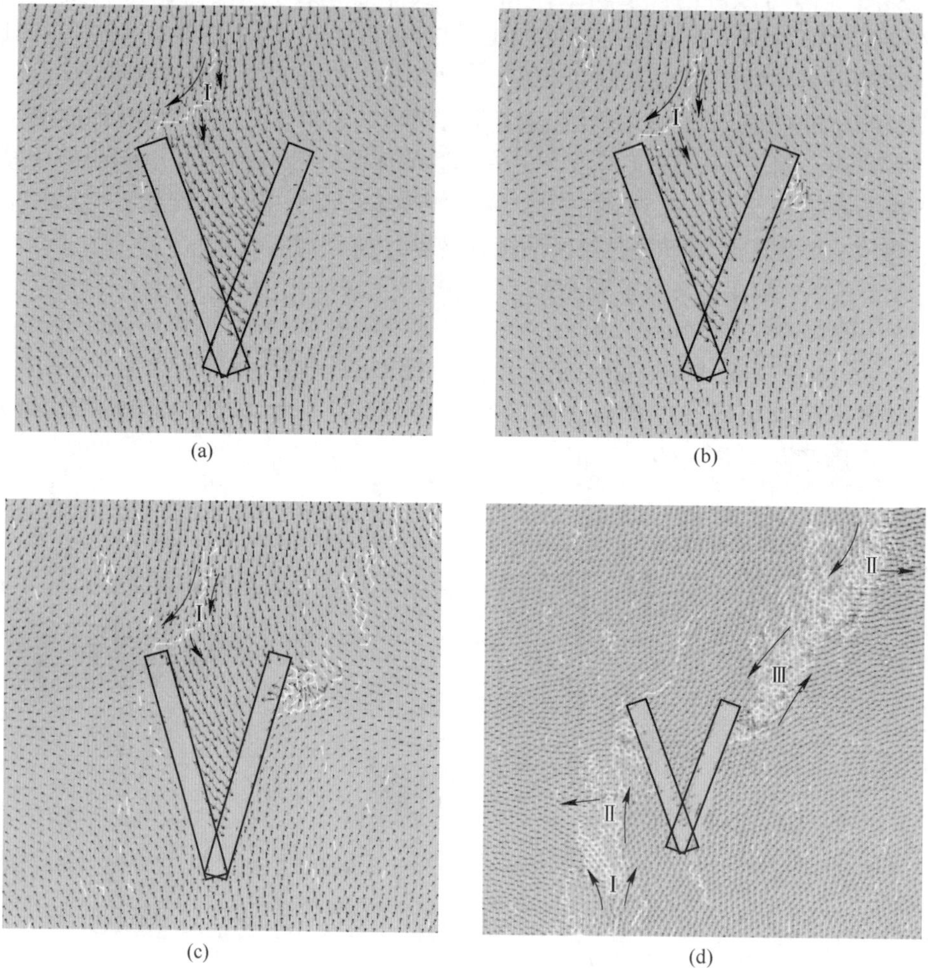

图 5-16　干燥 30°垂直交叉倾角裂隙模型不同阶段位移矢量图
（a）CIS；（b）95%UCS；（c）UCS；（d）峰后 80%UCS

生成的裂纹，其在 95%UCS 和 UCS 阶段仅进行了小量的扩展，并且在这两个阶段中，该裂纹处的位移矢量及位移趋势线并未产生明显的变化。此外，在模型原有右裂隙的上尖端处，有少量新微裂纹形成，但这些微裂纹并没有形成有效贯通，即没有形成有效的宏观裂纹，并且这些微裂纹处的位移矢量分布均匀，没有形成裂纹位移场，故此时可以将这些微裂纹看为分散微裂纹。同时，在这两个阶段的加载过程中，在模型内部形成了一定程度的远场分散微裂纹。

最后，当模型加载应力超过模型的峰值应力，并变为峰后 80%UCS 时，在模型原有左裂隙上尖端部位处形成一条较大的宏观裂纹，该裂纹与原有裂隙成一定角度，并沿新裂纹的起裂方向向模型下端面进行扩展。同时，在原有右裂隙上尖端部位，生成两条向上扩展的新裂纹。其中，一条裂纹沿原有裂隙方向起裂后沿模型的加载方向扩展，另一条裂纹沿原有裂隙方向起裂后继续沿该起裂方向扩展。从图 5-16（d）可以看到，原有左裂隙处生成裂纹的位移趋势线，在靠近裂隙尖端处有拉伸和剪切趋势，而远离裂隙尖端处部位，位移趋势线呈彼此分离状态，因此可以认为，该裂纹为宏观拉伸型裂纹。模型原有右裂隙处形成裂纹的位移趋势线，在靠近裂隙尖端处成从相反方向汇合的趋势，而远离尖端处位移趋势线成拉伸和剪切趋势。故可以认为，该裂纹为宏观的剪切型裂纹。将本模型裂纹情况与相应试样裂纹形态对比可知，模拟结果能较好地反映试验所得裂纹形态。

含 45°垂直交叉倾角裂隙干燥岩样 PFC 模型裂纹演化过程如图 5-17 所示，其相应阶段的位移矢量及位移趋势线，如图 5-18 所示。

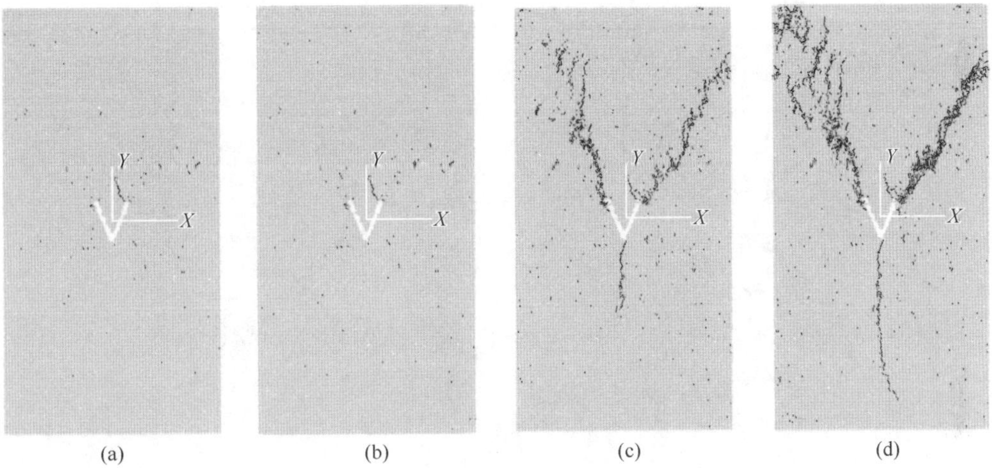

图 5-17　干燥 45°垂直交叉倾角裂隙模型裂纹分布演化图

（a）CIS；（b）95%UCS；（c）UCS；（d）峰后 80%UCS

结合图 5-17 和图 5-18 分析可知，当模型加载应力达到模型的起裂应力时，模型原有右裂隙上尖端部位萌生出一条新裂纹，该裂纹起裂方向垂直于原有裂隙方向，并沿加载方向扩展。从该裂纹所在区域的位移趋势线可以看出，该处的位移场为Ⅰ型位移场，即该裂纹为宏观拉伸型裂纹。此外，在原有裂隙远场处，零星分布着少量分散微裂纹。当模型应力变为 95%UCS 时，从图 5-17 和图 5-18 中可以看出，模型内部除增加一些分散微裂纹外，并没有产生明显的裂纹起裂或扩展，模型中位移矢量及位移趋势线也没有明显的变化。

随着加载的继续进行，当模型加载应力达到模型的峰值强度时，模型内部裂纹情况产生了较大的变化。从图 5-17 和图 5-18 中可以看出，在模型内部所有裂

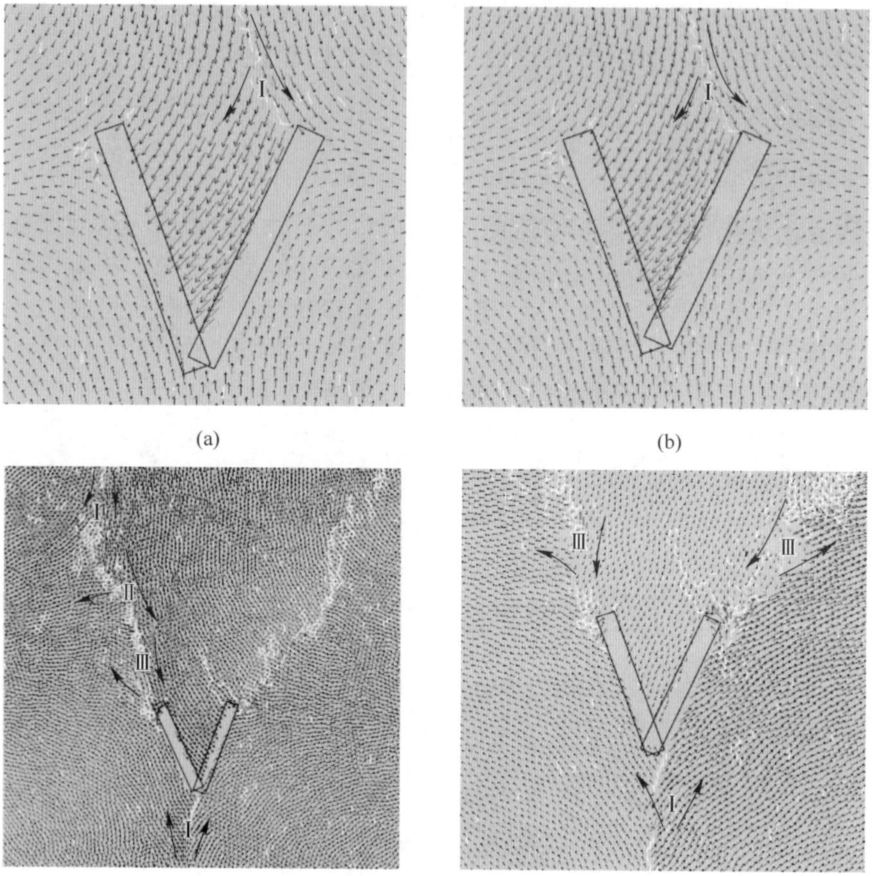

图 5-18　干燥 45°垂直交叉倾角裂隙模型不同阶段位移矢量图
（a）CIS；（b）95%UCS；（c）UCS；（d）峰后 80%UCS

纹尖端部位均生成了较大的宏观裂纹。这三条新裂纹的起裂方向均平行于起裂部位的原有裂隙倾角方向，但原有左裂隙上尖端处和裂隙下尖端处裂纹最终均沿模型的加载方向进行扩展，而原有右裂隙上尖端处的裂纹则沿其起裂方向继续扩展。从本阶段模型的位移趋势线可知，生成于原有裂隙下尖端处的裂纹为拉伸型裂纹。生成于原有左裂隙上尖端处的裂纹其位移趋势线较为复杂，在靠近裂隙尖端处的位移趋势线从相反方向汇合，而远离裂隙尖端处的位移趋势线彼此分离。根据模型位移矢量的变化规律可知，该处位移场由Ⅰ型向Ⅲ型转变，故该裂纹形成于Ⅰ型位移场，即其为拉伸型宏观裂纹。

模型加载应力降为峰后 80%UCS 时，除模型内部生成新的分散型微裂纹外，原有裂隙尖端部位并没有形成新的裂纹。但本阶段内，上一阶段形成的新裂纹产生了较大的扩展。从本阶段的位移矢量图中可以看出，在原有右裂隙上尖端部位处的位移矢量产生了较大的变化，位移趋势线从相反方向汇合，形成Ⅲ型位移场。可以认为，此时模型右裂隙处的裂纹为宏观剪切型裂纹。与图 5-6 对比可知，模拟所得裂纹类型与试验裂纹形态有较高的吻合度。

含 60°垂直交叉倾角裂隙干燥岩样 PFC 模型裂纹演化过程如图 5-19 所示，其相应阶段的位移矢量及位移趋势线，如图 5-20 所示。

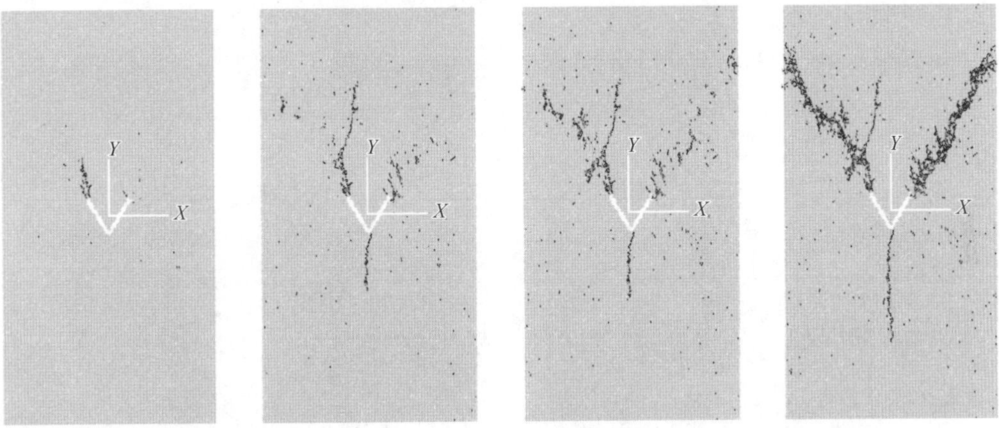

(a)　(b)　(c)　(d)

图 5-19　干燥 60°垂直交叉倾角裂隙模型裂纹分布演化图

(a) CIS；(b) 95%UCS；(c) UCS；(d) 峰后 80%UCS

结合图 5-19 和图 5-20 分析可知，当模型加载应力达到模型的起裂应力时，在模型原有左裂隙上尖端部位沿原有裂隙方向萌生一条新裂纹，并扩展一定的距离。此外，在模型原有右裂隙上尖端处亦萌生一条小裂纹，该裂纹起裂方向垂直于原有裂隙方向。根据本阶段位移矢量图及图中位移趋势线可以看出，在新生裂纹周边的位移场均为Ⅰ型位移场，故可以认为新生裂纹均为拉伸型裂纹。

当模型加载到 95%UCS 时，原有左裂隙上尖端处生成的裂纹沿加载方向产生了较大的扩展，并且在模型内部生成了较多的远场分散微裂纹。此外，在模型原有裂隙下尖端处生成一条起裂和扩展方向均平行于加载方向的新裂纹。结合此裂纹所在区域的位移趋势线可知，该裂纹为拉伸型裂纹。原有左裂隙上尖端处裂纹周边的位移矢量及趋势线产生了一定程度的变化。最靠近原有裂隙尖端处的位移场转变为Ⅲ型位移场，而新裂纹中间部位的位移场转变为Ⅱ型位移场。与模型应力加载到峰值应力时的裂纹状态和位移矢量图对比可知，当加载力变为峰值应力

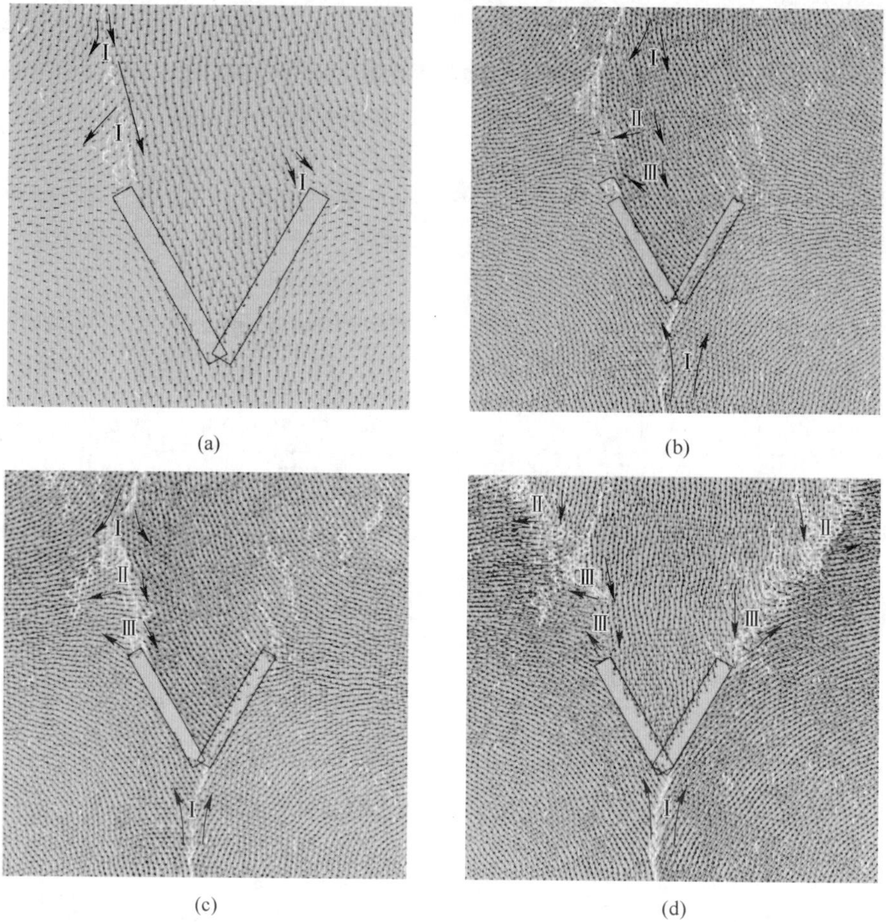

图 5-20　干燥 60°垂直交叉倾角裂隙模型不同阶段位移矢量图

（a）CIS；（b）95%UCS；（c）UCS；（d）峰后 80%UCS

时，模型内部仅生成新的远场分散裂纹，而在原有裂隙尖端处并没有萌生新的宏观裂纹，且两阶段的位移矢量及趋势线并没有明显变化。

随着模型的继续加载，当加载力变为模型峰后 80%UCS 时，原有裂隙下尖端处的裂纹产生了一定程度的扩展。此外，在原有裂隙两个上尖端部位均生成一条新裂纹。这两条裂纹均沿原有裂隙的倾角方向起裂，并沿着起裂方向继续扩展。从图 5-20（d）可知，这两条裂纹靠近原有裂隙尖端处的位移场均为Ⅲ型位移场，而稍远处转变为具有剪切趋势的Ⅱ型位移场。因此可以认为，在本阶段新生的两条裂纹均为剪切型裂纹。与图 5-7 比较可以发现，模拟和试样所得裂纹形态非常接近。

含 90°垂直交叉倾角裂隙干燥岩样 PFC 模型裂纹演化过程如图 5-21 所示，其相应阶段的位移矢量及位移趋势线，如图 5-22 所示。

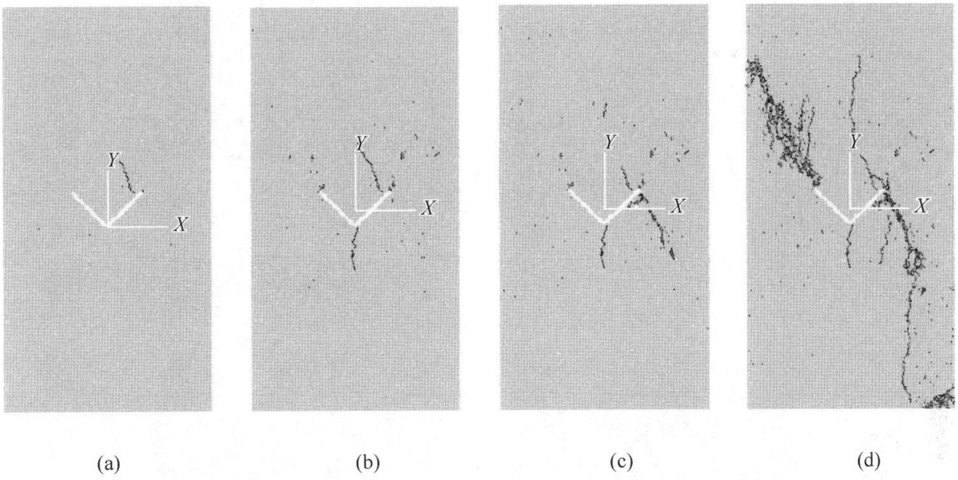

图 5-21 干燥 90°垂直交叉倾角裂隙模型裂纹分布演化图
（a）CIS；（b）95%UCS；（c）UCS；（d）峰后 80%UCS

结合图 5-21 和图 5-22 分析可知，当模型加载应力达到模型的起裂应力时，在靠近模型原有右裂隙上尖端部位生成一条新裂纹，该裂纹起裂方向垂直于原有裂隙方向，并有沿加载方向扩展的趋势。从该裂纹周边的位移趋势线彼此分离可知，此时新裂纹周边的位移场为Ⅰ型位移场，故该裂纹为拉伸型裂纹。

当模型加载应力变为 95%UCS 时，模型右裂隙上尖端处的裂纹产生一定的扩展，且模型内部的分散微裂纹有所增加。此外，模型原有裂隙下尖端部位生成一条起裂和扩展方向均平行于模型加载方向的新裂纹。此裂纹周边的位移场依然为Ⅰ型位移场，因此可以判断新生裂纹为拉伸型裂纹。

随着模型加载力达到模型的峰值应力，已生成的裂纹亦产生了一定程度的扩展，而在模型原有右裂隙上尖端部位形成一条新裂纹。该裂纹起裂方向垂直于原有裂隙方向，但向模型下部扩展。观察此阶段的位移矢量图可知，新生裂纹周边的位移矢量分布均匀，无明显的位移场存在，从微裂纹的破坏形式可知，这些微裂纹的微观破坏形式为拉伸破坏。

模型的加载力变为峰后 80%UCS，模型内部分散微裂纹增加，且已有裂纹均进一步扩展。除此之外，在模型原有裂隙两个上尖端部位均有新裂纹生成。其中，在模型左裂隙上尖端部位生成的裂纹沿原有裂隙方向起裂，并沿该方向扩展。生成于原有右裂隙上尖端处的新裂纹起裂及扩展方向均平行于模型的加载方

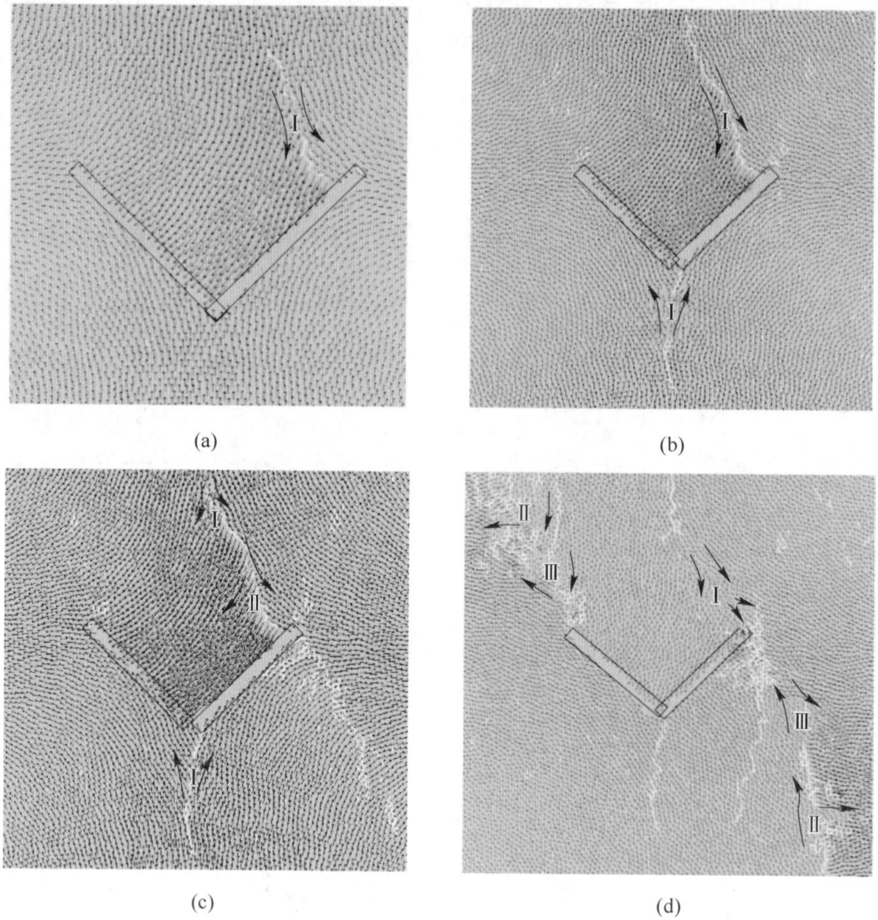

图 5-22　干燥 90°垂直交叉倾角裂隙模型不同阶段位移矢量图

（a）CIS；（b）95%UCS；（c）UCS；（d）峰后 80%UCS

向。结合这两条裂纹处的位移场可知，这两条新生裂纹均为剪切型裂纹。与含 90°垂直交叉倾角裂隙试样的裂纹形态对比可知，此模型中的裂纹类型与试验结果非常接近，可以看出 PFC 能较好地模拟岩样的破坏过程。

B　饱水试样

含 30°垂直交叉裂隙倾角饱水岩样 PFC 模型裂纹演化过程如图 5-23 所示，其相应阶段的位移矢量及位移趋势线，如图 5-24 所示。

结合图 5-23 和图 5-24 分析可知，当模型加载应力达到模型的起裂应力时，在模型原有右裂隙的上尖端部位生成了较小的宏观裂纹，从图 5-24（a）可知，该微小裂纹处的位移趋势线彼此分离，形成较小的Ⅰ型位移场，因此可以认为该微小裂纹为拉伸型裂纹。此外，加载过程中模型内部也形成了少量分散微裂纹。

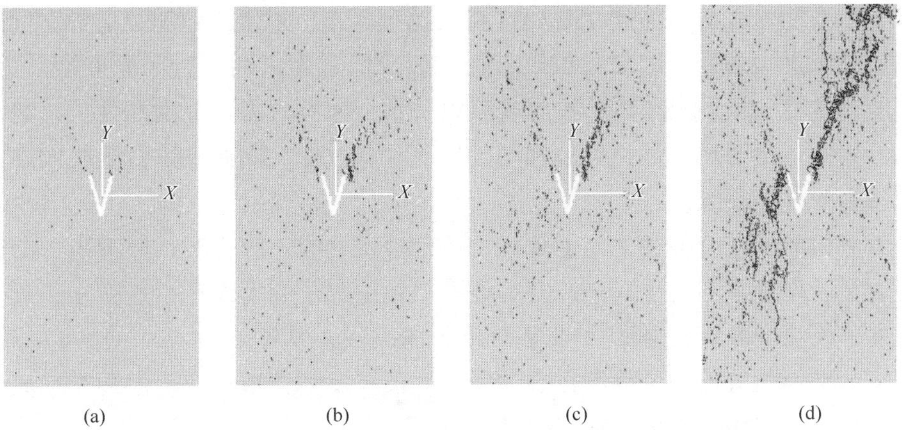

图 5-23 饱水 30°垂直交叉倾角裂隙模型裂纹分布演化图

（a）CIS；（b）95%UCS；（c）UCS；（d）峰后 80%UCS

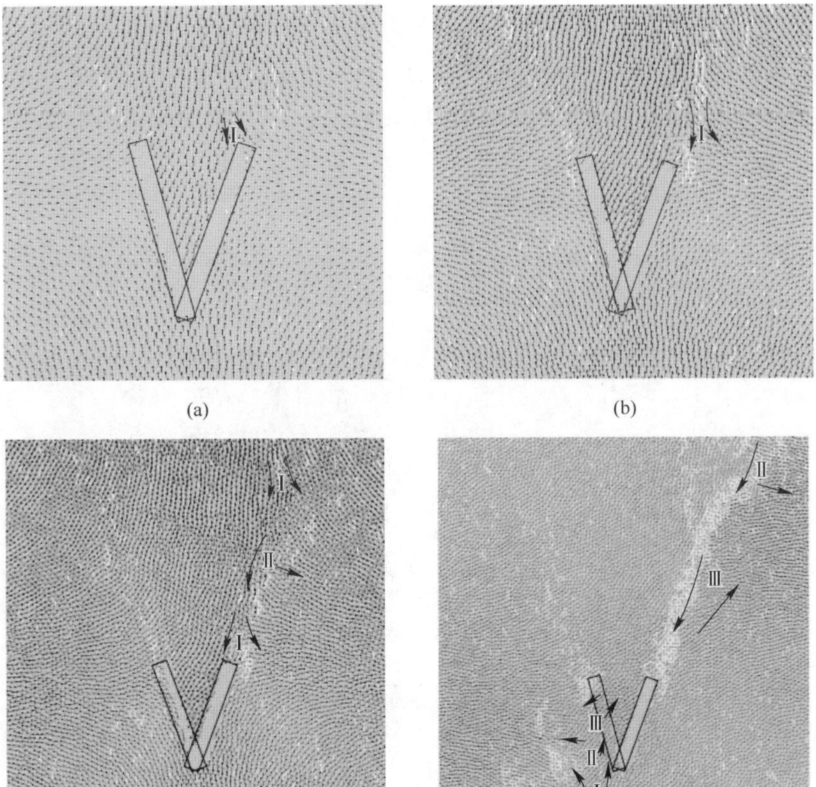

图 5-24 饱水 30°垂直交叉倾角裂隙模型不同阶段位移矢量图

（a）CIS；（b）95%UCS；（c）UCS；（d）峰后 80%UCS

当模型的加载力增加到95%UCS时，模型内部分散微裂纹明显增加，同时在原有右裂隙上尖端处形成宏观裂纹，且该裂纹的起裂方向平行于原有裂隙方向。从本阶段位移矢量图及其位移趋势线可以看到，原有右裂隙上尖端处位移趋势线彼此分离的范围明显增加，但位移场类型并没有改变。因此，该新生裂纹在宏观上依然为拉伸型裂纹。

随着模型的继续加载，当加载应力达到模型的峰值应力时，模型内部分散型微裂纹显著增加，同时生成于原有右裂隙上尖端部位的裂纹产生进一步扩展。除此之外，模型中原有裂隙处并没有萌生新的裂纹。从图5-24（c）中可以看到，已生成的宏观裂纹处的位移场在裂隙尖端处没有发生类型转变，但稍微远离裂隙尖端区域内位移场转变为Ⅱ型。

当模型加载力变为峰后80%UCS时，在原有裂隙的两个上尖端处各形成一条新裂纹。其中，生成于原有右裂隙上尖端处的新裂纹，起裂和主要裂纹扩展方向均平行于原有裂隙方向。萌生于原有左裂隙上尖端处的裂纹其起裂方向与原有裂隙方向成一定夹角，并沿裂纹的起裂方向扩展。从图5-24（d）中可以看到，在靠近裂隙尖端处区域的位移趋势线从相反方向汇合，形成Ⅲ型位移场。在稍远一些的区域，裂纹趋势线具有拉伸和剪切的趋势，形成了Ⅱ型位移场。结合上述描述可知，生成于本阶段的新裂纹均属于宏观剪切型裂纹。

含45°垂直交叉倾角裂隙饱水岩样PFC模型裂纹演化过程如图5-25所示，其相应阶段的位移矢量及位移趋势线，如图5-26所示。

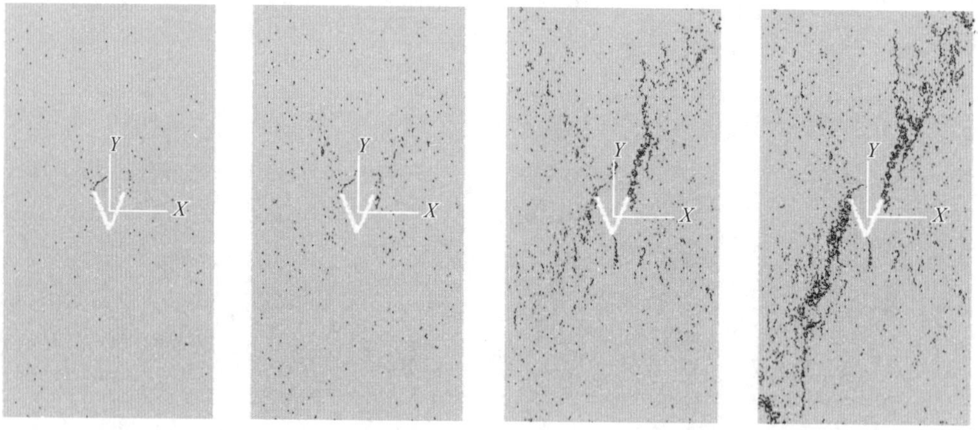

(a)　　(b)　　(c)　　(d)

图5-25　饱水45°垂直交叉倾角裂隙模型裂纹分布演化图

（a）CIS；（b）95%UCS；（c）UCS；（d）峰后80%UCS

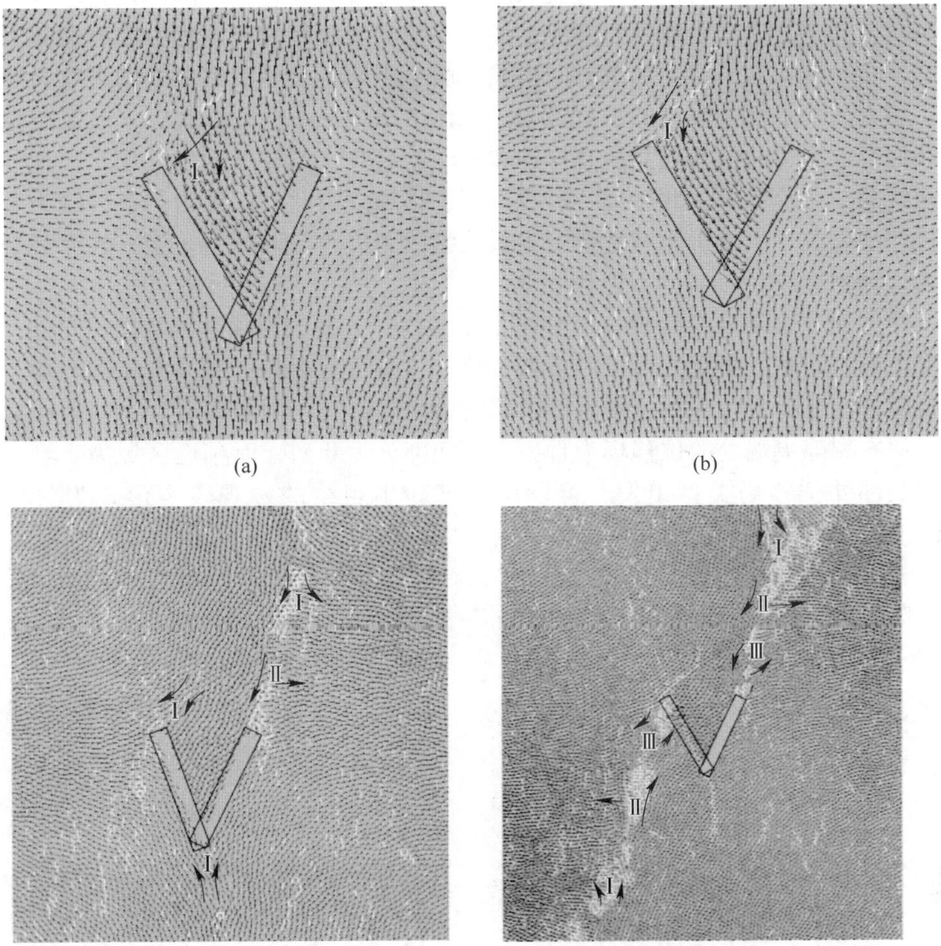

(a) (b) (c) (d)

图 5-26 饱水 45°垂直交叉倾角裂隙模型不同阶段位移矢量图

(a) CIS；(b) 95%UCS；(c) UCS；(d) 峰后 80%UCS

结合图 5-25 和图 5-26 分析可知，当模型加载力达到模型的起裂应力时，在模型原有左裂隙上尖端处形成一条新裂纹，该裂纹起裂方向垂直于原有裂隙方向。从本阶段位移矢量和趋势线图中可以看到，新裂纹周边位移趋势线彼此分离，形成Ⅰ型位移场，故可以认为，该新裂纹为拉伸型裂纹。此外，加载过程中模型内部也形成了部分分散微裂纹。模型加载力达到 95%UCS 时，上述新裂纹有小幅扩展，且模型内部分散微裂纹明显增加。但观察该阶段位移矢量图可知，其与上一阶段无明显变化，故此处不再赘述。

随着加载的继续进行，模型加载力达到模型的峰值应力时，模型内部分散裂纹显著增加。同时，在模型原有右裂隙上尖端部位和裂隙下尖端部位各形成一条新裂纹。其中，生成于原有右裂隙上尖端部位的裂纹起裂方向先沿原有裂隙方向扩展，之后转变为平行于加载方向扩展。萌生于原有裂隙下尖端处的裂纹其起裂和扩展方向均平行于模型的加载方向。从图 5-26（c）中可以看到，原有裂隙上尖端处裂纹周边的位移趋势线有拉伸和剪切的趋势，形成Ⅱ型位移场，而稍远一些区域的位移趋势线彼此分离，形成Ⅰ型位移场。因此可以认为，该裂纹为宏观的拉伸型裂纹。生成于原有裂隙下尖端处裂纹周边的位移场为Ⅰ型，故而其裂纹亦为拉伸型裂纹。

模型加载力变为峰后 80%UCS 时，模型内部分散微裂纹继续增加。此外，在模型原有左裂隙上尖端处形成一条新裂纹，该裂纹起裂和扩展方向相同，均与原有裂隙方向成一定角度。从本阶段位移矢量和趋势线图中可以看到，新生成裂纹靠近原有裂隙尖端处的位移场为Ⅲ型，中间部分为Ⅱ型，而稍远区域为Ⅰ型。从裂纹尖端处位移场类型出发，可以认为该新生裂纹的宏观表现形式为剪切型裂纹。

含 60°垂直交叉倾角裂隙饱水岩样 PFC 模型裂纹演化过程如图 5-27 所示，其相应阶段的位移矢量及位移趋势线，如图 5-28 所示。

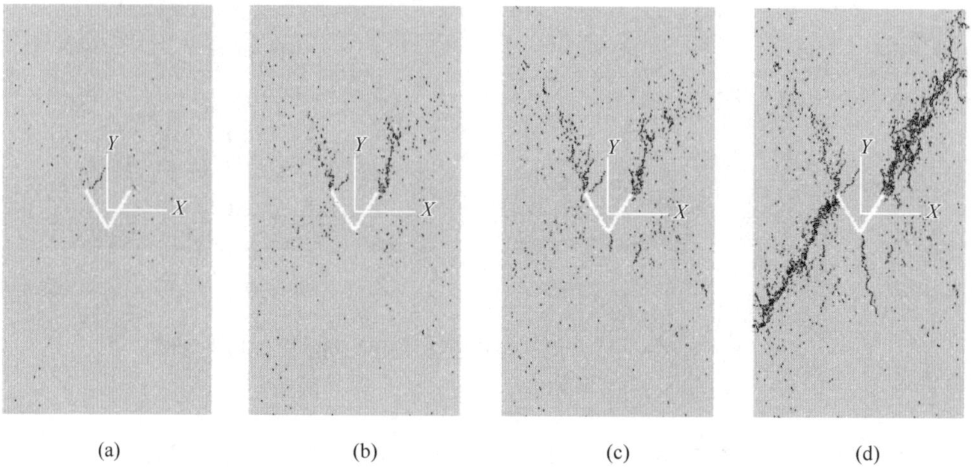

图 5-27　饱水 60°垂直交叉倾角裂隙模型裂纹分布演化图
（a）CIS；（b）95%UCS；（c）UCS；（d）峰后 80%UCS

结合图 5-27 和图 5-28 分析可知，当模型加载力达到模型的起裂应力时，在模型原有左裂隙的上尖端处形成一条起裂方向垂直于原有裂隙的新裂纹。从该裂纹周边区域的位移趋势线可知，该裂纹所处Ⅰ型位移场中，因此其为拉伸型裂

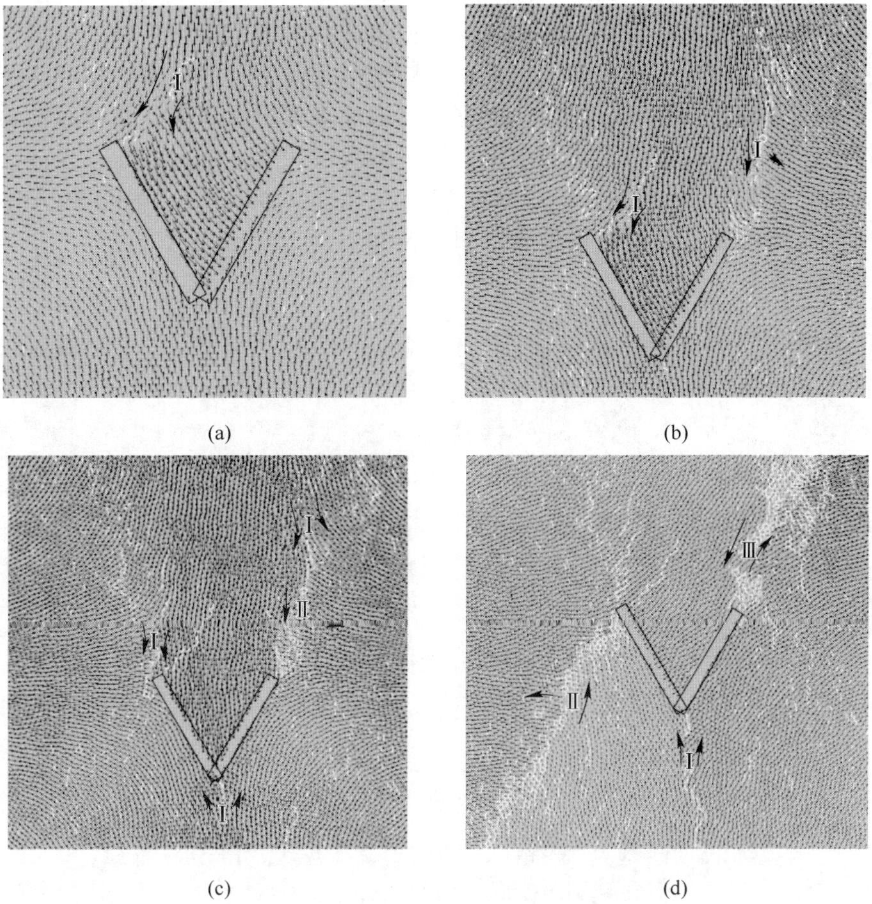

图 5-28 饱水 60°垂直交叉倾角裂隙模型不同阶段位移矢量图

（a）CIS；（b）95%UCS；（c）UCS；（d）峰后 80%UCS

纹。此外，在加载过程中，模型内部亦形成少量分散微裂纹。

模型加载力达到 95%UCS 时，模型内部的分散微裂纹明显增加，在模型原有右裂隙上尖端部位形成新裂纹，且该裂纹起裂方向平行于模型的加载方向。结合本阶段的位移矢量和趋势线图可知，新生裂纹周边位移趋势线彼此分离，形成Ⅰ型位移场，因此该新生裂纹也为拉伸型裂纹。

当模型加载力达到模型的峰值应力时，模型内部分散微裂纹明显增加；同时，在模型原有左裂隙上下两尖端处各形成一条新裂纹，且这两条新裂纹的起裂和扩展方向均平行于原有裂隙的加载方向。从图 5-28（c）中可以看到，这两条新生裂纹周边的位移场均为Ⅰ型位移场，故其可认为是拉伸型裂纹。

当模型的加载力变为峰后 80%UCS 时，已形成裂纹产生一定程度的扩展，此外，在原有裂隙的两个上尖端处各形成一条新裂纹。其中，形成于原有左裂隙上尖端处的裂纹起裂方向和原裂隙方向成一定角度并沿起裂方向扩展。生成于原有右裂隙上尖端处的裂纹，起裂和扩展方向均平行于原有裂隙方向。结合本阶段的位移趋势线可知，原有右裂隙处的新生裂纹为宏观剪切型裂纹，而原有左裂隙处的裂纹为宏观拉伸和剪切力共同作用下产生的裂纹。

含 90°垂直交叉倾角裂隙饱水岩样 PFC 模型裂纹演化过程如图 5-29 所示，其相应阶段的位移矢量及位移趋势线，如图 5-30 所示。

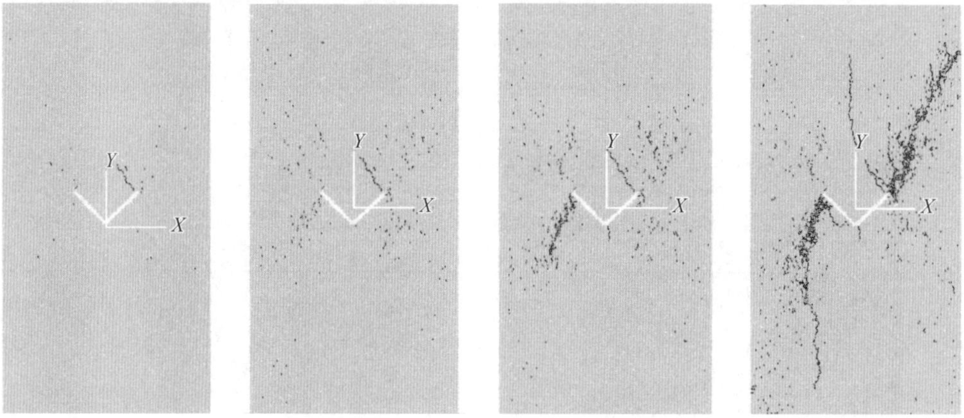

(a)　(b)　(c)　(d)

图 5-29　饱水 90°垂直交叉倾角裂隙模型裂纹分布演化图
（a）CIS；（b）95%UCS；（c）UCS；（d）峰后 80%UCS

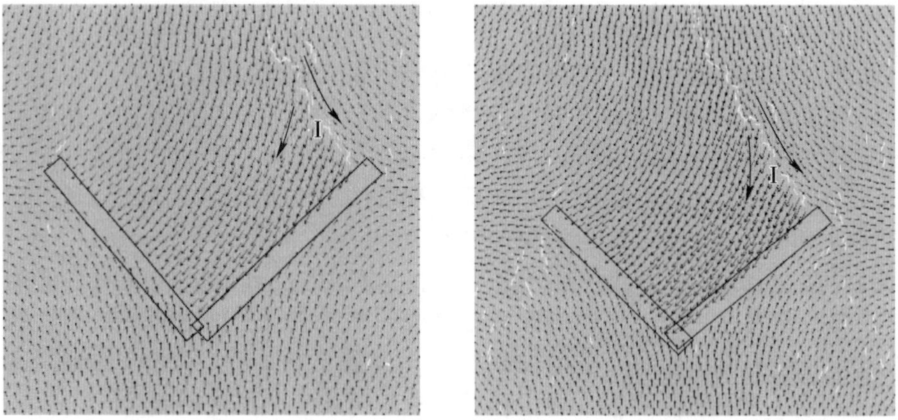

(a)　(b)

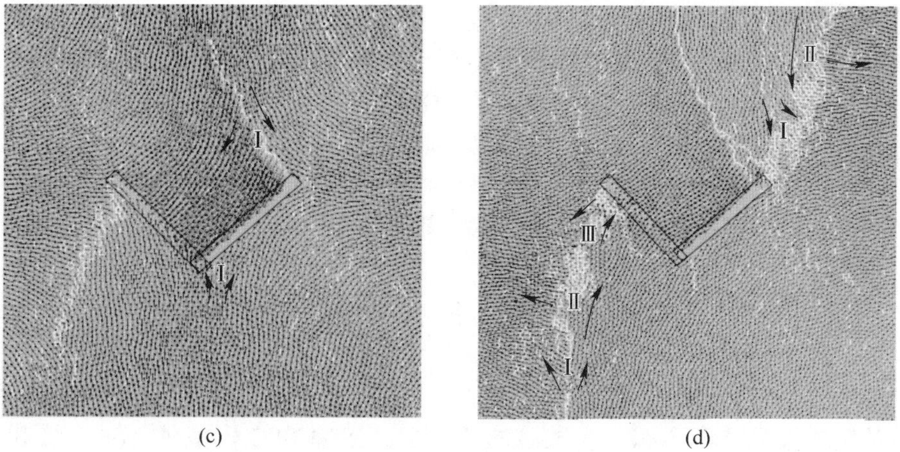

图 5-30　饱水 90°垂直交叉倾角裂隙模型不同阶段位移矢量图

(a) CIS；(b) 95%UCS；(c) UCS；(d) 峰后 80%UCS

结合图 5-29 和图 5-30 分析可知，当模型加载力达到模型的起裂应力时，在原有右裂隙上尖端处形成一条垂直于原有裂隙起裂的新裂纹。从该裂纹所在区域位移趋势线可知，该裂纹为Ⅰ型位移场形成的拉伸型裂纹。此外，在加载过程中，模型内部也形成少量的分散微裂纹。当加载力增加到 95%UCS 时，除了上述新裂纹产生一定程度的扩展，模型中生成更多的分散微裂纹外，并没有其他宏观新裂纹生成。同时，此时刻的位移矢量并没有明显变化，故此处不再赘述。

当模型加载力达到模型的峰值应力时，除模型内部生成更多的分散微裂纹外，在模型原有左裂隙的上下两尖端部位处各生成一条新裂纹。其中，生成于上尖端处的新裂纹与原有裂隙倾角方向成一定角度，且裂纹沿该方向扩展。而生成于下尖端处的裂纹，起裂和扩展方向均沿模型的加载方向。从图 5-30 (c) 可知，模型裂隙下尖端处的裂纹处于Ⅰ型位移场中，属于拉伸型裂纹。模型左裂隙上尖端处裂纹周围位移矢量分布均匀，并没有形成特定形态的位移场，但从其微观破坏看，这些微裂纹均为微观拉伸破坏。

当模型加载力减为峰后 80%UCS 时，最初形成于模型原有右裂隙上尖端处的裂纹扩展为一条典型的翼形拉伸裂纹。此外，在原有右裂隙上尖端处形成一条新裂纹，该裂纹起裂方向与原有裂隙倾角方向成一定角度，并沿该方向扩展至模型右边界。从该裂纹周边的位移趋势线可以看出，该裂纹处于Ⅱ型位移场，故该裂纹可以认为是宏观拉伸和剪切力共同形成的裂纹。上一阶段生成于原有左裂隙上尖端处的裂纹产生了较大的扩展，分析此时该裂纹所处位移场情况可知，该裂纹在靠近原有裂隙尖端处为剪切型裂纹。

通过上述分析可知，模型中初始起裂裂纹的起裂方向基本都垂直于原有裂隙方向，且初始起裂裂纹均为拉伸型裂纹，这与单裂隙试样裂纹起裂规律相近。笔者认为相似的原因是，本章试样模型中裂纹形态是单裂纹的对称形式，故新生裂纹形式与单裂隙试样相似。由于两条裂隙的存在，使得裂隙之间产生相互影响，从而使模型的最终裂纹形态又与单裂隙模型不完全相同。此外，本章 PFC 模型中裂纹的扩展情况及其形态与试验实测的裂纹形态非常相似，再次证明 PFC 模拟软件能较好地模拟试验过程及裂纹最终形态。

5.3　本章小结

本章主要总结分析了单轴压缩条件下垂直交叉裂隙岩样的力学特性及其裂纹扩展及试样最终破坏形态。在试验的基础上，运用 PFC 模拟软件对干燥和饱水两种状态下岩样的破坏过程进行了数值分析。基于上述试验和数值模拟分析发现，无论是干燥还是饱水状态下，垂直交叉裂隙试样的单轴抗压强度和弹性模量均随交叉倾角裂隙的增大呈现先增加后减小的变化趋势，并在含 45°垂直交叉倾角的试样中达到最大值。干燥和饱水试样强度变化规律虽然相同，但饱水试样的抗压强度和弹性模量值明显低于干燥试样相应值。

对于含垂直交叉裂隙试样的裂纹扩展情况而言，干燥试样的初始起裂裂纹均为拉伸型裂纹，饱水试样初始起裂裂纹除有拉伸型裂纹外，还有剪切型裂纹。除初始起裂裂纹外，含垂直交叉裂隙的饱水试样相较于干燥试样而言，更容易产生剪切型裂纹，可以认为水的存在能促使本章试验岩样中剪切型裂纹的产生。此外，本章含垂直交叉裂隙岩样中较多地出现了水平裂纹，但这种类型的裂纹在前两章试验岩样裂纹形态中很少出现。

6　裂隙岩体破坏过程能量特征分析

岩石是一种非均质的多相复合结构材料，在其形成及地质构造过程中，岩石内部形成大量裂隙、孔洞等随机分布的天然缺陷。当受到外力作用时，岩石要经过微裂纹闭合、弹性变形、微缺陷演化扩展、灾变破坏等阶段，在这些阶段中岩石始终和外界进行能量的交换，将外部的机械能转变为应变能、热能等存储为自身的内能；同时又将应变能转化为塑性能、表面能等，并以电磁辐射、声发射、动能等形式向外界释放能量[115,159-162]。因此可以认为，岩石的破坏归根到底是能量驱动下的一种状态失稳现象，且岩石在变形破坏过程中始终不断地与外界交换着物质和能量。基于上述认识，本章将从能量的角度分析单轴压缩条件下，含裂隙岩样的能量演化过程，从而进一步认识裂隙岩体在压缩状态下的力学行为、响应机制以及能量与岩石变形破坏之间的关系。

6.1　能量理论及机制分析

根据热力学定律可知，材料的破坏是由能量驱动的。岩石在变形破坏过程中，其热力学状态即能量在不断变化，从而影响岩石加载过程中的损伤演化规律和破坏形态。因此，为更好地了解岩石变形破坏与加载过程中能量变化之间的关系，本节将从热力学基本理论着手，分析岩石变形破坏过程中能量的类型、不同类型能量在破坏过程中所起的作用以及单轴加载条件下的能量特征。

6.1.1　岩石变形破坏中的能量类型

通常情况下，岩石在变形破坏过程中存在着多种变形方式，而这些变形方式对应着不同类型的能量形式。因此，在岩石变形破坏过程中的能量大致可以分为以下几类。

（1）弹性势能。在加载初期，岩石产生弹性变形，将外力所做的功以弹性变形的形式储存在岩石内部，并且在岩石破坏时得到释放，造成岩石的灾变性破坏。根据弹性力学理论可知，其计算公式为：

$$E = \int_V \sigma_i \varepsilon_i \mathrm{d}V \tag{6-1}$$

式中，E 为岩石的弹性势能；σ_i 为岩石加载过程中的加载应力；ε_i 为岩石加载所引起的弹性应变；V 为岩石体积。

（2）塑性势能。加载过程中，岩石产生不可逆的塑性变形，该塑性变形所对应的塑性势能计算公式为[163]：

$$E_p = \int_V d\omega_p = \int_V \sigma d\varepsilon_p \tag{6-2}$$

式中，E_p 为塑性势能；ω_p 为塑性势能密度；ε_p 为塑性应变。

（3）表面能。加载过程中，岩石内部微裂纹的起裂、扩展和贯通等形式产生新裂纹面过程中所需要的能量。根据损伤力学理论可知，该部分能量的计算公式为[164]：

$$Y = -\rho \frac{\partial \Psi_e}{\partial D} \tag{6-3}$$

式中，Y 为损伤能量释放率；D 为损伤变量；Ψ_e 为自由能。

（4）其他类型能量。岩石在变形破坏过程中，不断与外界进行着能量交换，除上述主要能量变化以外还包括热能、辐射能、声发射能和动能等其他形式能量的改变。其中，辐射能在岩石变形初期并不显著，而是主要发生在岩石临近破坏的阶段，其主要形式包括电磁辐射和声发射，但在岩石整个加载破坏过程中声发射能非常小，基本可以忽略[120]；动能则主要发生在岩石局部或整体灾变性破坏后，以块体飞出的形式表现出来。

总结岩石整个加载破坏过程可知，在岩石加载过程中，不同加载阶段的热力学状态不同，具体而言：压密阶段和弹性阶段主要表现为弹性势能的储存；裂纹稳定发展阶段以弹性势能增加为主，同时伴随着表面能、热能、辐射能等能量的产生；裂纹不稳定扩展阶段时弹性势能增量明显减弱，辐射能、表面能等能量明显增加；应变软化阶段弹性能则全部释放转化为表面能、动能等形式的能量。

6.1.2　岩样试验过程中的能量特性

对于峰值强度前的岩石试样而言，微裂纹从无序分布向有序发展，最终导致宏观裂纹的形成及岩样的损伤破坏，且上述宏观裂纹的形成过程是一种能量耗散的不可逆过程[117]。因此，研究岩石在峰值强度前耗散能的变化特点，能更好地理解岩石变形破坏过程中的损伤机制。

假设在岩石单轴压缩过程中，岩样与周围环境没有热交换，即该压缩过程发生在一个封闭的系统中时，一个单位体积的岩体单元在加载力作用下产生变形；此时，外力对岩样所做的功转变为岩样的应变能。根据热力学第一定律可知[165]：

$$U = U^d + U^e \tag{6-4}$$

式中，U 为外力机械能；U^d 为单元耗散能；U^e 为单元弹性应变能。

图 6-1 所示为单轴加载条件下岩样应力-应变曲线与岩样耗散能和弹性应变能（弹性势能）的关系曲线[166]。应力 - 应变曲线与卸载弹性模量 E_u 围成的面积为耗散能 U^d，阴影部分面积为弹性应变能 U^e。

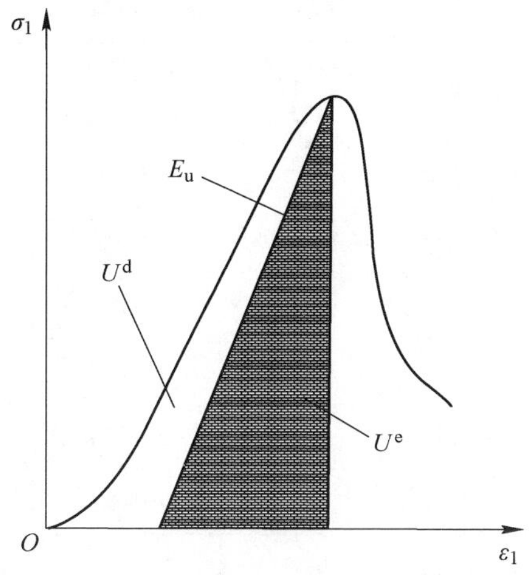

图 6-1 应力-应变曲线与耗散能和弹性应变能的关系曲线

在单轴压缩试验中，由于 σ_1 仅轴向应力参与做功，故此时岩样内部的弹性应变能可写为：

$$U^{e}=\frac{1}{2E_{u}}\sigma_{1}^{2} \tag{6-5}$$

式中，E_u 为卸载弹性模量。

为方便计算，此处的卸载弹性模量 E_u 一般由初始弹性模量 E_0 来代替，且该替换的合理性目前已得到较多学者的验证[123,166]。

6.2 试验岩样能量计算

利用上述公式可以计算出各种不同裂隙的红砂岩试样在单轴压缩条件下，当所受应力为峰值应力时的各项能量。同时，可将各种不同裂隙红砂岩试样在加载过程中，耗散能占总能量的占比进行计算。

6.2.1 单裂隙岩样能量计算

表 6-1 为含单裂隙红砂岩干燥和饱水试样在单轴压缩条件下，当岩样所受应力为其峰值应力时的各项能量计算结果。

从表 6-1 中可知，对于含单裂隙干燥红砂岩试样，Sd-45-2 试样的总机械能最大，且其极限应变值最大；Sd-30-2 试样的弹性能密度最小，相应的其抗压强度也最小。具有最大弹性能密度的试样为 Sd-45-2 试样，且该试样的抗压强度最大，极限应变也最大。

表 6-1　单裂隙岩样能量计算结果

岩样编号	抗压强度/MPa	极限应变	弹性模量/GPa	总机械能/J·cm^{-3}	弹性能密度/J·cm^{-3}	耗散能密度/J·cm^{-3}
Sd-30-1	31.89	0.003318	19.54	0.03713	0.02602	0.01111
Sd-30-2	28.53	0.003255	16.52	0.03978	0.02464	0.01514
Sd-45-1	35.40	0.003257	20.23	0.04594	0.03097	0.01497
Sd-45-2	39.32	0.003325	22.10	0.05270	0.03498	0.01772
Sd-60-1	36.52	0.003242	21.57	0.04144	0.03092	0.01052
Sd-60-2	33.42	0.003296	20.06	0.04603	0.02784	0.01819
Ss-30-1	20.39	0.002862	10.71	0.02530	0.01941	0.00589
Ss-30-2	19.50	0.002995	8.97	0.02550	0.02120	0.00430
Ss-45-1	31.04	0.003264	19.35	0.03809	0.02490	0.01319
Ss-45-2	28.86	0.003402	18.08	0.03840	0.02303	0.01537
Ss-60-1	21.02	0.003140	11.30	0.02985	0.01955	0.01030
Ss-60-2	25.47	0.003313	15.95	0.02576	0.02034	0.00542

对于单裂隙的饱水红砂岩试样而言，Ss-45-2 试样的总机械能最大，同样的其极限应变值亦最大；具有最大应变能密度的试样为 Ss-45-1，且其单轴抗压强度最大。此外，耗散能密度最小的试样为饱水 Ss-30-2 试样。

从上述分析可知，无论干燥试样还是饱水试样，45°倾角裂隙试样的总机械能均最大，说明要使试样达到峰值强度，外力需要对含 45°倾角裂隙试样做最多的功。从试样的平均耗散能密度而言，无论是干燥单裂隙试样还是饱水单裂隙试样，45°倾角裂隙试样的耗散能密度均最高，含 30°倾角裂隙试样的耗散能密度均最低。说明加载力达到峰值强度以前，含 45°倾角裂隙试样消耗的能量最多，而 30°倾角裂隙试样消耗的能量最少。此外，干燥单裂隙试样的耗散能密度均大于相应角度饱水单裂隙试样的耗散能密度，说明干燥试样相较于饱水试样而言，在峰值强度前的损伤更多。

此外，对于含单裂隙红砂岩试样，其总机械能在很大程度上依赖于试样的极限应变值，尤其当抗压强度变化不大时，极限应变越大试样的总机械能就越大。相反的，从弹性密度能公式可知，试样弹性密度能正比于试样单轴抗压强度的平方，而反比于试样的弹性模量值。因此，当试样间弹性模量相差不大时，试样的单轴抗压强度越小其弹性密度能越小。对于试样的耗散能密度而言，双重依赖于试样的抗压强度和极限应变，故其变化规律并不简单线性依赖于抗压强度或极限应变。

图 6-2 所示为单裂隙试样在峰值强度时耗散能密度占总能量百分比的分析。从图 6-2 中可以看出，无论干燥单裂隙试样还是饱水单裂隙试样，其峰值强度前耗散能占总能量均小于 40%。对于干燥单裂隙试样而言，含 30°倾角裂隙试样耗散能占总能量的比例最大，含 45°倾角裂隙的比例次之，含 60°倾角裂隙试样耗散能占总能量的比例最小。这说明在峰值强度前，含 30°倾角裂隙试样的裂纹扩展最为严重，45°试样次之，含 60°试样的损伤最小。与干燥单裂隙试样的强度对比可以发现，30°试样的强度最低，说明对干燥含单裂隙试样而言，峰值强度前的损伤越大其强度越低。

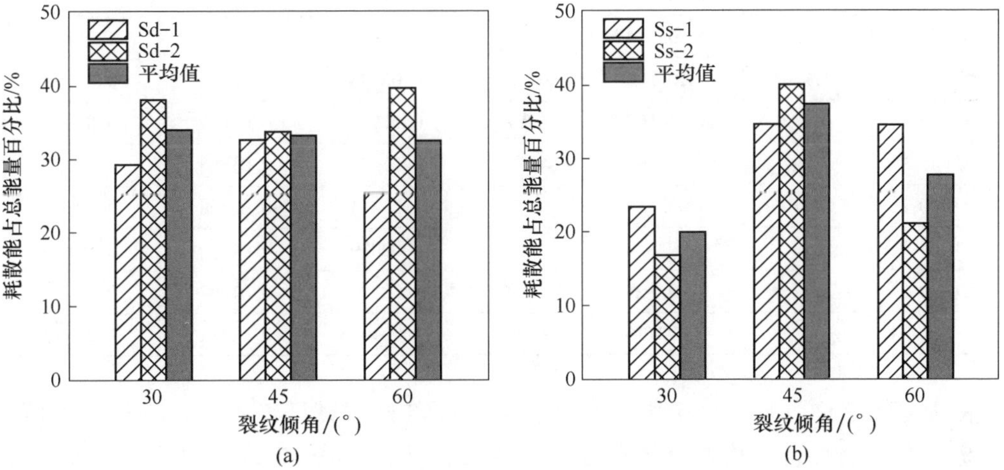

图 6-2 单裂隙试样峰值强度前耗散能占总能量百分比
(a) 干燥试样；(b) 饱水试样

对于饱水单裂隙试样而言，含 45°倾角裂隙试样耗散能占总能量的比例最大，含 60°倾角裂隙的比例次之，含 30°倾角裂隙试样耗散能占总能量的比例最小。此时试样耗散能所占总能量百分比的变化规律与试样强度的变化规律相同，但与干燥试样的变化规律略有差异。笔者认为，产生上述不同变化规律的原因是，水的存在改变了峰值强度前试样中耗散能的具体表现形式，而有些耗散能并不影响试样的最终强度。

6.2.2 水平交叉裂隙岩样能量计算

表 6-2 为水平交叉裂隙红砂岩干燥和饱水试样在单轴压缩条件下，当岩样所受应力为其峰值应力时的各项能量计算结果。

表 6-2　水平交叉倾角裂隙岩样能量计算结果

岩样编号	抗压强度 /MPa	极限应变	弹性模量 /GPa	总机械能 /J · cm^{-3}	弹性能密度 /J · cm^{-3}	耗散能密度 /J · cm^{-3}
Dd-30-1	26.25	0.003263	14.28	0.03517	0.02413	0.01104
Dd-30-2	16.08	0.003225	8.73	0.02694	0.01481	0.01213
Dd-45-1	18.88	0.003105	10.26	0.02373	0.01737	0.00636
Dd-45-2	24.16	0.003343	12.97	0.03196	0.02250	0.00946
Dd-60-1	29.68	0.002993	18.99	0.03409	0.02319	0.01090
Dd-60-2	24.94	0.003427	15.98	0.03643	0.01946	0.01697
Dd-90-1	25.86	0.003271	15.51	0.03455	0.02156	0.01299
Dd-90-2	33.59	0.003336	17.22	0.04706	0.03276	0.01430
Ds-30-1	13.36	0.003024	8.29	0.02201	0.01077	0.01124
Ds-30-2	27.30	0.003006	10.28	0.03498	0.03304	0.00194
Ds-45-1	14.82	0.004107	6.54	0.02953	0.01679	0.01274
Ds-45-2	14.97	0.003094	8.57	0.01935	0.01308	0.00627
Ds-60-1	28.76	0.003155	16.76	0.03414	0.02468	0.00946
Ds-60-2	18.01	0.002828	12.99	0.02099	0.01249	0.00850
Ds-90-1	20.26	0.003395	11.36	0.02799	0.01807	0.00992
Ds-90-2	15.93	0.002746	8.99	0.02106	0.01411	0.00695

从表 6-2 中可知，对于水平交叉裂隙干燥红砂岩试样而言，Dd-45-1 试样的总机械能、弹性能密度和耗散能密度均为最低值，Dd-90-2 试样的总机械能和弹性能密度最高，相应的其单轴抗压强度也最高。对于水平交叉裂隙饱水红砂岩试样而言，试样 Ds-30-2 的总机械能和弹性能密度最大，Ds-30-1 的弹性能密度最小，且其单轴抗压强度亦最小。

此外，分析干燥试样和饱水试样的平均耗散能密度可知，对于干燥试样而言，含 60°水平交叉倾角裂隙岩样的耗散能密度大，说明当加载力为试样峰值强度时，60°水平交叉倾角裂隙岩样的损伤最大，而 45°水平交叉倾角裂隙试样的损伤最小。对于饱水试样而言，含 45°水平交叉倾角裂隙岩样的耗散能密度大，说明当加载力为试样峰值强度时，45°水平交叉倾角裂隙岩样的损伤最大，相反的 60°饱水水平交叉倾角裂隙岩样的耗散能密度最小，即其损伤最小。从整体看来，含水平交叉倾角裂隙干燥试样的耗散能密度要大于饱水水平交叉裂隙试样的耗散能密度，即干燥水平交叉裂隙试样的峰值前损伤大于饱水试样。该规律与含单裂隙试样的相应规律相同，说明水的存在能改变岩样在加载过程中裂纹的起裂扩展等损伤现象的发生。

此外，从表6-2中的数据也可以发现，试样在单轴压缩条件下的总机械能虽然在很大程度上依赖于试样的单轴抗压强度和极限应变，但其不仅和上述两个岩样力学参数有关，还和岩样加载过程中应力-应变曲线的形态有关。因此，此处进一步说明岩样能量的变化是一个复杂过程，并不是单一变量能决定的。

图6-3所示为水平交叉倾角裂隙试样在峰值强度时，耗散能密度占总能量百分比的分析图。从图6-3中可以看出，除30°交叉倾角裂隙饱水试样Ds-30-1外，水平交叉倾角裂隙试样峰值强度前耗散能占总能量的百分比均小于45%。对于干燥水平交叉裂隙试样而言，含60°水平交叉倾角裂隙试样耗散能占总能量的比例最大，而含45°水平交叉倾角裂隙试样耗散能占总能量的比例最小。这说明含60°水平交叉倾角裂隙试样在峰值强度前产生的损伤占其总体损伤比例最大，而含45°水平交叉倾角裂隙试样在峰值强度前的损伤占其总体损伤的比例最小。

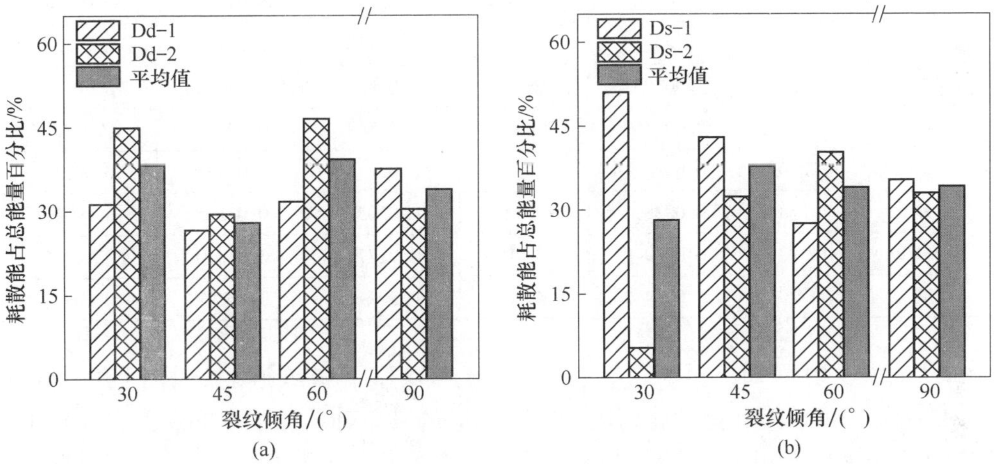

图6-3 含水平交叉倾角裂隙试样峰值强度前耗散能占总能量百分比

（a）干燥试样；（b）饱水试样

对于饱水水平交叉倾角裂隙试样而言，含45°水平交叉倾角裂隙试样耗散能占总能量的比例最大，含90°水平交叉倾角裂隙试样的比例次之，而含30°水平交叉倾角裂隙试样耗散能占总能量的比例最小。这说明含45°水平交叉倾角裂隙饱水试样在峰值强度前损伤占总体损伤比例最大，而含30°水平交叉倾角裂隙试样峰值强度前损伤占总体损伤比例最小。

6.2.3 垂直交叉裂隙岩样能量计算

表6-3为含垂直交叉倾角裂隙红砂岩干燥和饱水试样在单轴压缩条件下，当岩样所受应力为其峰值应力时的各项能量计算结果。

表 6-3　垂直交叉倾角裂隙岩样能量计算结果

岩样编号	抗压强度 /MPa	极限应变	弹性模量 /GPa	总机械能 /J · cm^{-3}	弹性能密度 /J · cm^{-3}	耗散能密度 /J · cm^{-3}
Vd-30-1	26. 23	0. 003328	18. 64	0. 03053	0. 01846	0. 01207
Vd-30-2	21. 48	0. 002964	15. 42	0. 02669	0. 01496	0. 01173
Vd-45-1	26. 84	0. 003343	16. 05	0. 03711	0. 02244	0. 01467
Vd-45-2	32. 80	0. 003344	19. 51	0. 04469	0. 02757	0. 01712
Vd-60-1	23. 06	0. 003288	14. 05	0. 02768	0. 01892	0. 00876
Vd-60-2	17. 49	0. 003097	10. 54	0. 02244	0. 01451	0. 00793
Vd-90-1	15. 26	0. 003115	8. 43	0. 02137	0. 01381	0. 00756
Vd-90-2	19. 87	0. 002857	11. 82	0. 02449	0. 0167	0. 00779
Vs-30-1	24. 18	0. 003167	16. 95	0. 02433	0. 01725	0. 00708
Vs-30-2	20. 13	0. 003616	13. 11	0. 02710	0. 01545	0. 01165
Vs-45-1	24. 66	0. 003031	16. 21	0. 02854	0. 01876	0. 00978
Vs-45-2	27. 36	0. 003162	14. 95	0. 03869	0. 02533	0. 01336
Vs-60-1	22. 70	0. 002971	13. 31	0. 02453	0. 01936	0. 00517
Vs-60-2	15. 68	0. 002894	9. 28	0. 02038	0. 01325	0. 00713
Vs-90-1	14. 08	0. 001949	7. 40	0. 01773	0. 01340	0. 00433
Vs-90-2	8. 66	0. 002442	4. 18	0. 00942	0. 00899	0. 00043

从表 6-3 中可知，对于含垂直交叉倾角裂隙干燥红砂岩试样而言，试样 Vd-45-2 的总机械能和弹性能密度最大，相应的其单轴抗压强度亦最大；相反的，试样 Vd-90-1 的总机械能、弹性能密度和耗散能密度均为最小值，而且该试样的抗压强度值亦最小。对于垂直交叉倾角裂隙饱水红砂岩试样而言，其规律与干燥试样相似，即 Vs-45-2 试样的总机械能和弹性能密度最大，且其单轴抗压强度值最大；Vs-90-2 试样的总机械能、弹性能密度和耗散能密度的值均为最小值，相应的其单轴抗压强度亦最小。从上述分析可以看出，在垂直交叉倾角裂隙岩样中，其能量变化规律相对统一，即总机械能大，相应的弹性能密度也大；总机械能小，相应的弹性能密度也小。

此外，从含垂直交叉倾角裂隙红砂岩试样的平均耗散能密度可以看出，无论饱水试样还是干燥试样，含 45°交叉倾角裂隙岩样的耗散能密度最大，而含 90°交叉裂隙倾角岩样的耗散能密度最小。这说明当岩样加载力达到岩样的峰值强度时，含 45°交叉倾角裂隙岩样的损伤最大，而含 90°交叉倾角裂隙岩样的损伤最小。比较饱水试样和干燥试样的耗散能密度可以发现，含垂直交叉倾角裂隙饱水试样的耗散能密度亦小于干燥垂直交叉裂隙岩样的耗散能密度。此处再次证明，水的存在能减小试样单轴压缩过程中，在加载力达到峰值强度前岩样内部的损伤情况。

图 6-4 所示为含垂直交叉倾角裂隙试样在峰值强度时，耗散能密度占总能量百分比的分析图。从图 6-4 中可以看出，对于干燥含垂直交叉倾角裂隙试样而言，其耗散能占总能量的百分比均小于 42%，且随着裂隙交叉角的增大所占比例先减小后增大，但增大数值较小。换言之，含 30°垂直交叉倾角裂隙试样耗散能占总能量的比例最大，而含 60°垂直交叉倾角裂隙试样耗散能占总能量的比例最小。可以说明，在峰值强度以前，含 60°垂直交叉倾角裂隙试样峰值前损伤占总损伤比例最小，而含 30°垂直交叉倾角裂隙试样峰值前损伤占总损伤的比例最大。

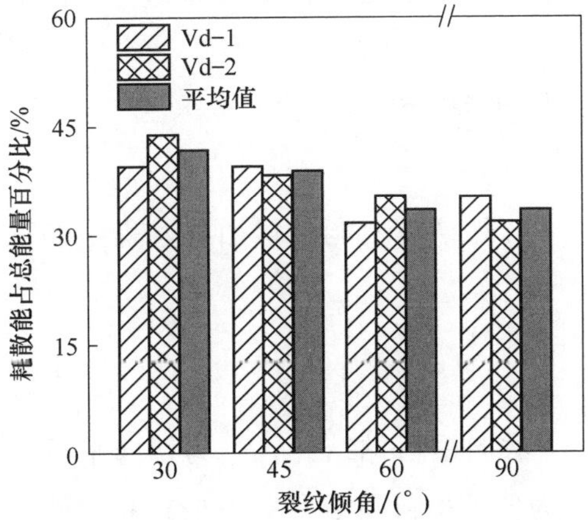

(a)

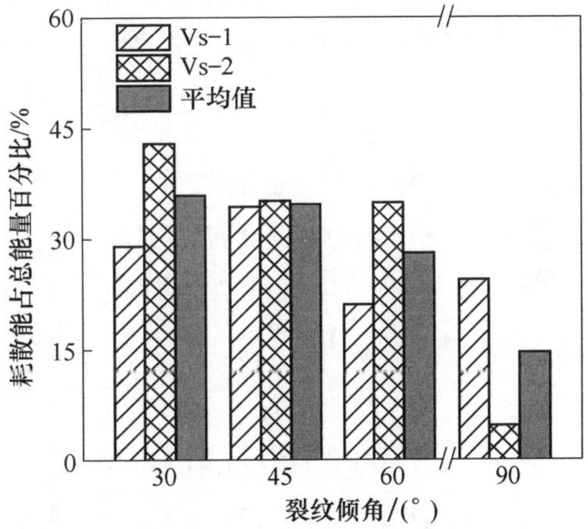

(b)

图 6-4 含垂直交叉倾角裂隙试样峰值强度前耗散能占总能量百分比

（a）干燥试样；（b）饱水试样

对于饱水垂直交叉倾角裂隙试样而言，其耗散能占总能量的百分比在 14%~37%。与干燥垂直交叉倾角裂隙试样相同，含 30°垂直交叉倾角裂隙饱水试样耗散能占总能量的比例最大，而含 90°垂直交叉倾角裂隙饱水试样耗散能占总能量的比例最小。同样可以说明，在峰值强度以前，含 90°垂直交叉倾角裂隙饱水试样峰值前损伤占总损伤比例最小，而含 30°垂直交叉倾角裂隙饱水试样峰值前损伤占总损伤比例最大。

6.3 PFC 中能量特征分析

6.3.1 PFC 中能量计算理论基础

在 PFC 模拟软件对模型进行加载过程中，该模拟软件会自动计算和记录每一计算步中模型的各种能量变化。其中，用 HISTORY energy 命令进行监测的颗粒模型能量有以下 6 种形式。

（1）体积力做功（body work）。体积力做功是指当重力被定义为模型体积力时，其所提供的力和力矩累积所做的功，具体计算公式如下：

$$U_{\mathrm{b}} \leftarrow U_{\mathrm{b}} + \sum_{N_{\mathrm{p}}}\left[(mg_i + \boldsymbol{F}_i)\Delta U_i + \boldsymbol{M}_i\Delta\theta_i\right] \tag{6-6}$$

式中，N_{p} 为颗粒的总个数；m 为颗粒质量；g_i 为其重力加速度；$\boldsymbol{F}_i$ 为当前时步开始时的外力；$\boldsymbol{M}_{\mathrm{i}}$ 为当前时步开始时的力矩；ΔU_i 为该加载步的位移增量；$\Delta\theta_i$ 为加载压板的转动增量。

（2）边界能（*boundary work*）。边界能是指模型加载过程中墙体移动所做的功，其在 *PFC* 中的计算公式为：

$$U_{\mathrm{w}} \leftarrow U_{\mathrm{w}} - \sum_{N_{\mathrm{w}}}(\boldsymbol{F}_i\Delta U_i + \boldsymbol{M}_i\Delta\theta_i) \tag{6-7}$$

式中，N_w 为模型中墙的数量。

（3）平行黏结应变能（*bond energy*）。平行黏结应变能是指加载过程中储存在平行黏结中的应变能，其计算公式如下：

$$U_{\mathrm{pb}} = \frac{1}{2}\sum_{N_{\mathrm{pb}}}\left(\frac{|\boldsymbol{F}_i^{\mathrm{n}}|^2}{A\bar{k}^{\mathrm{n}}} + \frac{|\boldsymbol{F}_i^{\mathrm{s}}|^2}{A\bar{k}^{\mathrm{s}}} + \frac{|\boldsymbol{M}_i|^2}{\boldsymbol{I}\bar{k}_{\mathrm{n}}}\right) \tag{6-8}$$

式中，N_{pb} 为模型中平行黏结的总个数；$\boldsymbol{F}_i^{\mathrm{n}}$ 为法向平行黏结力；$\boldsymbol{F}_i^{\mathrm{s}}$ 为切向平行黏结力；$\boldsymbol{M}_i$ 为平行黏结力矩；$\bar{k}^{\mathrm{n}}$、$\bar{k}^{\mathrm{s}}$ 和 $\bar{k}_{\mathrm{n}}$ 分别为各项平行黏结力（力矩）相对应的刚度；A 为平行黏结的横截面积；$\boldsymbol{I}$ 为平行黏结的惯性矩。

（4）接触应变能（strain energy）。接触应变能是储存在模型颗粒与颗粒接触之间的应变能，其计算公式为：

$$U_{\mathrm{c}} = \frac{1}{2}\sum_{N_{\mathrm{c}}}\left(\frac{|\boldsymbol{F}_i^{\mathrm{n}}|^2}{k^{\mathrm{n}}} + \frac{|\boldsymbol{F}_i^{\mathrm{s}}|^2}{k^{\mathrm{s}}}\right) \tag{6-9}$$

式中，N_{c} 为模型中颗粒接触的总个数；$\boldsymbol{F}_i^{\mathrm{n}}$ 为法向平行黏结力；$\boldsymbol{F}_i^{\mathrm{s}}$ 为切向平行黏结力；k^{n} 和 k^{s} 分别为接触力相对应的接触刚度。

（5）摩擦功（frictional work）。摩擦功是指模型中各接触摩擦滑动所消耗的能量。

（6）动能（kinetic energy）。PFC 中动能是模型中颗粒所有运动产生的能量，其包括平移和旋转动能。

6.3.2　PFC 模型能量计算

由于本书模拟过程中模型均采用平行黏结模型，且 PFC 模拟软件中平行黏结模型中颗粒集合体的弹性应变能 U^{e} 为平行黏结应变能和接触应变能之和，故将式（6-8）和式（6-9）代入式（6-4）中可得模型的耗散能。

干燥和饱水完整试样模型加载过程中应力-应变曲线和各项能量变化曲线如图 6-5 所示。

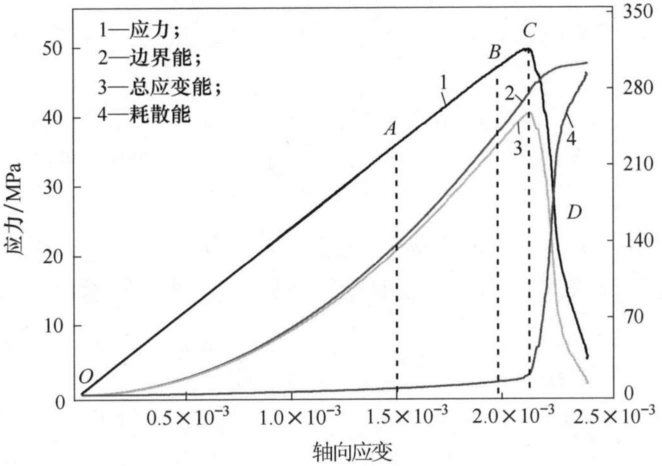

(a)

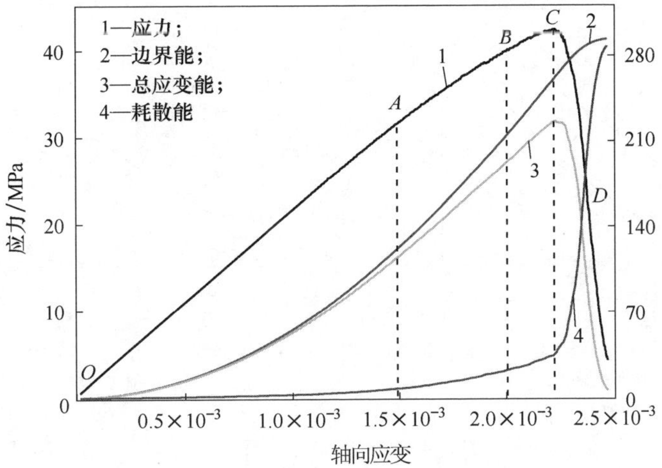

(b)

图 6-5 干燥和饱水完整试样模型应力-应变及各项能量变化曲线

（a）干燥完整试样模型；（b）饱水完整试样模型

从图 6-5 中可以看出，干燥完整试样和饱水完整试样能量曲线间略有差异，但整体变化规律相同，即在应力-应变曲线的不同阶段，各项能量表现出不同的变化规律。

（1）*OA* 阶段：图 6-5 中 *A* 点表示模型的起裂应力，根据 PFC 软件中对起裂应力的定义可知，在 *A* 点以前模型中微裂纹数量较少，模型加载过程中压板所做的功（边界能）基本全部转为模型的弹性应变能被储存，而模型微裂纹产生的耗散能较少，基本可视为 0。

（2）*AB* 阶段：该阶段为模型中微裂纹稳定增长阶段，此时模型中弹性应变能和耗散能均稳定增长，但大部分能量依然以弹性应变能的方式被储存，模型表现为应变硬化。

（3）*BC* 阶段：此阶段为模型中裂纹加速扩展阶段，模型中弹性应变能虽然仍在增加，但增加速率变小，并在 *C* 点处达到最大值；模型中耗散能增长速率开始加快。

（4）*CD* 阶段：此阶段为模型峰后加速破坏阶段，此时边界能依旧呈增加趋势，但增长速率明显放缓；弹性应变能急剧下降，且耗散能迅速增加，使模型形成最终的破坏。

6.3.2.1　干燥试样

图 6-6 所示为含不同倾角单裂隙模型应力-应变曲线和模型中各项能量关系曲线。

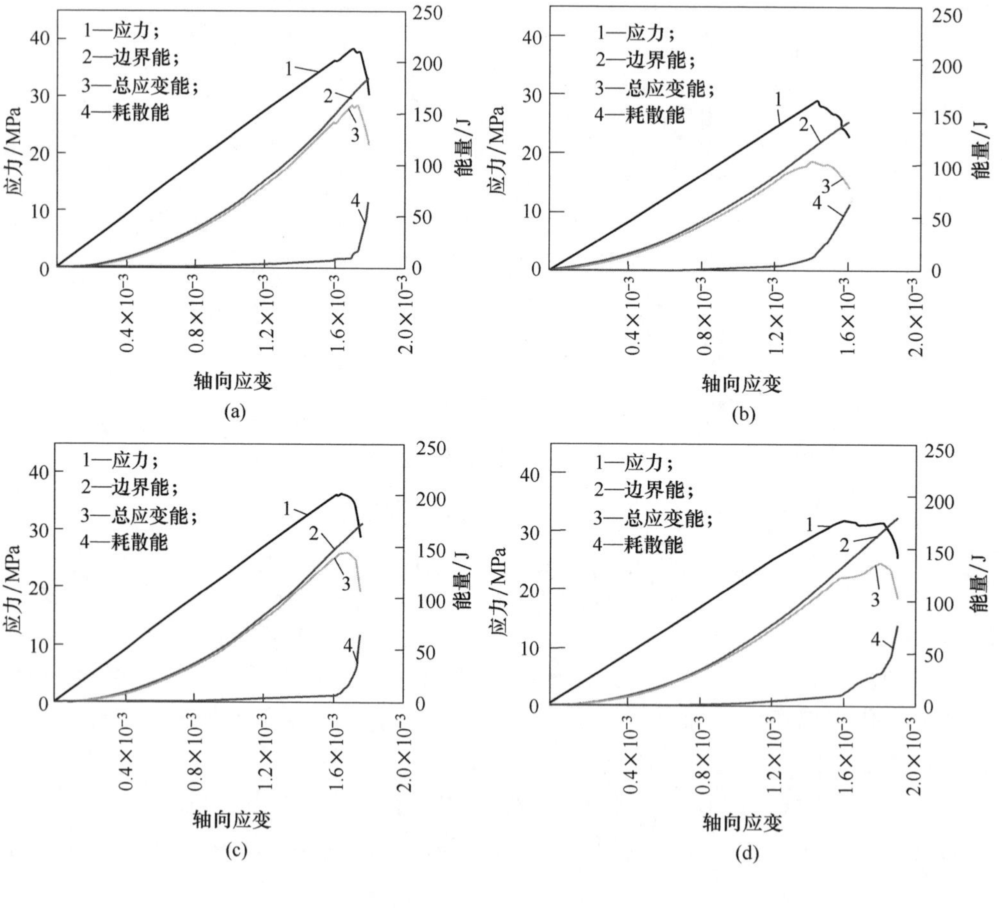

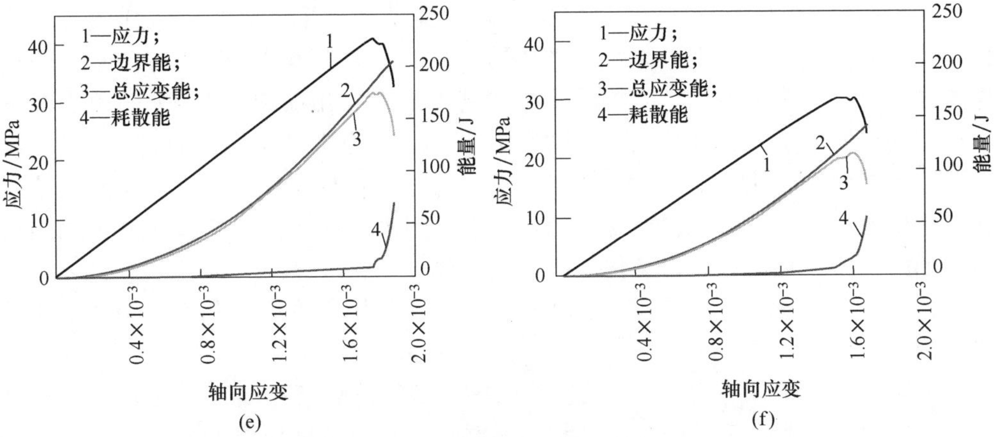

图 6-6 不同倾角单裂隙模型试样应力-应变及各项能量曲线

（a）干燥 30°单裂隙模型；（b）饱水 30°单裂隙模型；（c）干燥 45°单裂隙模型；（d）饱水 45°单裂隙模型；（e）干燥 60°单裂隙模型；（f）饱水 60°单裂隙模型

从图 6-6 中可知，从整体而言含单裂隙试样的能量曲线变化规律与完整试样相同，弹性应变能在峰值点后均急速下降，而耗散能则快速增加。对比含单裂隙干燥模型和饱水模型的能量曲线可知，整体而言干燥试样模型的总能量和弹性应变能均高于饱水模型。在模型裂纹加速扩展阶段，干燥试样模型的边界能和应变能曲线相较于饱水试样模型曲线更为贴近，也就是说本阶段干燥试样模型产生的耗散能相对较少。这说明饱水试样模型在峰值应力以前更容易产生损伤，此结论从模型的裂纹分布演化可以得到证实。

图 6-7 所示为单裂隙干燥和饱水试样模型峰值强度前耗散能与总能量的关系图。

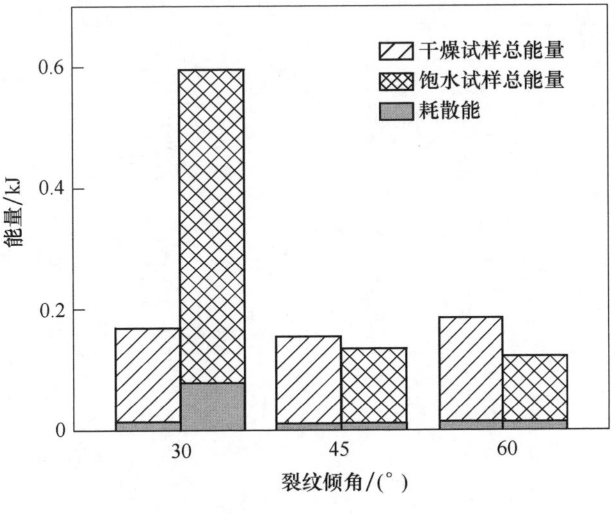

图 6-7 含单裂隙试样模型耗散能和总能量关系图

从图 6-7 中可以看出，除饱水 30°倾角裂隙试样模型外，其他试样模型的能量变化相对较小。对于干燥试样模型而言，60°倾角裂隙试样模型的总能量即边界能最大而耗散能最小，相应的其抗压强度也最大。相反的，含 30°倾角裂隙试样模型的耗散能最大，且其抗压强度为最小。对于饱水试样模型而言，含 30°倾角裂隙试样模型的耗散能最大，含 45°倾角裂隙试样模型次之，而含 60°倾角裂隙试样模型的耗散能最小；换言之，含单裂隙饱水试样模型的耗散能随裂隙倾角的增加而减小，且其总能量变化规律也是如此。

图 6-8 所示为含不同水平交叉倾角裂隙模型应力-应变曲线和模型中各项能量关系曲线。

从图 6-8 中可知，含水平交叉裂隙试样模型的能量变化曲线与完整试样和单裂隙试样模型的能量变化曲线趋势相同，并且与单裂隙试样模型相似，干燥水平交叉裂隙试样模型的总能量（边界能）和弹性应变能曲线相较于饱水试样模型而言更为贴近，说明在含水平交叉裂隙模型中，饱水试样在峰值强度以前比干燥

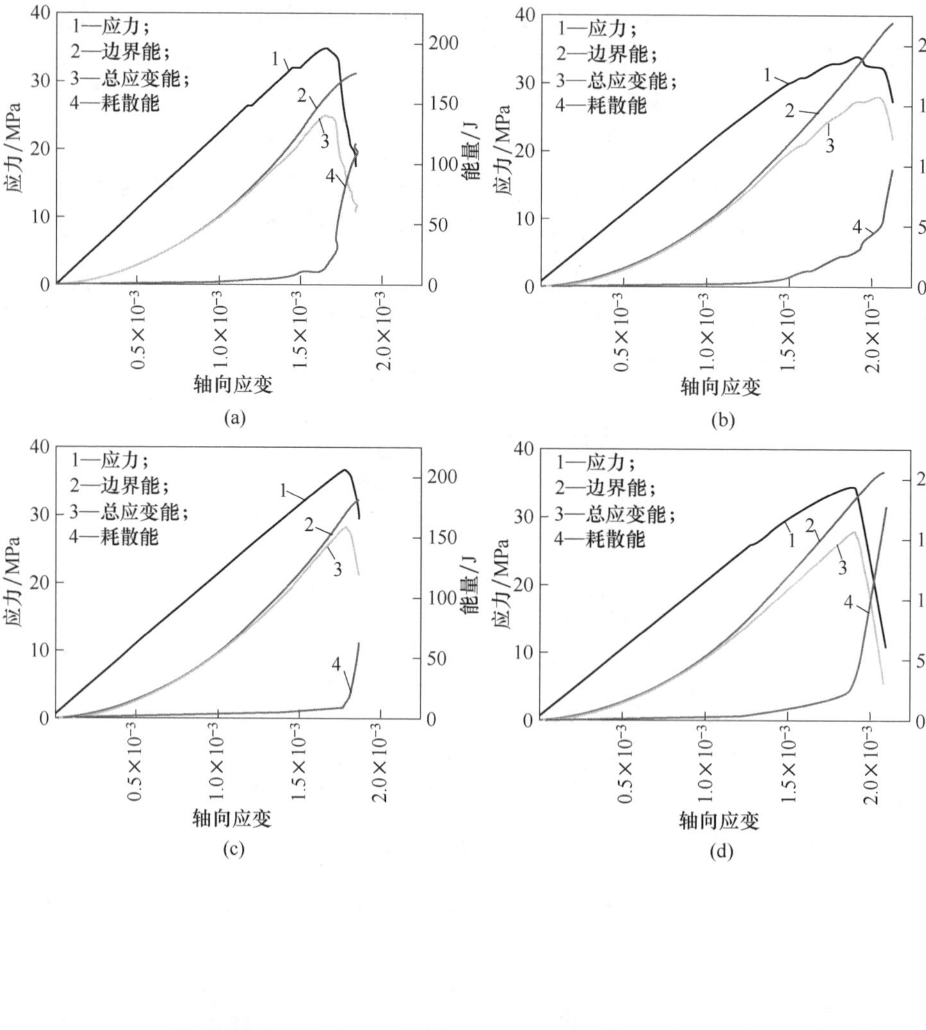

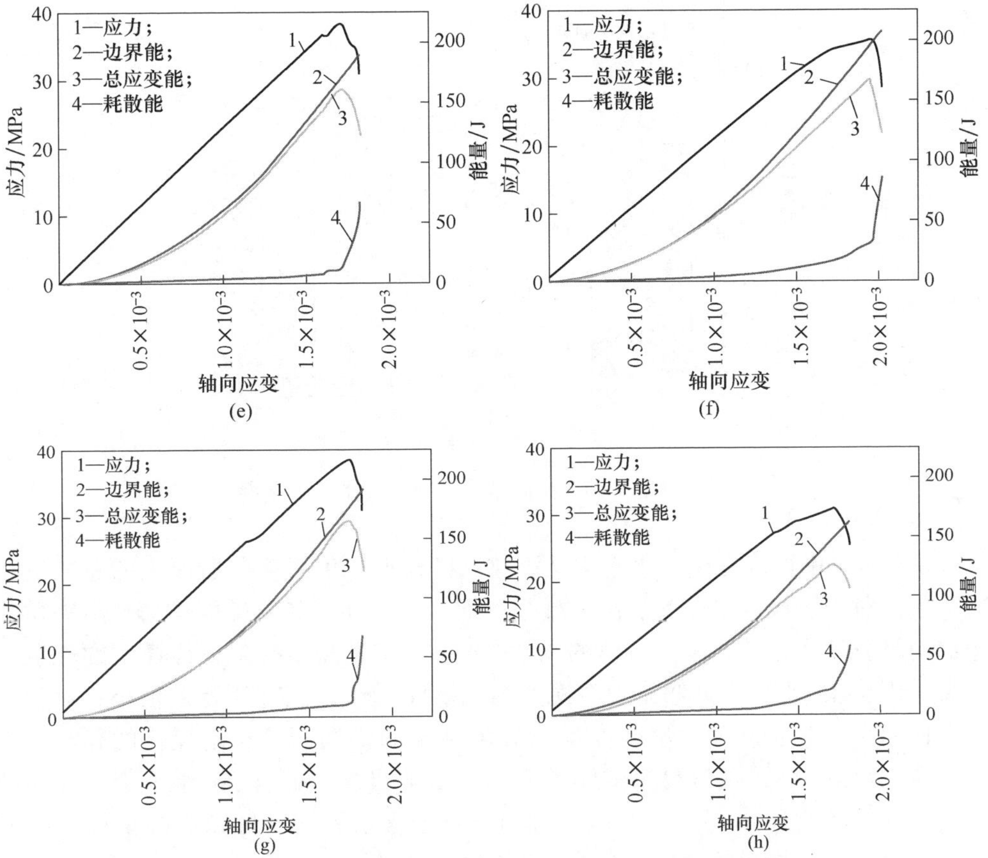

图 6-8 不同水平交叉倾角裂隙模型试样的应力-应变及各项能量曲线

(a) 干燥 30°水平交叉裂隙模型；(b) 饱水 30°水平交叉裂隙模型；(c) 干燥 45°水平交叉裂隙模型；(d) 饱水 45°水平交叉裂隙模型；(e) 干燥 60°水平交叉裂隙模型；(f) 饱水 60°水平交叉裂隙模型；(g) 干燥 90°水平交叉裂隙模型；(h) 饱水 90°水平交叉裂隙模型

试样形成更多的微裂纹及损伤，从而其产生的耗散能亦相对较多。此外，与含单裂隙试样模型不同的是，含水平交叉裂隙饱水试样模型的总能量除交叉裂隙倾角为 90°的模型外均高于相应角度的干燥试样模型。此时，饱水试样模型的单轴抗压强度相较于干燥试样模型而言并未下降很多，说明对于含水平交叉裂隙试样模型而言，当抗压强度相差不大时，饱水试样产生破坏需要更多的能量。笔者认为，这是由于饱水试样在峰值强度以前形成众多微裂纹，而这些裂纹的形成需要耗散一部分的能量，故饱水试样需要的能量更多。

图 6-9 所示为水平交叉裂隙干燥和饱水试样模型峰值强度前耗散能与总能量的关系图。

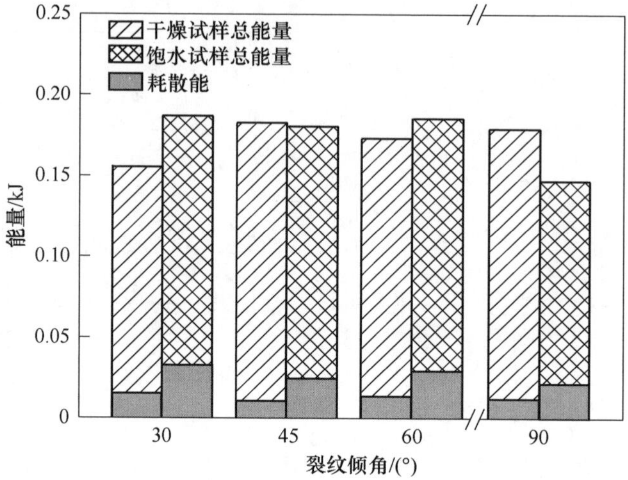

图 6-9　含水平交叉倾角裂隙试样模型耗散能和总能量关系图

从图 6-9 中可以看出，水平交叉裂隙试样模型峰值强度前所产生的总能量相差不大。对于干燥水平交叉裂隙试样模型而言，总能量和耗散能均随裂隙夹角的增加而呈波动变化的趋势。具体的，含 30°水平交叉倾角裂隙试样模型的耗散能最大，而含 45°水平交叉倾角裂隙模型的耗散能最小，但其值相差很小。对于饱水试样而言，总能量和耗散能亦均随裂隙夹角的增加而呈波动变化的趋势。其中，含 30°水平交叉倾角裂隙试样模型的耗散能最大，而含 90°水平交叉倾角裂隙模型的耗散能最小。从上述描述可知，对于含水平交叉倾角裂隙试样模型而言，无论饱水还是干燥试样，含 30°倾角裂隙试样的耗散能均最大，说明该角度试样在加载过程中更容易产生微裂纹等损伤。

6.3.2.2　饱水试样

图 6-10 所示为含不同垂直交叉倾角裂隙模型应力-应变曲线和模型中各项能量关系曲线。

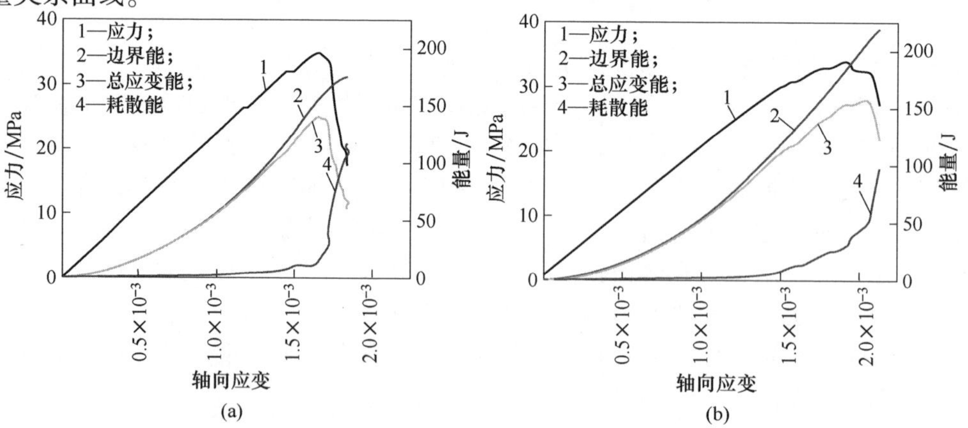

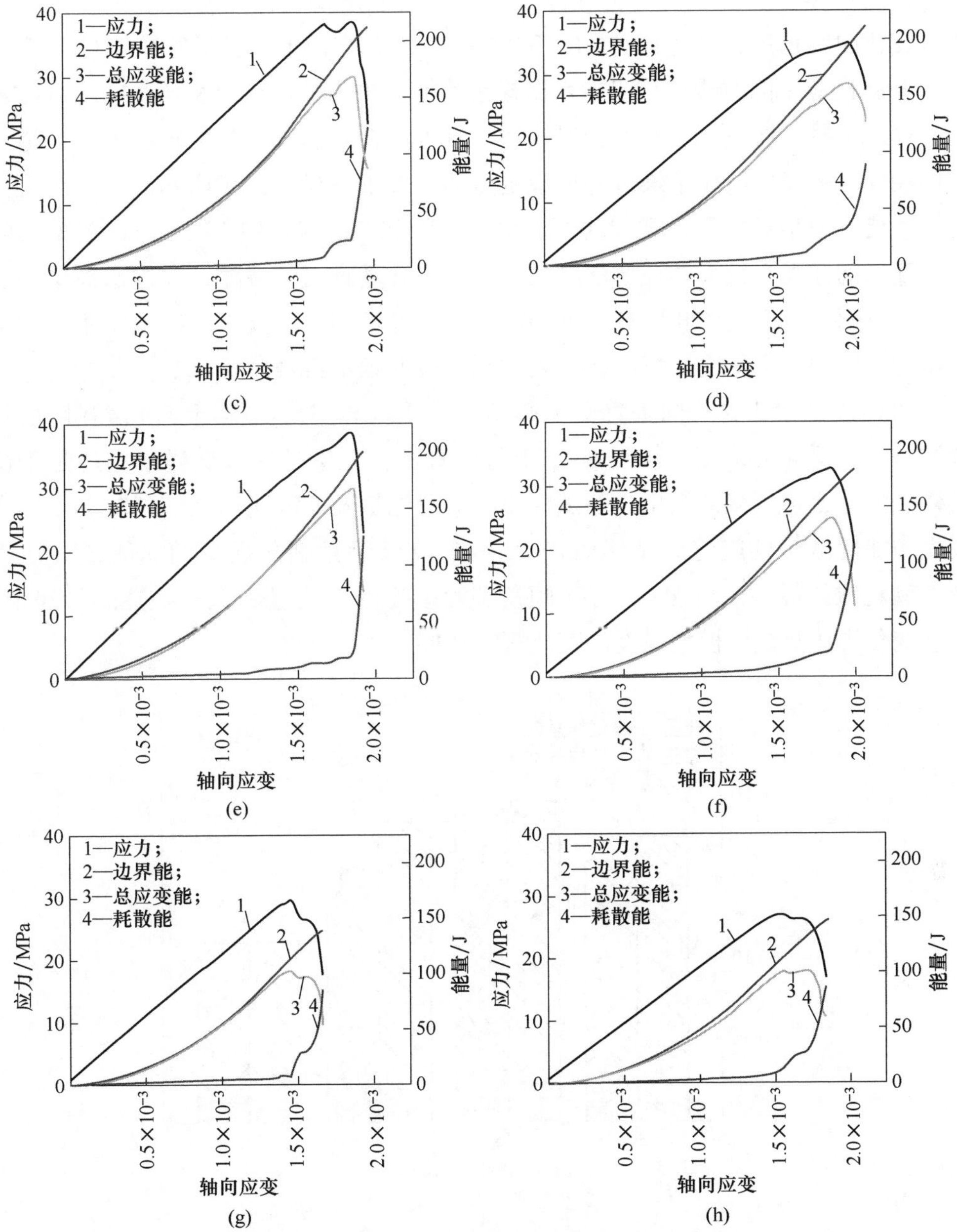

图 6-10　含不同垂直交叉倾角裂隙模型试样的应力-应变及各项能量曲线

(a) 干燥 30°垂直交叉裂隙模型；(b) 饱水 30°垂直交叉裂隙模型；

(c) 干燥 45°垂直交叉裂隙模型；(d) 饱水 45°垂直交叉裂隙模型；

(e) 干燥 60°垂直交叉裂隙模型；(f) 饱水 60°垂直交叉裂隙模型；

(g) 干燥 90°垂直交叉裂隙模型；(h) 饱水 90°垂直交叉裂隙模型

从图 6-10 中可知，含垂直裂隙试样模型的能量变化曲线与前述试样模型的能量变化曲线趋势相同。同样的，干燥垂直交叉裂隙试样模型的总能量（边界能）和弹性应变能曲线相较于饱水试样模型而言更为贴近，但相比于前述试样模型而言，某些试样模型的距离相对较远。这说明在含垂直交叉裂隙模型中，饱水试样在峰值强度以前比干燥试样形成更多的微裂纹等损伤，相应的其产生了更多的耗散能。但是对于干燥试样而言，含 45°和 90°交叉倾角裂隙的试样模型其峰值强度以前亦具有较大的耗散能释放。此外，含垂直交叉裂隙试样饱水模型的总能量总体而言要高于含相同裂隙夹角的干燥试样模型，但高出的数值并不大。笔者认为，原因与水平交叉裂隙模型处相同，故此处不再赘述。

图 6-11 所示为含不同垂直交叉倾角裂隙干燥和饱水试样模型峰值强度前耗散能与总能量的关系图。从图 6-11 中可以看出，无论是饱水试样模型还是干燥试样模型，含垂直交叉倾角裂隙试样模型的总能量及耗散能均呈随裂隙夹角的增大先增加后减小的趋势。具体而言，含 45°交叉倾角裂隙模型的总能量（边界能）和耗散能最大，而含 90°交叉倾角裂隙模型的总能量和耗散能达到最小值，且该变化规律与试样模型强度的变化规律相同。

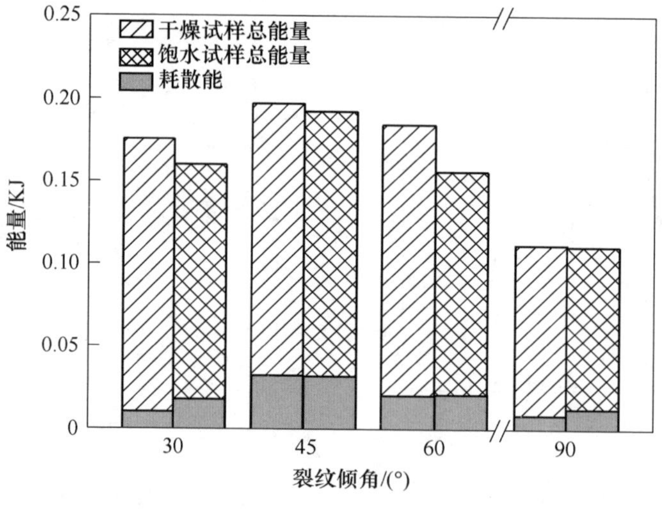

图 6-11　含垂直交叉倾角裂隙试样模型耗散能和总能量关系图

从上述分析可知，试样模型的能量变化规律与试样的强度变化规律没有十分确定的关系，对于大多数试样模型而言，总能量大的试样模型强度相对较高，耗散能大的试样模型强度相对较低。

6.4 本章小结

本章从能量的角度出发，分析了试验和 PFC 模型中含裂隙岩样在单轴加载条件下，总能量、弹性应变能和耗散能之间的关系。从上述分析可知，随着加载的进行，试样中储存的弹性应变能不断增加，直到加载应力变为峰值应力时，弹性应变能达到最大值，之后迅速减小；耗散能密度在加载过程初期增长缓慢，当试样加载进入裂纹加速扩展阶段时，耗散能密度增长速率开始增加，直到试样峰值强度以后开始急速增长。对于同组试样而言，能量随裂隙角度的变化规律并不明显，但一般情况而言，耗散能密度较大的试样的抗压强度相对较低。

参考文献

[1] GRIFFITH A A. The phenomena of rupture and flow in solids [C]//Philosophical transactions of the royal society of london Series A, containing papers of a mathematical or physical character, 1921.

[2] OROWAN E. Fracture and strength of solids [R]. Reports on Progress in Physics, 1949, 12 (1): 185-232.

[3] IRWIN G R. Fracturing of metals seminar [C]. Cleveland: American Society for Metals, 1948: 147-166.

[4] PRICE N J. Fault and joint development: In brittle and semi-brittle rock [M]. Berlin, New York: Elsevier, 1966.

[5] BRACE W, BOMBOLAKIS E. A note on brittle crack growth in compression [J]. Journal of Geophysical Research, 1963, 68 (12): 3709-3713.

[6] HORII H, NEMAT-NASSER S. Brittle failure in compression: Splitting, faulting and brittle-ductile transition [J]. Philosophical Transactions of the Royal Society of London A: Mathematical, Physical and Engineering Sciences, 1986, 319 (1549): 337-374.

[7] KACHANOV M L. A microcrack model of rock inelasticity part Ⅰ: Frictional sliding on microcracks [J]. Mechanics of Materials, 1982, 1 (1): 19-27.

[8] FANELLA D, KRAJCINOVIC D. A micromechanical model for concrete in compression [J]. Engineering Fracture Mechanics, 1988, 29 (1): 49-66.

[9] 仵彦卿，张倬元．岩体水力学导论 [M]. 成都：西南交通大学出版社，1995.

[10] BOMBOLAKIS E G. Photoelastic stress analysis of crack propagation within a compressive stress field [M]. Cambridge: Massachusetts Institute of Technology, 1963.

[11] HOEK E, BIENIAWSKI Z. Brittle fracture propagation in rock under compression [J]. International Journal of Fracture Mechanics, 1965, 1 (3): 137-155.

[12] BIENIAWSKI Z. Mechanism of brittle fracture of rock: part Ⅱ——experimental studies [J]. International Journal of Rock Mechanics and Mining Sciences & Geomechanics Abstracts, 1967, 4 (4): 407-423.

[13] NEMAT-NASSER S, HORII H. Compression-induced nonplanar crack extension with application to splitting, exfoliation, and rockburst [J]. Journal of Geophysical Research: Solid Earth, 1982, 87 (B8): 6805-6821.

[14] HORII H, NEMAT-NASSER S. Compression-induced microcrack growth in brittle solids: Axial splitting and shear failure [J]. J geophys Res, 1985, 90 (B4): 3105-3125.

[15] LAJTAI E. A theoretical and experimental evaluation of the Griffith theory of brittle fracture [J]. Tectonophysics, 1971, 11 (2): 129-156.

[16] NESETOVA V, LAJTAI E Z. Fracture from compressive stress concentrations around elastic flaws [J]. International Journal of Rock Mechanics and Mining Sciences & Geomechanics Abstracts: Elsevier, 1973, 10 (4): 265-284.

[17] REYES O M L. Experimental study and analytical modelling of compressive fracture in brittle

materials [M]. Cambridge: Massachusetts Institute of Technology, 1991.

[18] REYES O, Einstein H. Failure mechanisms of fractured rock-a fracture coalescence model [C]. 7th ISRM Congress: International Society for Rock Mechanics, 1991, 333-340.

[19] SHEN B. The mechanism of fracture coalescence in compression—experimental study and numerical simulation [J]. Engineering Fracture Mechanics, 1995, 51 (1): 73-85.

[20] SHEN B, STEPHANSSON O, EINSTEIN H H, et al. Coalescence of fractures under shear stresses in experiments [J]. Journal of Geophysical Research-all Series, 1995, 100: 5975.

[21] BOBET A. Fracture coalescence in rock materials: Experimental observations and n umerical predictions [M]. Cambridge: Massachusetts Institute of Technology, 1997.

[22] BOBET A, EINSTEIN H. Fracture coalescence in rock-type materials under uniaxial and biaxial compression [J]. International Journal of Rock Mechanics and Mining Sciences, 1998, 35 (7): 863-888.

[23] SAGONG M. The study on thc fracturc of multiple flaw specimens [D]. West Lafayette: Purdue University, 2001.

[24] SAGONG M, BOBET A. Coalescence of multiple flaws in a rock-model material in uniaxial compression [J]. International Journal of Rock Mechanics and Mining Sciences, 2002, 39 (2): 229-241.

[25] WONG N Y. Crack coalescence in molded gypsum and Carrara marble [D]. Cambridge: Massachusetts Institute of Technology, 2007.

[26] CHEN Y, NI J, SHAO W, et al. Coalescence of fractures under uni-axial compression and fatigue loading [J]. Rock Mechanics and Rock Engineering, 2012, 45 (2): 241-249.

[27] HAERI H, SHAHRIAR K, MARJI M F, et al. Cracks coalescence mechanism and cracks propagation paths in rock-like specimens containing pre-existing random cracks under compression [J]. Journal of Central South University, 2014, 21 (6): 2404-2414.

[28] HAERI H, SHAHRIAR K, MARJI M F, et al. Experimental and numerical study of crack propagation and coalescence in pre-cracked rock-like disks [J]. International Journal of Rock Mechanics and Mining Sciences, 2014, 67: 20-28.

[29] ZHUANG X, CHUN J, ZHU H. A comparative study on unfilled and filled crack propagation for rock-like brittle material [J]. Theoretical and Applied Fracture Mechanics, 2014, 72: 110-120.

[30] ZHAO Y, ZHANG L, WANG W, et al. Cracking and Stress-Strain Behavior of Rock-Like Material Containing Two Flaws Under Uniaxial Compression [J]. Rock Mechanics and Rock Engineering, 2016, 49: 2665-2687.

[31] PETIT J P, BARQUINS M. Can natural faults propagate under mode II conditions? [J]. Tectonics, 1988, 7 (6): 1243-1256.

[32] MUGHIEDA O, ALZO'UBI A K. Fracture mechanisms of offset rock joints-A laboratory investigation [J]. Geotechnical & Geological Engineering, 2004, 22 (4): 545-562.

[33] YANG S Q, JING H W. Strength failure and crack coalescence behavior of brittle sandstone samples containing a single fissure under uniaxial compression [J]. International Journal of

Fracture, 2011, 168 (2): 227-250.

[34] YANG S Q. Crack coalescence behavior of brittle sandstone samples containing two coplanar fissures in the process of deformation failure [J]. Engineering Fracture Mechanics, 2011, 78 (17): 3059-3081.

[35] YANG S Q, LIU X R, JING H W. Experimental investigation on fracture coalescence behavior of red sandstone containing two unparallel fissures under uniaxial compression [J]. International Journal of Rock Mechanics and Mining Sciences, 2013, 63: 82-92.

[36] YANG S Q, TIAN W L, HUANG Y H, et al. An Experimental and Numerical Study on Cracking Behavior of Brittle Sandstone Containing Two Non-coplanar Fissures Under Uniaxial Compression [J]. Rock Mechanics and Rock Engineering, 2016, 49 (4): 1497-1515.

[37] INGRAFFEA A R, HEUZE F E. Finite element models for rock fracture mechanics [J]. International Journal for Numerical and Analytical Methods in Geomechanics, 1980, 4 (1): 25-43.

[38] MARTINEZ A R. Fracture coalescence in natural rocks [M]. Cambridge: Massachusetts Institute of Technology, 1999.

[39] MILLER J, EINSTEIN H. Crack coalescence tests on granite [C]. The 42nd US Rock mechanics symposium (USRMS): American Rock Mechanics Association, 2008.

[40] LEE H, JEON S. An experimental and numerical study of fracture coalescence in pre-cracked specimens under uniaxial compression [J]. International Journal of Solids and Structures, 2011, 48 (6): 979-999.

[41] HUANG J F, CHEN G L, ZHAO Y H, et al. An experimental study of the strain field development prior to failure of a marble plate under compression [J]. Tectonophysics, 1990, 175 (1/2/3): 269-284.

[42] CHEN G, KEMENY J, HARPALANI S. Fracture propagation and coalescence in marble plates with pre-cut notches under compression [C]. Symp on Fractured and Jointed Rock Mass, Lake Tahoe, CA1992, 61 (3/4): 443-448.

[43] LI Y P, CHEN L Z, WANG Y H. Experimental research on pre-cracked marble under compression [J]. International Journal of Solids and Structures, 2005, 42 (9): 2505-2516.

[44] PARK N. Crack propagation and coalescence in rock under uniaxial compression [D]. Seoul: Seoul National University, 2001.

[45] WONG L, EINSTEIN H. Crack coalescence in molded gypsum and Carrara marble: Part 1. Macroscopic observations and interpretation [J]. Rock Mechanics and Rock Engineering, 2009, 42 (3): 475-511.

[46] WONG L, EINSTEIN H. Crack coalescence in molded gypsum and Carrara marble: Part 2—microscopic observations and interpretation [J]. Rock Mechanics and Rock Engineering, 2009, 42 (3): 513-545.

[47] WONG L, EINSTEIN H. Systematic evaluation of cracking behavior in specimens containing single flaws under uniaxial compression [J]. International Journal of Rock Mechanics and Mining Sciences, 2009, 46 (2): 239-249.

[48] CHENG Y, WONG L N Y, ZOU C. Experimental study on the formation of faults from en-echelon fractures in carrara marble [J]. Engineering Geology, 2015, 195: 312-326.

[49] CHENG Y, WONG L N Y, Maruvanchery V. Transgranular Crack Nucleation in Carrara Marble of Brittle Failure [J]. Rock Mechanics and Rock Engineering, 2016, 49: 3069-3082.

[50] LAJTAI E. Brittle fracture in compression [J]. International Journal of Fracture, 1974, 10 (4): 525-536.

[51] WONG L N, EINSTEIN H. Fracturing behavior of prismatic specimens containing single flaws [C]. Golden Rocks 2006, The 41st US Symposium on Rock Mechanics (USRMS): American Rock Mechanics Association, 2006.

[52] WONG L, EINSTEIN H. Coalescence behavior in Carrara marble and molded gypsum containing artificial flaw pairs under uniaxial compression [C]. 1st Canada-US Rock Mechanics Symposium: American Rock Mechanics Association, 2007.

[53] GUO Y, WONG R, CHAU K, et al. Crack growth mechanisms from 3-D surface flaw with varied dipping angle under uniaxial compression [J]. Key Engineering Materials: Trans Tech Publ, 2007, 46 (2): 2353-2356.

[54] KO T Y. Crack coalescence in rock-like material under cycling loading [D]. Cambridge: Massachusetts Institute of Technology, 2005.

[55] KO T Y, EINSTEIN H, KEMENY J. Crack coalescence in brittle material under cyclic loading [C]. Golden Rocks 2006, The 41st US Symposium on Rock Mechanics (USRMS): American Rock Mechanics Association, 2006.

[56] CAO P, LIU T, PU C, et al. Crack propagation and coalescence of brittle rock-like specimens with pre-existing cracks in compression [J]. Engineering Geology, 2015, 187: 113-121.

[57] YANG S Q, YANG D S, JING H W, et al. An experimental study of the fracture coalescence behaviour of brittle sandstone specimens containing three fissures [J]. Rock Mechanics and Rock Engineering, 2012, 45 (4): 563-582.

[58] CHENG Y, WONG L. Evolution of En-echelon Flaws to a Fault in Marble under Uniaxial Compression [C]. ISRM International Symposium-8th Asian Rock Mechanics Symposium: International Society for Rock Mechanics, 2014.

[59] CHEN X, LIAO Z H, PENG X. Cracking process of rock mass models under uniaxial compression [J]. Journal of Central South University, 2013, 20 (6): 1661-1678.

[60] ZHOU X, CHENG H, FENG Y. An experimental study of crack coalescence behaviour in rock-like materials containing multiple flaws under uniaxial compression [J]. Rock Mechanics and Rock Engineering, 2014, 47 (6): 1961-1986.

[61] CHENG H, ZHOU X, ZHU J, et al. The Effects of Crack Openings on Crack Initiation, Propagation and Coalescence Behavior in Rock-Like Materials Under Uniaxial Compression [J]. Rock Mechanics and Rock Engineering, 2016, 49 (9): 3481-3494.

[62] YIN Q, JING H, ZHU T. Mechanical behavior and failure analysis of granite specimens containing two orthogonal fissures under uniaxial compression [J]. Arabian Journal of Geosciences, 2016, 9 (1): 31.

[63] HUANG Y H, YANG S Q, TIAN W L, et al. An experimental study on fracture mechanical behavior of rock-like materials containing two unparallel fissures under uniaxial compression [J]. Acta Mechanica Sinica, 2016, 32 (3): 442-455.

[64] LEE H, JEON S. An experimental study of crack coalescence in pre-cracked specimens under uniaxial compression [C] //44th US Rock Mechanics Symposium and 5th US-Canada Rock Mechanics Symposium: American Rock Mechanics Association, 2010.

[65] GRAMBERG J. The axial cleavage fracture 1 Axial cleavage fracturing, a significant process in mining and geology [J]. Engineering Geology, 1965, 1 (1): 31-72.

[66] MOSS W, GUPTA Y. A constitutive model describing dilatancy and cracking in brittle rocks [J]. Journal of Geophysical Research: Solid Earth, 1982, 87 (B4): 2985-2998.

[67] GERMANOVICH L, DYSKIN A. Fracture mechanisms and instability of openings in compression [J]. International Journal of Rock Mechanics and Mining Sciences, 2000, 37 (1): 263-284.

[68] CAI M, KAISER P, TASAKA Y, et al. Generalized crack initiation and crack damage stress thresholds of brittle rock masses near underground excavations [J]. International Journal of Rock Mechanics and Mining Sciences, 2004, 41 (5): 833-847.

[69] MITAIM S, DETOURNAY E. Damage around a cylindrical opening in a brittle rock mass [J]. International Journal of Rock Mechanics and Mining Sciences, 2004, 41 (8): 1447-1457.

[70] DYSKIN A, JEWELL R, JOER H, et al. Experiments on 3-D crack growth in uniaxial compression [J]. International Journal of Fracture, 1994, 65 (4): R77-R83.

[71] DYSKIN A, SAHOURYEH E, JEWELL R, et al. Influence of shape and locations of initial 3-D cracks on their growth in uniaxial compression [J]. Engineering Fracture Mechanics, 2003, 70 (15): 2115-2136.

[72] WONG R, CHAU K, LI T, et al. Crack growth study of a 3-D surface fracture under compressions using strain and acoustic emission measurements [C]. 1st Canada-US Rock Mechanics Symposium: American Rock Mechanics Association, 2007.

[73] HEALY D, JONES R R, HOLDSWORTH R E. Three-dimensional brittle shear fracturing by tensile crack interaction [J]. Nature, 2006, 439 (7072): 64-67.

[74] COSTIN L. Damage mechanics in the post-failure regime [J]. Mechanics of Materials, 1985, 4 (2): 149-160.

[75] ASHBY M F, HALLAM S. The failure of brittle solids containing small cracks under compressive stress states [J]. Acta Metallurgica, 1986, 34 (3): 497-510.

[76] HALLAM S D, ASHBY M F. Compressive brittle fracture and the construction of multi-axial failure maps [J]. Deformation Processes in Minerals, Ceramics and Rocks: Springer, 1990: 84-108.

[77] GUEGUEN Y, REUSCHLÉ T, DAROT M. Single-crack behaviour and crack statistics [J]. Deformation Processes in Minerals, Ceramics and Rocks: Springer, 1990: 48-71.

[78] KEMENY J M, COOK N G. Crack models for the failure of rocks in compression [M]. Berkeley: Lawrence Berkeley Lab, 1986.

[79] 陈颙，黄庭芳，刘恩儒. 岩石物理学 [M]. 合肥：中国科学技术大学出版社，2009.

[80] HOEK E，MARTIN C. Fracture initiation and propagation in intact rock-a review [J]. Journal of Rock Mechanics and Geotechnical Engineering，2014，6 (4)：287-300.

[81] JING L. A review of techniques，advances and outstanding issues in numerical modelling for rock mechanics and rock engineering [J]. International Journal of Rock Mechanics and Mining Sciences，2003，40 (3)：283-353.

[82] HUANG D，CEN D. Mechanical responses and energy dissipation mechanism of rock specimen with a single fissure under static and dynamic uniaxial compression using particle flow code simulations [J]. Chinese Journal of Rock Mechanics and Engineering，2013，32 (9)：1926-1936.

[83] YAN X. Stress intensity factors for cracks emanating from a triangular or square hole in an infinite plate by boundary elements [J]. Engineering Failure Analysis，2005，12 (3)：362-375.

[84] BOBET A. The initiation of secondary cracks in compression [J]. Engineering Fracture Mechanics，2000，66 (2)：187-219.

[85] LAN H，MARTIN C D，HU B. Effect of heterogeneity of brittle rock on micromechanical extensile behavior during compression loading [J]. Journal of Geophysical Research：Solid Earth，2010，115 (B1)：B1202.

[86] YOON J. Application of experimental design and optimization to PFC model calibration in uniaxial compression simulation [J]. International Journal of Rock Mechanics and Mining Sciences，2007，44 (6)：871-889.

[87] LAMBERT C，COLL C. Discrete modeling of rock joints with a smooth-joint contact model [J]. Journal of Rock Mechanics and Geotechnical Engineering，2014，6 (1)：1-12.

[88] FAN X，KULATILAKE P，CHEN X，et al. Crack initiation stress and strain of jointed rock containing multi-cracks under uniaxial compressive loading [J]. Journal of Central South University，2015，22 (2)：638-645.

[89] ELMO D，STEAD D. An integrated numerical modelling-discrete fracture network approach applied to the characterisation of rock mass strength of naturally fractured pillars [J]. Rock Mechanics and Rock Engineering，2010，43 (1)：3-19.

[90] JÜRGEN BUSCHOW K H，CAHN ROBERT W，FLEMINGS MERTON C，et al. Encyclopedia of Materials：Science and Technology [M]. Oxford：Elsevier，2001.

[91] REYES O M L. Numerical modelling of fracture propagation in tension softening materials，1987.

[92] BOBET A，EINSTEIN H H. Numerical modeling of fracture coalescence in a model rock material [J]. International Journal of Fracture，1998，92 (3)：221.

[93] DA SILVA B G，EINSTEIN H H. Modeling of crack initiation，propagation and coalescence in rocks [J]. International Journal of Fracture，2013，182 (2)：167-186.

[94] TANG C，THAM L，LEE P，et al. Numerical studies of the influence of microstructure on rock failure in uniaxial compression—Part Ⅱ：Constraint，slenderness and size effect [J].

International Journal of Rock Mechanics and Mining Sciences, 2000, 37 (4): 571-583.

[95] 张永彬，唐春安，梁正召，等．岩石破裂过程分析系统并行计算方法研究［J］．岩石力学与工程学报，2006，25（9）：1795-1801.

[96] 黄明利，唐春安，朱万成．岩石破裂过程的数值模拟研究［J］．岩石力学与工程学报，2000，19（4）：468-471.

[97] 唐春安，王述红，傅宇方．岩石破裂过程数值试验［M］．北京：科学出版社，2003.

[98] 焦明若．细观非均匀性对岩石破裂过程和微震序列类型影响的数值试验研究［J］．地球物理学报，2003，46（5）：659-666.

[99] 刘凯欣，高凌天．离散元法研究的评述［J］．力学进展，2003；33（4）：483-490.

[100] POTYONDY D, CUNDALL P. A bonded-particle model for rock [J]. International Journal of Rock Mechanics and Mining Sciences, 2004, 41 (8): 1329-1364.

[101] ZHANG X P, WONG L N Y. Crack initiation, propagation and coalescence in rock-like material containing two flaws: A numerical study based on bonded-particle model approach [J]. Rock Mechanics and Rock Engineering, 2013, 46 (5): 1001-1021.

[102] ZHANG X P, WONG L N Y. Cracking processes in rock-like material containing a single flaw under uniaxial compression: A numerical study based on parallel bonded-particle model approach [J]. Rock Mechanics and Rock Engineering, 2012, 45 (5): 711-737.

[103] ZHANG X P, WONG L N Y. Displacement field analysis for cracking processes in bonded-particle model [J]. Bulletin of Engineering Geology and the Environment, 2014, 73 (1): 13-21.

[104] MANOUCHEHRIAN A, MARJI M F. Numerical analysis of confinement effect on crack propagation mechanism from a flaw in a pre-cracked rock under compression [J]. Acta Mechanica Sinica, 2012, 28 (5): 1389-1397.

[105] WONG L N Y, ZHANG X P. Size effects on cracking behavior of flaw-containing specimens under compressive loading [J]. Rock Mechanics and Rock Engineering, 2014, 47 (5): 1921-1930.

[106] WONG L, ZHANG X. Crack coalescence study based on the bonded-particle model approach [C]. ISRM International Symposium-EUROCK 2012: International Society for Rock Mechanics, 2012.

[107] 黄达，岑夺丰，黄润秋．单裂隙砂岩单轴压缩的中等应变率效应颗粒流模拟［J］．岩土力学，2013，34（2）：535-545.

[108] 范祥，曹平．基于 PFC（3D）单轴压缩下含 2 条裂隙试样力学行为的数值分析［J］．中南大学学报：自然科学版，2015，46（7）：2635-2642.

[109] BAHAADDINI M, SHARROCK G, HEBBLEWHITE B. Numerical investigation of the effect of joint geometrical parameters on the mechanical properties of a non-persistent jointed rock mass under uniaxial compression [J]. Computers and Geotechnics, 2013, 49: 206-225.

[110] LIU T, LIN B, YANG W, et al. Cracking process and stress field evolution in specimen containing combined flaw under uniaxial compression [J]. Rock Mechanics and Rock Engineering, 2016, 49 (8): 3095-3113.

[111] YANG S Q, HUANG Y H, JING H W, et al. Discrete element modeling on fracture coalescence behavior of red sandstone containing two unparallel fissures under uniaxial compression [J]. Engineering Geology, 2014, 178: 28-48.

[112] GRIFFITH A A. The theory of rupture [C] // International congress for Applied Mechanics, 1924.

[113] 李世愚，和泰名，尹祥础．岩石断裂力学导论［M］．合肥：中国科学技术大学出版社，2010.

[114] 伍向阳．岩石剪切破裂过程能量损耗的评估［J］．地球物理学进展，1993，(2)：54-62.

[115] 尤明庆，华安增．岩石试样破坏过程的能量分析［J］．岩石力学与工程学报，2002，21 (6)：778-781.

[116] 谢和平．雁型断裂的分形模型和能量耗散［J］．岩土工程学报，1994，16 (1)：1-7.

[117] 谢和平，彭瑞东，鞠杨．岩石变形破坏过程中的能量耗散分析［J］．岩石力学与工程学报，2004，23 (21)：3565-3570.

[118] 谢和平，彭瑞东，鞠杨，等．岩石破坏的能量分析初探［J］．岩石力学与工程学报，2005，24 (15)：2603-2608.

[119] 谢和平，鞠杨，黎立云．基于能量耗散与释放原理的岩石强度与整体破坏准则［J］．岩石力学与工程学报，2005，24 (17)：3003-3010.

[120] 赵忠虎，谢和平．岩石变形破坏过程中的能量传递和耗散研究［J］．四川大学学报：工程科学版，2008，40 (2)：26-31.

[121] 黎立云，鞠杨，赵占文，等．静动态加载下岩石结构破坏时的能量分析［J］．煤炭学报，2009，34 (6)：737-740.

[122] 黎立云，谢和平，鞠杨，等．岩石可释放应变能及耗散能的实验研究［J］．工程力学，2011，28 (3)：35-40.

[123] 梁昌玉，李晓，王声星，等．岩石单轴压缩应力 - 应变特征的率相关性及能量机制试验研究［J］．岩石力学与工程学报，2012，31 (9)：1830-1838.

[124] 黄达，岑夺丰．单轴静-动相继压缩下单裂隙岩样力学响应及能量耗散机制颗粒流模拟［J］．岩石力学与工程学报，2013，32 (9)：1926-1936.

[125] JIN J, CAO P, CHEN Y, et al. Influence of single flaw on the failure process and energy mechanics of rock-like material [J]. Computers and Geotechnics, 2017, 86: 150-162.

[126] LOCKNER D. The role of acoustic emission in the study of rock fracture [J]. International Journal of Rock Mechanics and Mining Sciences & Geomechanics, 1993: 883-899.

[127] LOCKNER D, BYERLEE J, KUKSENKO V, et al. Quasi-static fault growth and shear fracture energy in granite [J]. Nature, 1991, 350 (6313): 39-42.

[128] 郝圣旺，孙菊．岩石变形演化诱致灾变破坏过程的同步实验观测［J］．实验力学，2008，23 (1)：89-95.

[129] RODRÍGUEZ P, ARAB P B, CELESTINO T B. Characterization of rock cracking patterns in diametral compression tests by acoustic emission and petrographic analysis [J]. International Journal of Rock Mechanics and Mining Sciences, 2016, 83: 73-85.

[130] GOODMAN R E. Subaudible noise during compression of rocks [J]. Geological Society of

America Bulletin, 1963, 74 (4): 487-490.
[131] 张大伦．声发射技术在国外岩石工程中的应用 [J]. 岩石力学与工程学报, 1985, 4 (1): 77-83.
[132] 陈颙．声发射技术在岩石力学研究中的应用 [J]. 地球物理学报, 1977, 20 (4): 312-322.
[133] EBERHARDT E, STEAD D, STIMPSON B, et al. Identifying crack initiation and propagation thresholds in brittle rock [J]. Canadian Geotechnical Journal, 1998, 35 (2): 222-233.
[134] SOULIOTI D, BARKOULA N, PAIPETIS A, et al. Acoustic emission behavior of steel fibre reinforced concrete under bending [J]. Construction and Building Materials, 2009, 23 (12): 3532-3536.
[135] OHTSU M, ISODA T, TOMODA Y. Acoustic emission techniques standardized for concrete structures [J]. Journal of Acoustic Emission, 2007, 25: 21-32.
[136] SCHIAVI A, NICCOLINI G, TARIZZO P, et al. Analysis of acoustic emission at low frequencies in brittle materials under compression [C]. Proc of SEM Annual Conference & Exposition on Experimental and Applied Mechanics, Albuquerque, 2009.
[137] AGGELIS D G. Classification of cracking mode in concrete by acoustic emission parameters [J]. Mechanics Research Communications, 2011, 38 (3): 153-157.
[138] CARPINTERI A, CORRADO M, LACIDOGNA G. Heterogeneous materials in compression: Correlations between absorbed, released and acoustic emission energies [J]. Engineering Failure Analysis, 2013, 33: 236-250.
[139] 李核归, 张茹, 高明忠, 等．岩石声发射技术研究进展 [J]. 地下空间与工程学报, 2013, 1 (S1): 1794-1804.
[140] VILHELM J, RUDAJEV V, LOKAJÍČEK T, et al. Application of autocorrelation analysis for interpreting acoustic emission in rock [J]. International Journal of Rock Mechanics and Mining Sciences, 2008, 45 (7): 1068-1081.
[141] 谢强, 张永兴, 余贤斌．石灰岩在单轴压缩条件下的声发射特性 [J]. 重庆建筑大学学报, 2002, 24 (1): 19-22.
[142] 谢强, 余贤斌．细晶花岗岩的声发射特征试验研究 [J]. 岩土工程学报, 2008, 30 (5): 745-749.
[143] 张晖辉, 颜玉定, 余怀忠, 等．循环载荷下大试样岩石破坏声发射实验——岩石破坏前兆的研究 [J]. 岩石力学与工程学报, 2004, 23 (21): 3621-3628.
[144] 赵兴东, 刘建坡, 李元辉, 等．岩石声发射定位技术及其实验验证 [J]. 岩土工程学报, 2008, 30 (10): 1472-1476.
[145] 赵兴东, 李元辉, 袁瑞甫, 等．基于声发射定位的岩石裂纹动态演化过程研究 [J]. 岩石力学与工程学报, 2007, 26 (5): 944-950.
[146] 刘建坡, 王洪勇, 杨宇江, 等．不同岩石声发射定位算法及其实验研究 [J]. 东北大学学报 (自然科学版), 2009, 30 (8): 1193-1196.
[147] GRAHAM C C, STANCHITS S, MAIN I G, et al. Comparison of polarity and moment tensor

inversion methods for source analysis of acoustic emission data [J]. International Journal of Rock Mechanics and Mining Sciences, 2010, 47 (1): 161-169.

[148] HAZZARD J F. Numerical modelling of acoustic emissions and dynamic rock behaviour [D]. Keele: University of Keele, 1998.

[149] CAI M, KAISER P, MORIOKA H, et al. FLAC/PFC coupled numerical simulation of AE in large-scale underground excavations [J]. International Journal of Rock Mechanics and Mining Sciences, 2007, 44 (4): 550-564.

[150] TANG S. Applications of rock failure process analysis (RFPA) method [J]. Journal of Rock Mechanics and Geotechnical Engineering, 2011, 3 (4): 352-372.

[151] 范天佑. 断裂理论基础 [M]. 北京: 科学出版社, 2003.

[152] INGLIS C E. Stresses in a plate due to the presence of cracks and sharp corners [J]. Spie Milestone Series MS, 1997, 137: 3-17.

[153] 徐芝纶. 弹性力学 [M]. 北京: 人民教育出版社, 1982.

[154] 曹平. 计算岩石力学 [M]. 长沙: 中南大学出版社, 2016.

[155] CHO N A, MARTIN C, SEGO D. A clumped particle model for rock [J]. International Journal of Rock Mechanics and Mining Sciences, 2007, 44 (7): 997-1010.

[156] 郭少华. 岩石类材料压缩断裂的实验与理论研究 [J]. 岩石力学与工程学报, 2004, 23 (3): 419-426.

[157] BRACE W, PAULDING B, SCHOLZ C. Dilatancy in the fracture of crystalline rocks [J]. Journal of Geophysical Research, 1966, 71 (16): 3939-3953.

[158] 蒲成志. 岩体断裂与蠕变损伤破坏机理研究 [D]. 长沙: 中南大学, 2014.

[159] 华安增, 孔园波. 岩块降压破碎的能量分析 [J]. 煤炭学报, 1995, 20 (4): 389-392.

[160] BERNABÉ Y, REVIL A. Pore-scale heterogeneity, energy dissipation and the transport properties of rocks [J]. Geophysical Research Letters, 1995, 22 (12): 1529-1532.

[161] 赵阳升, 冯增朝, 万志军. 岩体动力破坏的最小能量原理 [J]. 岩石力学与工程学报, 2003, 22 (11): 1781-1783.

[162] SUJATHA V, KISHEN J C. Energy release rate due to friction at bimaterial interface in dams [J]. Journal of engineering mechanics, 2003, 129 (7): 793-800.

[163] 金丰年, 蒋美蓉, 高小玲. 基于能量耗散定义损伤变量的方法 [J]. 岩石力学与工程学报, 2004, 23 (12): 1976-1980.

[164] 尹光志, 张东明, 代高飞, 等. 脆性煤岩损伤模型及冲击地压损伤能量指数 [J]. 重庆大学学报: 自然科学版, 2002, 25 (9): 75-78.

[165] 谢和平, 鞠杨, 黎立云, 等. 岩体变形破坏过程的能量机制 [J]. 岩石力学与工程学报, 2008, 27 (9): 1729-1740.

[166] 黄达, 黄润秋, 张永兴. 粗晶大理岩单轴压缩力学特性的静态加载速率效应及能量机制试验研究 [J]. 岩石力学与工程学报, 2012, 31 (2): 245-255.